物联网与
嵌入式系统开发
（第2版）

刘连浩 编著

电子工业出版社
Publishing House of Electronics Industry
北京·BEIJING

内 容 简 介

本书是依托中南大学国家级特色专业（物联网工程）的建设，结合国内嵌入式系统教学情况而编写的。本书主要介绍嵌入式系统开发，以 S3C2440A、STM32F74xx 为硬件，以 Keil μVision5.0 为开发工具，详细介绍了 ARM9、Cortex 的体系结构、硬件组成、指令系统和程序设计、存储器接口、I/O、中断、DMA、定时器、串行通信、嵌入式 Linux、μC/OS-III 操作系统应用、LWIP 编程，最后给出了在物联网应用中常用的嵌入式系统开发实例。

本书可以作为普通高校物联网工程及相关专业的嵌入式系统课程教材，也可供从事物联网和嵌入式开发的相关专业人士阅读。

本教材配有教学课件、实验指导书、实验程序，读者可登录华信教育资源网（www.hxedu.com.cn）免费注册后下载。

未经许可，不得以任何方式复制或抄袭本书之部分或全部内容。
版权所有，侵权必究。

图书在版编目（CIP）数据

物联网与嵌入式系统开发 / 刘连浩编著. —2 版. —北京：电子工业出版社，2017.1
国家级特色专业（物联网工程）规划教材
ISBN 978-7-121-30328-9

Ⅰ. ①物… Ⅱ. ①刘… Ⅲ. ①互联网络—应用—高等学校—教材②智能技术—应用—高等学校—教材③微型计算机—系统开发—高等学校—教材 Ⅳ. ①TP393.4②TP18③TP360.21

中国版本图书馆 CIP 数据核字（2016）第 271287 号

责任编辑：田宏峰
印　　刷：北京七彩京通数码快印有限公司
装　　订：北京七彩京通数码快印有限公司
出版发行：电子工业出版社
　　　　　北京市海淀区万寿路 173 信箱　邮编 100036
开　　本：787×980　1/16　印张：21.25　字数：476 千字
版　　次：2012 年 9 月第 1 版
　　　　　2017 年 1 月第 2 版
印　　次：2023 年 8 月第 11 次印刷
定　　价：49.00 元

凡所购买电子工业出版社图书有缺损问题，请向购买书店调换。若书店售缺，请与本社发行部联系，联系及邮购电话：(010) 88254888，88258888。
质量投诉请发邮件至 zlts@phei.com.cn，盗版侵权举报请发邮件至 dbqq@phei.com.cn。
本书咨询联系方式：tianhf@phei.com.cn。

出版说明

物联网是通过射频识别（RFID）、红外感应器、全球定位系统、激光扫描器等信息传感设备，按约定的协议，把任何物品与互联网相连接，进行信息交换和通信，以实现智能化识别、定位、跟踪、监控和管理的一种网络概念。物联网是继计算机、互联网和移动通信之后的又一次信息产业的革命性发展。物联网产业具有产业链长、涉及多个产业群的特点，其应用范围几乎覆盖了各行各业。

2009年8月，物联网被正式列为国家五大新兴战略性产业之一，写入"政府工作报告"，物联网在中国受到了全社会极大的关注。

2010年年初，教育部下发了高校设置物联网专业申报通知，截至目前，我国已经有100多所高校开设了物联网工程专业，其中包括中南大学在内的9所高校的物联网工程专业于2011年被批准为国家级特色专业建设点。

从2010年起，部分学校的物联网工程专业已经开始招生，目前已经进入专业课程的学习阶段，因此物联网工程专业的专业课教材建设迫在眉睫。

由于物联网所涉及的领域非常广泛，很多专业课涉及其他专业，但是原有的专业课的教材无法满足物联网工程专业的教学需求，又由于不同院校的物联网专业的特色有较大的差异，因此很有必要出版一套适用于不同院校的物联网专业的教材。

为此，电子工业出版社依托国内高校物联网工程专业的建设情况，策划出版了"国家级特色专业（物联网工程）规划教材"，以满足国内高校物联网工程的专业课教学的需求。

本套教材紧密结合物联网专业的教学大纲，以满足教学需求为目的，以充分体现物联网工程的专业特点为原则来进行编写。今后，我们将继续和国内高校物联网专业的一线教师合作，以完善我国物联网工程专业的专业课程教材的建设。

电子工业出版社

教材编委会

编委会主任： 施荣华　黄东军

编委会成员：（按姓氏字母拼音顺序排序）
　　　　　　董　健　高建良　桂劲松　贺建飚
　　　　　　黄东军　刘连浩　刘少强　刘伟荣
　　　　　　鲁鸣鸣　施荣华　张士庚

第 2 版前言

本书自 2012 年 9 月第一次出版以来，受到了读者的广泛好评，很多高校的电子、自动化、计算机、物联网、通信、安全等相关专业嵌入式系统课程均选用该书作为教材，而且对该书提出了很多宝贵的意见和建议，在此深表感谢！

自第一次出版以来，嵌入式技术在飞速发展，代表性的有 2014 年 ARM 公司推出 Cortex-M7，Keil 公司 2013 年 9 月推出 μVision5.0 版本等。作者从 2013 年开始酝酿对第 1 版的修订，历时 3 年，期间几易其稿。

与第 1 版相比，第 2 版在内容上做了很大的修改和补充，增加了近几年嵌入式发展的最新成果，如 Cortex-M7、μC/OS-III 等。在结构上，打破以往一本图书只讲述一种 CPU 的架构方法，改由按每个知识点发展的时间角度讲述。本书以 ARM9 和 ARM Cortex 为硬件进行各知识点的讲述，如中断的讲述，从 ARM9 的中断的原理，到 Cortex-M3/M4/M7 的中断原理；I/O 的讲解，ARM9 的 I/O 原理，Cortex-M4/M7 的 I/O 原理；定时器，ARM9 的定时器原理，Cortex 的定时器原理。通过这样的教学使学生了解嵌入式计算机的发展过程、每个知识点的完整原理和发展方向等。本书的实例程序以 ARM9 的 S3C2440A、Cortex-M4 的 LPC4357、Cortex-M7 的 STM32F74xx 为例进行编写，提供 S3C2410、S3C244A 和 STM32F74xx 的配套实验指导书和配套实验程序的电子文档。

STM32F74xx 的实验指导书、实验程序由李祖赓编写。在本次修订工作中得到了中南大学信息科学与学院领导邹北冀、粟梅、施荣华的大力支持，在此一并表示感谢！

刘连浩

2016 年 11 月

前　言

PREFACE

嵌入式系统是融合计算机软/硬件技术、半导体技术、电子技术和通信技术，与各行业的具体应用相结合后的产物。嵌入式 CPU 从 8 位、16 位发展到 32 位、64 位，嵌入式系统无处不在，已普遍应用于国防、电子、数字家庭、工业自动化、汽车电子、医学科技、消费电子、无线通信、电力系统等国民经济的主要行业。在众多嵌入式处理器中，ARM 具有功能强、成本低、功耗少等特点。基于 ARM 技术的微处理器应用占 32 位 RISC 微处理器 75%以上的市场份额。

物联网是一种建立在互联网上的泛在网络，通过各种有线网络和无线网络与互联网融合，综合应用了海量的传感器、智能处理终端、全球定位系统等，实现物与物、物与人，所有的物品与网络的连接，方便识别、管理和控制。物联网引领了信息产业革命的第三次浪潮，将成为未来社会经济发展、社会进步和科技创新的最重要的基础设施，物联网是新一代信息技术的重要组成部分，是互联网与嵌入式系统发展到高级阶段的融合。物联网的物联源头是嵌入式应用系统的 4 个通道接口（I/O 接口）：与物理参数相连的是前向通道的传感器接口；与物理对象相连的是后向通道的控制接口；实现人-物交互的是人机交互接口；实现物-物交互的是通信接口。物联网的实现需要用到嵌入式技术，嵌入式系统作为"物联网"的核心，是当前最热门最有前景的 IT 应用领域之一。因此，高校急需一本嵌入式与物联网方面的教材。

本书以 ARM 为例，介绍嵌入式系统的基本原理和开发方法；以嵌入式 Linux 操作系统为例，介绍实时操作系统的基本功能、软件设计方法和嵌入式交叉编译环境的建立方法；以物联网中常用操作系统 TinyOS 和传感器网络编程 nesC 语言为例，介绍物联网的应用开发。

全书分为 8 章。主要内容有：嵌入式系统概述，主要介绍嵌入式的概念、发展历史、应用领域、发展趋势、物联网与嵌入式系统；介绍 ARM 体系结构、存储结构和其他部件；介绍 ARM 指令系统、汇编语言程序设计和 C 语言程序设计方法；以 S3C2440 处理器为例介绍 ARM 处理器的硬件结构和接口编程；介绍嵌入式 Linux 操作系统的基础知识，包括进程管理、内存管理、设备管理、文件系统以及其他常用嵌入式操作系统；介绍嵌入式操作系统应用开发，包括创建虚拟机、交叉编译环境、Linux 常用命令和嵌入式 Linux 应用编程；

介绍 Bootloader 和嵌入式 Linux 操作系统移植；介绍物联网中常用的操作系统 TinyOS 和传感器网络编程 nesC 语言。

　　本书由刘连浩编著，王智超在本书的编写过程中做大量的工作。在本书的编写中得到了李刚、贺建飚、曾锋等老师的大力支持，在此特表示感谢！

　　由于编者的水平有限，加之时间仓促，书中错误与不足之处在所难免，欢迎读者批评指正。

　　由于作者水平有限，本书错误和疏漏之处在所难免，恳请读者提出宝贵意见和建议。
联系邮箱：llhao@mail.csu.edu.cn。

作　者

2012 年 8 月

第 1 章	概述	(1)
1.1	单片机概念及特点	(1)
1.2	单片机的发展及种类	(1)
	1.2.1 单片机发展	(1)
	1.2.2 嵌入式处理器种类	(3)
1.3	CISC 与 RISC	(5)
	1.3.1 CISC 与 RISC 简介	(5)
	1.3.2 流水线	(6)
1.4	ARM 处理器系列	(6)
	1.4.1 ARM 版本	(6)
	1.4.2 常用 ARM 系列简介	(10)
	1.4.3 ARM v8	(18)
1.5	ARM 的软件开发工具	(18)
思考与习题		(23)
第 2 章	ARM 基础与指令系统	(24)
2.1	ARM 处理器基础	(24)
	2.1.1 ARM 处理器特点	(24)
	2.1.2 存储器大小端方式	(24)
	2.1.3 ARM 处理器状态、ARM 处理器模式及 ARM 模式下寄存器	(25)
	2.1.4 Thumb 状态下寄存器	(28)
2.2	ARM 寻址方式	(29)
	2.2.1 指令格式	(29)
	2.2.2 寻址方式	(30)
	2.2.3 ARM 指令的条件执行	(32)
2.3	ARM 指令	(33)
	2.3.1 ARM 常用指令	(33)
	2.3.2 ARM v6/7 版专有指令	(40)
2.4	Thumb 指令	(42)
2.5	ARM 伪操作与伪指令	(43)

IX

2.5.1　符号定义与变量赋值伪操作 …………………………………………………（43）
　　　2.5.2　数据定义伪操作 ……………………………………………………………（43）
　　　2.5.3　汇编控制伪操作 ……………………………………………………………（45）
　　　2.5.4　信息报告伪操作 ……………………………………………………………（47）
　　　2.5.5　指令集选择伪操作 …………………………………………………………（47）
　　　2.5.6　杂项伪操作 …………………………………………………………………（47）
　　　2.5.7　ADR、ADRL、LDR 伪指令 ……………………………………………（48）
　　　2.5.8　NOP 伪指令 …………………………………………………………………（50）
　思考与习题 …………………………………………………………………………………（50）
第 3 章　ARM 内存映射与存储器接口 ……………………………………………………（52）
　3.1　ARM9 存储器接口 …………………………………………………………………（52）
　　　3.1.1　S3C2440A 存储器控制器 ……………………………………………………（52）
　　　3.1.2　NAND Flash 控制器 …………………………………………………………（53）
　3.2　Cortex-M4 存储器接口 ……………………………………………………………（59）
　　　3.2.1　Cortex-M4 结构与内存映射 …………………………………………………（59）
　　　3.2.2　多层 AHB 总线矩阵 …………………………………………………………（60）
　　　3.2.3　Cortex-M4 外部存储器控制器 ………………………………………………（64）
　3.3　半导体存储器种类、NOR Flash 与 NAND Flash 存储器简介 …………………（66）
　思考与习题 …………………………………………………………………………………（68）
第 4 章　ARM I/O 口、Cortex 事件路由及 GIMA ……………………………………（69）
　4.1　ARM I/O 端口原理 …………………………………………………………………（69）
　　　4.1.1　ARM9 的 I/O 端口 …………………………………………………………（69）
　　　4.1.2　Cortex-M4 的系统控制单元 I/O 与 GPIO …………………………………（71）
　　　4.1.3　Cortex-M7 GPIO ……………………………………………………………（89）
　4.2　Cortex-M4 的事件路由器 ……………………………………………………………（99）
　4.3　LPC43xx 全局输入多路复用器阵列 GIMA ……………………………………（101）
　思考与习题 ………………………………………………………………………………（103）
第 5 章　ARM9、Cortex-M4/M7 中断、LCD、A/D 与触摸屏 ………………………（105）
　5.1　ARM9 中断系统原理 ………………………………………………………………（105）
　5.2　Cortex-M4 NVIC 中断原理 ………………………………………………………（114）
　　　5.2.1　中断原理 ……………………………………………………………………（114）
　　　5.2.2　与中断有关的寄存器 ………………………………………………………（117）
　5.3　Cortex-M7 NVIC 中断原理 ………………………………………………………（120）
　5.4　LCD ………………………………………………………………………………（131）
　　　5.4.1　LCD 原理 ……………………………………………………………………（131）

  5.4.2 OLED………………………………………………………………………………（132）
  5.4.3 ARM9 LCD 接口……………………………………………………………（135）
5.5 A/D 与触摸屏…………………………………………………………………………（146）
  5.5.1 A/D 转换……………………………………………………………………（146）
  5.5.2 触摸屏工作原理及种类……………………………………………………（148）
  5.5.3 ARM9 ADC 转换器和触摸屏接口…………………………………………（149）
  5.5.4 Cortex-M4/M7 A/D…………………………………………………………（153）
思考与习题……………………………………………………………………………………（153）

第 6 章 ARM9、Cortex-M4/M7 DMA 与定时器……………………………………（154）

6.1 ARM9 DMA 原理……………………………………………………………………（154）
  6.1.1 DMA 请求源…………………………………………………………………（154）
  6.1.2 DMA 工作过程………………………………………………………………（155）
  6.1.3 基本 DMA 时序………………………………………………………………（155）
  6.1.4 DMA 传输大小………………………………………………………………（156）
  6.1.5 DMA 专用寄存器……………………………………………………………（156）
6.2 Cortex-M4/M7 DMA 原理……………………………………………………………（162）
  6.2.1 Cortex-M4 DMA 主要功能特点……………………………………………（162）
  6.2.2 DMA 系统连接………………………………………………………………（163）
  6.2.3 DMA 寄存器描述……………………………………………………………（169）
6.3 ARM9 定时器…………………………………………………………………………（180）
6.4 Cortex-M4/M7 定时器种类及功能原理……………………………………………（183）
  6.4.1 状态可配置的定时器………………………………………………………（183）
  6.4.2 Timer0～3 定时器……………………………………………………………（189）
  6.4.3 电机控制 PWM………………………………………………………………（191）
  6.4.4 正交编码器接口……………………………………………………………（194）
思考与习题……………………………………………………………………………………（196）

第 7 章 串行总线…………………………………………………………………………（197）

7.1 串行通信概述与 RS-232C……………………………………………………………（197）
7.2 ARM9 的 UART 接口…………………………………………………………………（203）
7.3 SPI、I2C、I2S、SD 卡总线……………………………………………………………（206）
  7.3.1 SPI 总线接口…………………………………………………………………（206）
  7.3.2 I2C 总线接口…………………………………………………………………（207）
  7.3.3 I2S 总线接口…………………………………………………………………（216）
  7.3.4 SD 卡…………………………………………………………………………（224）
7.5 现场总线………………………………………………………………………………（231）

7.5.1　现场总线概述 (231)
  7.5.2　CAN 总线 (236)
思考与习题 (244)

第 8 章　嵌入式操作系统与 LWIP (245)

8.1　操作系统 (245)
  8.1.1　操作系统简介 (245)
  8.1.2　嵌入式操作系统简介 (248)

8.2　Linux 操作系统 (250)
  8.2.1　Linux 简介 (250)
  8.2.2　Linux 特点 (250)
  8.2.3　嵌入式 Linux (251)
  8.2.4　Linux 内核版本与发行版 (251)
  8.2.5　Linux 进程管理 (252)
  8.2.6　存储管理 (257)
  8.2.7　文件系统 (260)
  8.2.8　设备管理 (263)
  8.2.9　Linux 内核模块 (265)
  8.2.10　Linux 配置文件 (266)
  8.2.11　Linux 启动流程简介 (267)

8.3　μC/OS 概述 (271)

8.4　μC/OS-III 移植 (273)
  8.4.1　μC/OS 的 CPU 移植 (273)
  8.4.2　μC/OS-III 移植 (275)
  8.4.3　μC/OS-III 应用示例 (278)

8.5　LWIP 概述 (295)
  8.5.1　LWIP 简介 (295)
  8.5.2　LWIP 应用模式 (296)

思考与习题 (297)

第 9 章　物联网中的常用嵌入式系统 (298)

9.1　TinyOS 概述 (299)
  9.1.1　TinyOS 简介 (299)
  9.1.2　TinyOS 的特点 (301)
  9.1.3　TinyOS 开发平台 (302)
  9.1.4　TinyOS 开发案例 (303)
  9.1.5　TinyOS 的基本概念 (303)

   9.2　安装 TinyOS ………………………………………………………………（304）
   9.3　nesC 概述 ………………………………………………………………（308）
      9.3.1　nesC 简介 …………………………………………………………（308）
      9.3.2　nesC 基本概念 ……………………………………………………（310）
      9.3.3　一个简单的 nesC 编程示例 ………………………………………（316）
      9.3.4　TOSSIM 仿真 ………………………………………………………（317）
   9.4　TinyOS 内部机制简介 …………………………………………………（318）
      9.4.1　TinyOS 程序运行机制分析 ………………………………………（318）
      9.4.2　TinyOS 的调度机制 ………………………………………………（320）
      9.4.3　TinyOS 的通信模型 ………………………………………………（320）
      9.4.4　TinyOS 的能量管理 ………………………………………………（322）
   思考与习题 …………………………………………………………………（323）
参考文献 ………………………………………………………………………（324）

第1章 概 述

1.1 单片机概念及特点

根据 IEEE（电气和电子工程师协会）的定义，嵌入式系统是"控制、监视或者辅助装置、机器和设备运行的装置"（devices used to control, monitor, or assist the operation of equipment, machinery or plants）。从中可以看出嵌入式系统是软件和硬件的综合体，还可以涵盖机械等附属装置。目前国内一个普遍被认同的定义是：以应用为中心、以计算机技术为基础、软件硬件可裁剪、适应应用系统对功能、可靠性、成本、体积、功耗严格要求的专用计算机系统。

嵌入式系统是把计算机直接嵌入到应用系统之中，它融合了计算机软/硬件技术、通信技术和半导体微电子技术，是信息技术（Information Technology，IT）的最终产品。

嵌入式系统是面向用户、面向产品、面向应用的，它必须与具体应用相结合才会具有生命力、才更具有优势。即嵌入式系统是与应用紧密结合的，它具有很强的专用性，必须结合实际系统需求进行合理的裁减利用。

单片机由一块芯片组成一个完整的计算机系统，单片机有位寻址，没有 MMU。

1.2 单片机的发展及种类

1.2.1 单片机发展

从 20 世纪 70 年代单片机的出现，到今天各式各样的嵌入式微处理器、微控制器的大规模应用，嵌入式系统的出现最初是基于单片机的。70 年代单片机的出现，使得汽车、家电、工业机器、通信装置及成千上万种产品可以通过内嵌电子装置来获得更佳的使用性能、更容易使用、更快、更便宜。这些装置已经初步具备了嵌入式的应用特点，但是这时的应用只是使用 8 位的芯片，执行一些单线程的程序，还谈不上"系统"的概念。

1971 年 11 月，Intel 公司成功地把算术运算器和控制器电路集成在一起，推出了第一款微处理器 Intel 4004，其后各厂商陆续推出了许多 8 位、16 位的微处理器，例如，Motorola 推出了 68HC05，Zilog 公司推出了 Z80 系列单板机。在 80 年代初，Intel 在单板机的基础上开发出了 MCS-48 单片机，在它的基础上研制成功了 MCS-51 单片机，这在单片机的历史上是值得纪念的一页。迄今为止，51 系列的单片机仍然是最为成功的单片机芯片之一，在各种产品中有着非常广泛的应用。早期的单片机均含有 256 B 的 RAM、4 KB 的 ROM、4 个 8 位并口、1 个全双工串行口、2 个 16 位定时器等。

1976 年 Intel 公司推出 Multibus，1983 年扩展为带宽达 40 Mbps 的 MultibusⅡ。

1978 年由 Prolog 设计的简单 STD 总线广泛应用于小型嵌入式系统。

从 80 年代早期开始，嵌入式系统的程序员开始用商业级的"操作系统"编写嵌入式应用软件，这使得可以获取更短的开发周期、更低的开发成本和更高的开发效率，"嵌入式系统"真正出现了。确切地说，这个时候的操作系统是一个实时核，这个实时核包含了许多传统操作系统的特征，包括任务管理、任务间通信、同步与相互排斥、中断支持、内存管理等。其中，比较著名的有 Ready System 公司的 VRTX、Integrated System Incorporation（ISI）的 PSOS 和 IMG 的 VxWorks、QNX 公司的 QNX 等。这些嵌入式操作系统都具有嵌入式的典型特点：它们均采用占先式的调度，响应时间很短，任务执行的时间可以确定；系统内核很小，具有可裁剪、可扩充和可移植性，可以移植到各种处理器上；较强的实时和可靠性，适合嵌入式应用。这些嵌入式实时多任务操作系统的出现，使得应用开发人员得以从小范围的开发解放出来，同时也促使嵌入式系统有了更为广阔的应用空间。

20 世纪 90 年代以后，在分布控制、柔性制造、数字化通信和信息家电等巨大需求的牵引下，嵌入式系统进一步加速发展。随着对实时性要求的提高，软件规模不断上升，实时核逐渐发展为实时多任务操作系统（RTOS），并作为一种软件平台逐步成为目前国际嵌入式系统的主流。除了上面的几家老牌公司以外，还出现了 Palm OS、WinCE、嵌入式 Linux、Lynx、Nucleux，以及国内的 Hopen、Delta OS 等嵌入式操作系统。

21 世纪无疑是一个网络的时代，未来的嵌入式设备为了适应网络发展的要求，必然要求硬件提供各种网络通信接口。新一代的嵌入式处理器已经开始内嵌网络接口，除了支持 TCP/IP 协议，还支持 IEEE1394、USB、CAN、Bluetooth 或 IrDA 通信接口中的一种或者几种，同时也需要提供相应的通信组网协议软件和物理层驱动软件。软件方面，系统内核支持网络模块，甚至可以在设备上嵌入 Web 浏览器，真正实现随时随地使用各种设备上网。

嵌入式系统早期主要应用于军事及航空、航天等领域，以后逐步广泛地应用于工业控制、仪器仪表、汽车电子、通信和家用消费类等领域。随着 Internet 的发展，新型的嵌入式系统正朝着信息家电（Information Appliance，IA）和 3C（Computer，Communication& Consumer）产品方向发展。

1.2.2 嵌入式处理器种类

嵌入式处理器是嵌入式系统的核心，是控制、辅助系统运行的硬件单元，其范围极其广阔，从最初的 4 位处理器，目前仍在大规模应用的 8 位单片机，到最新的受到广泛青睐的 32 位、64 位嵌入式 CPU。

目前，世界上具有嵌入式功能特点的处理器已经超过 1000 种，流行的体系结构包括 MCU、MPU 等 30 多个系列。鉴于嵌入式系统广阔的发展前景，很多半导体制造商都大规模生产嵌入式处理器，并且公司自主设计处理器也已经成为未来嵌入式领域的一大趋势。从单片机、DSP 到 FPGA，有着各式各样的品种，速度越来越快，性能越来越强，价格也越来越低。目前嵌入式处理器的寻址空间为 64 KB～1 GB，处理速度最快可以达到 2000 MIPS，封装从 8 个引脚到 324 个引脚（如 TI 的 ARM Cortex-A8 AM335x）不等。根据其现状，嵌入式处理器可以分成下面几类。

1. 嵌入式微控制器

嵌入式微控制器（Micro Controller Unit，MCU）的典型代表是单片机，从 20 世纪 70 年代末单片机的出现到今天，虽然已经有 30 多年的历史，但这种 8 位的电子器件目前在嵌入式设备中仍然有着极其广泛的应用。单片机芯片内部集成 ROM/EPROM、RAM、总线、总线逻辑、定时/计数器、看门狗、I/O、串行口、脉宽调制输出、A/D、D/A、Flash RAM、EEPROM 等各种必要功能和外设。和嵌入式微处理器相比，微控制器的最大特点是单片化，体积大大减小，从而降低功耗和成本、提高可靠性。微控制器是目前嵌入式系统工业的主流，其片上外设资源一般比较丰富，适合于控制，因此称为微控制器。

由于 MCU 的价格低廉、功能优良，所以拥有的品种和数量最多，比较有代表性的包括 MCS-51、MCS-151、MCS-251、MCS-96/196/296、P51XA、C166/167、68K、ARM Cortex-M3/M4/M7 系列，以及 MCU 8XC930/931、C540、C541，并且有支持 I2C、CAN 总线、LCD 及众多专用 MCU 和兼容系列。目前 MCU 占嵌入式系统约 70% 的市场份额。近年来，Atmel 出产的 AVR 单片机由于其集成了 FPGA 等器件，所以具有很高的性价比，势必将推动单片机获得更高的发展。

2. 嵌入式微处理器

嵌入式微处理器（Micro Processor Unit，MPU）是由通用计算机中的 CPU 演变而来的，其特征是具有 32 位以上的处理器，具有较高的性能，当然其价格也相应较高。与计算机处理器不同的是，在实际嵌入式应用中，MPU 只保留和嵌入式应用紧密相关的功能硬件，去除其他的冗余功能部分，这样就以最低的功耗和资源实现嵌入式应用的特殊要求。和工业控制计算机相比，嵌入式微处理器具有体积小、重量轻、成本低、可靠性高的优点。目前主要的嵌入式处理器类型有 Am186/88、386EX、SC-400、Power PC、68000、MIPS、ARM/StrongARM/ARM Cortex 系列等，其中 ARM/StrongARM/ARM Cortex-A 系列是专为手持设备开发的嵌入式微处理器，属于中档的产品。

3. 嵌入式 DSP 处理器

嵌入式 DSP 处理器（Embedded Digital Signal Processor，EDSP）是专门用于信号处理领域的处理器，在系统结构和指令算法方面进行了特殊设计，具有很高的编译效率和指令的执行速度。在数字滤波、FFT、谱分析等各种仪器上，DSP 获得了大规模的应用。

DSP 的理论算法在 70 年代就已经出现，但由于专门的 DSP 处理器还未出现，所以这种理论算法只能通过 MPU 等分立元件实现。MPU 较低的处理速度无法满足 DSP 的算法要求，其应用领域仅仅局限于一些尖端的高科技领域。随着大规模集成电路技术发展，1982 年诞生了世界上首枚 DSP 芯片，其运算速度比 MPU 快了几十倍，在语音合成和编/解码器中得到了广泛应用。80 年代中期，随着 CMOS 技术的进步与发展，第二代基于 CMOS 工艺的 DSP 芯片应运而生，其存储容量和运算速度都得到成倍提高，成为语音处理、图像硬件处理技术的基础。80 年代后期，DSP 的运算速度进一步提高，应用领域也从上述范围扩大到了通信和计算机方面。90 年代后期，DSP 发展到了第五代产品，集成度更高，使用范围也更加广阔。

目前最为广泛应用的是 TI 的 TMS320C2000/C5000 系列，另外 Intel 的 MCS-296 和 Siemens 的 TriCore 也有各自的应用范围。

4. 片上系统

片上系统（System on Chip，SoC）追求的是产品系统最大包容的集成器件，是目前嵌入式应用领域的热门话题之一。SoC 最大的特点是成功实现了软/硬件无缝结合，直接在处理器片内嵌入操作系统的代码模块。SoC 具有极高的综合性，在一个硅片内部运用 VHDL 等硬件描述语言，实现一个复杂的系统。用户不需要再像传统的系统设计一样，绘制庞大复杂的电路板，一点点地连接焊制，只须使用精确的语言，综合时序设计直接在器件库中调用各种通用处理器的标准，然后通过仿真之后就可以直接交付芯片厂商进行生产。由于绝大部分系统构件都在系统内部，整个系统就特别简洁，不仅减小了系统的体积和功耗，而且提高了系统的可靠性和设计、生产效率。

由于 SoC 往往是专用的，所以大部分都不为用户所知，比较典型的 SoC 产品是 Philips 的 Smart XA。少数通用系列有 Siemens 的 TriCore，Motorola 的 M-Core，某些 ARM 系列器件，Echelon 和 Motorola 联合研制的 Neuron 芯片等。

预计在不久的将来，一些大的芯片公司将通过推出成熟的、能占领多数市场的 SoC 芯片，一举击退竞争者。SoC 芯片也将在声音、图像、影视、网络及系统逻辑等应用领域中发挥重要作用。

1.3 CISC 与 RISC

1.3.1 CISC 与 RISC 简介

CISC（Complex Instruction Set Computer）指复杂指令系统计算机，而 RISC（Reduced Instruction Set Computer）指精简指令系统计算机。

CISC 典型特点是有累加器概念，RISC 典型特点是流水设计。长期以来，计算机性能的提高往往是通过增加硬件的复杂性来获得的。硬件工程师们不断增加可实现复杂功能的指令和多种灵活的编址方式，甚至某些指令可支持高级语言语句的复杂操作，微处理器除了向程序员提供类似各种寄存器和机器指令功能外，还通过保存在 ROM 中的微程序来实现其极强的功能，使用这种设计的计算机被称为 CISC 计算机。CISC 计算机所含的指令数目一般至少 300 条以上，有的甚至超过 500 条。以 Intel 公司 x86 为核心的 PC 系列是 CISC 体系结构。

随着 CISC 复杂性的提高，硬件越来越复杂，设计越来越困难，造价也越来越高。鉴于此，IBM 公司设在纽约的 JhomasI. Wason 研究中心于 1975 年组织力量研究指令系统的合理性问题。1979 年以帕特逊教授为首的一批科学家也开始在美国加州大学伯克利分校开展这一研究。结果表明，在 CISC 计算机中，各种指令的使用率相差悬殊。一个典型程序的运算过程所使用的 80%指令，只占一个处理器指令系统的 20%。事实上最频繁使用的指令是取、存和加这些最简单的指令。因此，帕特逊等人提出了精简指令的设想，即指令系统应当只包含那些使用频率很高的少量指令，并提供一些必要的指令以支持操作系统和高级语言。按照这个原则发展而成的计算机称为 RISC。ARM 处理器采用的是 RISC 结构。

RISC 相对于 CISC 的特点有：

- RISC 指令种类和数量都较少。
- 充分利用流水线，基本上可实现一个时钟脉冲执行一条指令的目标。
- RISC 寄存器较多，该特性使一些操作能更快地完成。
- RISC 代码密度不高，可执行文件体积较大，汇编代码可读性较差。

目前 CISC 与 RISC 正在逐步走向融合，如 Pentium Pro、Nx586 等，它们的内核是基于 RISC 体系结构的，但它们能接收 CISC 指令，并将其分解分类成 RISC 指令以便在同一时间内能够执行多条指令。下一代的 CPU 将融合 CISC 与 RISC 两种技术，二者在软件与硬件方面将取长补短。

1.3.2 流水线

流水线是现代计算机处理器中必不可少的部分，通过将计算机指令处理过程拆分为多个步骤，并通过多个硬件处理单元并行执行来加快指令执行速度。

计算机中一条指令的执行可分成以下若干个阶段。

- 取指，从存储器中取出指令（Fetch）；
- 译码，指令译码（Dec）；
- 取操作数，假定操作数从寄存器组中取（Reg）；
- 执行运算（ALU）；
- 存储器访问，操作数与存储器有关（Mem）；
- 结果写回寄存器（Res）。

以上各个阶段的操作都是相对独立的，因此可以采用流水线的重叠技术来提高系统的性能，如图1-1所示。若每个阶段的执行时间是相同的，在一个周期可同时执行几条指令，则性能可以改善几倍。

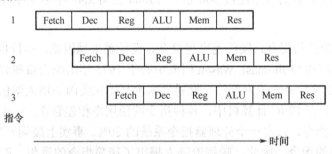

图1-1 指令执行流水线

正是因为流水的使用，ARM没有了专用调用指令和返回指令。ARM7、Cortex-M0/3/4是3级流水，分别是取指、译码和执行；ARM9是5级流水，分别是取指、指令译码、执行、数据缓存和写回；ARM10、ARM11、Cortex-M7是6级流水。

1.4 ARM处理器系列

1.4.1 ARM版本

ARM作为嵌入式系统中的处理器，具有低电压、低功耗和高集成度等特点；并具有开放和可扩性。事实上，ARM架构已成为嵌入式系统首选的处理器架构。ARM架构自诞生至今，发展并定义了 8 种不同的版本，如表 1-1 所示。

表 1-1 ARM 版本与处理器内核对应关系

版　　本	版本变种	处　理　器　核
v1（1985）	v1	ARM1
v2	V2	ARM2
	v2a	ARM2aS、ARM3
v3（1990）	v3	ARM6、ARM600、ARM610、ARM7、ARM700、ARM710
v4	v4	StrongARM、ARM8、ARM810
	v4T	ARM9TDMI、ARM920T、ARM940T
v5	v5T	ARM9E-S
	v5TE	ARM10TDMI、ARM1020E
v6（2001）	v6	ARM1136J（F）、ARM1176JZ（F）-S、ARM11、MPCore
	v6T2	ARM1156T2（F）-S
v7（2006）	v7	ARM Cortex-A（A8、A9、A15）、ARM Cortex-R（R4、R4F）、ARM Cortex-M3/M4/M7
v8（2011）	v8	2011 年 11 月已公布 v8 架构 64 位，2014 年已有多家公司宣布研发 64 位 ARM 处理器

1．v1 版架构

该版架构只在原型机 ARM1 出现过，其基本性能如下。

- 基本的数据处理指令（无乘法）；
- 字节、半字和字的 Load/Store 指令；
- 转移指令，包括子程序调用及链接指令；
- 软件中断指令；
- 寻址空间为 64 MB（2^{26}）。

2．v2 版架构

该版架构对 v1 版进行了扩展，如 ARM2 和 ARM3（v2a 版）架构，并增加了以下功能。

- 乘法和乘加指令；
- 支持协处理器操作指令；
- 快速中断模式；
- SWP/SWPB 的最基本存储器与寄存器交换指令；
- 寻址空间为 64 MB。

3．v3 版架构

v3 版架构对 ARM 体系结构做了较大的改动，把寻址空间增至 32 位（4 GB），增加了当前程序状态寄存器（Current Program Status Register，CPSR）和程序状态保存寄存器（Saved Program Status Register，SPSR），以便对异常（Exception）进行处理；增加了中止（Abort）和未定义 2 种处理器模式。ARM6 就是采用该版架构，其指令集变化如下。

- 增加了 MRS/MSR 指令，以便访问新增的 CPSR/SPSR 寄存器；
- 增加了从异常处理返回的指令功能。

4．v4 版架构

v4 版架构是目前应用最广的 ARM 体系结构，它在 v3 版架构上做了进一步扩充，有的还引进了 16 位的 Thumb 指令集，使 ARM 使用更加灵活。ARM7、ARM8、ARM9 和 StrongARM 都采用该版架构。v4 版架构指令集中增加了以下功能。

- 符号化和非符号化半字及符号化字节的存/取指令；
- 增加了 16 位 Thumb 指令集；
- 完善了软件中断 SWI 指令的功能；
- 处理器系统模式引进特权方式时使用用户寄存器操作；
- 把一些未使用的指令空间捕获为未定义指令。

5．v5 版架构

v5 版 ARM 架构在 v4 版基本上增加了一些新的指令，ARM9E-S、ARM10 和 XScale 都采用该版架构。这些新增的指令有：

- 带有链接和交换的转移 BLX 指令；
- 计数前导零 CLZ 指令；
- BRK 中断指令；
- 增加了数字信号处理指令（v5TE 版）；
- 为协处理器增加更多可选择的指令。

6．v6 版架构

v6 版 ARM 架构是 2002 年推出的，ARM11 采用该架构，此架构在 v5 版基础上增加了以下功能。

- Thumbt：代码压缩 35%。
- DSP 扩充：高性能定点 DSP 功能。
- Jazelle：Java 性能优化，可提高 8 倍。
- Media 扩充：音/视频性能优化，可提高 4 倍。

7. v7 版架构

ARMv7 架构是在 ARMv6 架构的基础上诞生的,该架构采用了 Thumb-2 技术(Thumb 指令集的扩展集),它是在 ARM 的 Thumb 代码压缩技术的基础上发展起来的,并且保持了对现存 ARM 解决方案的完整的代码兼容性。Thumb-2 技术比纯 32 位代码少使用 31%的内存,减小了系统开销。同时能够提供比已有的基于 Thumb 技术的解决方案高出 38%的性能。ARMv7 架构还采用了 NEON 技术,将 DSP 和媒体处理能力提高了近 4 倍,并支持改良的浮点运算,满足下一代 3D 图形、游戏物理应用及传统嵌入式控制应用的需求。此外,ARMv7 还支持改良的运行环境,以迎合不断增加的 JIT(Just In Time)和 DAC(Dynamic Adaptive Compilation)技术的使用。

在命名方式上,基于 ARMv7 架构的 ARM 处理器已经不再沿用过去的数字命名方式了,而是冠以 Cortex 的代号。基于 v7A 的称为 Cortex-A 系列,基于 v7R 的称为 Cortex-R 系列,基于 v7M 的称为 Cortex-M0/M3/M4/M7。ARMv7 架构定义了三大分工明确的系列:A 系列面向尖端的基于虚拟内存的操作系统和用户应用,包括 ARM Cortex-A9 和 Cortex-A15 处理器;R 系列针对实时系统;M 系列对微控制器和低成本应用提供优化。

8. v8 版架构

2011 年 11 月,ARM 公司发布了新一代处理器架构 ARMv8 的部分技术细节,这是 ARM 公司的首款支持 64 位指令集的处理器架构。由于 ARM 处理器的授权内核被广泛用于手机等诸多电子产品,故 ARMv8 架构作为下一代处理器的核心技术而受到普遍关注。ARM 在 2012 年推出基于 ARMv8 架构的处理器内核并开始授权,而面向消费者和企业的样机在 2014 年问世。

该版架构的技术特点有:ARMv8 是在 32 位 ARM 架构上进行开发的,将被首先用于对扩展虚拟地址和 64 位数据处理技术有更高要求的产品领域,如企业应用、高档消费电子产品。

ARMv8 架构包含两个执行状态:AArch64 和 AArch32。AArch64 执行状态针对 64 位处理技术,引入了一个全新指令集 A64;而 AArch32 执行状态将支持现有的 ARM 指令集。目前的 ARMv7 架构的主要特性都将在 ARMv8 架构中得以保留或进一步拓展,如 TrustZone 技术、虚拟化技术及 NEON advanced SIMD 技术等。

ARM 的由来是一颗主要用于路由器的 Conexant ARM 处理器,ARM 的设计是由 Acorn 电脑公司(Acorn Computers Ltd)于 1983 年开始的开发计划。

这个团队由 Roger Wilson 和 Steve Furber 带领,着手开发一种新架构,类似进阶的 MOS Technology 6502 处理器。Acorn 有一大堆建构在 6502 架构上的电脑,因此能设计出一颗类似的芯片即意味着对公司有很大的优势。

团队在 1985 年时开发出 ARM1 Sample 版,而首颗"真正"的产能型 ARM2 于次年量产。ARM2 具有 32 位的数据总线、26 位的寻址空间，并提供 64 MB 的寻址范围与 16 个 32 位的暂存器。这些暂存器中有一颗作为（word 大小）程序计数器，其前面 6 bit 和后面 2 bit 用来保存处理器状态标记（Processor Status Flags）。ARM2 可能是全世界最简单实用的 32 位微处理器，其仅容纳了 30000 个晶体管（相较于 Motorola 六年后的 68000，其包含了 70000 颗）。之所以精简的原因在于它不含微码（请参阅 microcode，大概只有 68000 的 1/3 至 1/4），而与现今大多数的 CPU 不同，它没有包含任何的高速缓存。这个精简的特色使它只须消耗很少的电能，却能发挥比 Intel 80286 更好的效能。后继的处理器 ARM3 更具备 4 KB 的高速缓存，使它能发挥更佳的效能。

在 20 世纪 80 年代晚期，苹果电脑开始与 Acorn 合作开发新版的 ARM 核心，由于其非常重要，Acorn 甚至于 1990 年将设计团队另组成一间名为安谋国际科技（Advanced RISC Machines Ltd.）的新公司。也基于这原因，使得 ARM 有时候反而称为 Advanced RISC Machine 而不是 Acorn RISC Machine。由于其母公司 ARM Holdings plc 于 1998 年的伦敦交易市场和 NASDAQ 挂牌上市，使得 Advanced RISC Machines 成了 ARM Ltd 旗下拥有的产品。

这个项目到后来进入了 ARM6，首版的式样在 1991 年发布，苹果电脑使用 ARM6 架构的 ARM 610 来当成 Apple Newton PDA 的基础。在 1994 年，Acorn 使用 ARM 610 作为 RISC PC 电脑内的 CPU。

在这些变革之后，内核部分却大多维持一样的大小。ARM2 有 30000 颗晶体管，ARM6 也只增长到 35000 颗。主要概念是以 ODM 的方式，使 ARM 核心能搭配一些选配的零件而制成一颗完整的 CPU，而且可在现有的晶圆厂里制作并以低成本的方式达到很大的效能。

ARM 的经营模式在于出售其知识产权核（IP Core），授权厂家依照设计制作出建构于此核的微控制器和中央处理器。最成功的实作案例属 ARM7TDMI，几乎卖出了数亿套内建微控制器的装置。

DEC 购买这个架构的产权（此处会造成混淆，在于其本身也制造 DEC Alpha 并研发出 StrongARM），在 233 MHz 的频率下，这颗 CPU 只消耗 1 W 的电能（后来的芯片消耗得更少）。这项设计后来为了和 Intel 的控诉和解而技术移转，Intel 因而趁机以 StrongARM 架构加强其 i960 产品。Intel 后来开发出他们的高效能产品，称为 XScale，之后也卖给了 Marvell。

架构版本在下节里讲述。

1.4.2 常用 ARM 系列简介

1. ARM7 系列

ARM7 内核是 0.9 MIPS/MHz 的三级流水线和冯·诺伊曼结构，一般没有 MMU。MMU

是大型操作系统必需的硬件，如 Linux、WinCE 等。也就是说，ARM7 一般只能运行小型的实时系统，如 μC/OS-II 等。

ARM7 系列包括 ARM7TDMI、ARM7TDMI-S、带有高速缓存处理器宏单元的 ARM720T 和扩充了 Jazelle 的 ARM7EJ-S。该系列处理器提供 Thumb 16 位压缩指令集和 EmbeddedICE JTAG 软件调试方式，适合应用于更大规模的 SoC 设计中。其中，ARM720T 高速缓存处理宏单元还提供 8 KB 缓存、读缓冲和具有内存管理功能的高性能处理器，支持 Linux、Symbian OS 和 Win CE 等操作系统。

ARM7 系列广泛应用于多媒体和嵌入式设备，包括 Internet 设备、网络和调制解调器设备，以及移动电话、PDA 等无线设备。无线设备领域的前景广阔，因此，ARM7 系列也瞄准了下一代智能化多媒体无线设备领域的应用。

2. ARM9 系列

ARM9 内核是 5 级流水线，提供 1.1 MIPS/MHz 的哈佛结构。ARM9 系列于 1997 年问世，ARM9 系列有 ARM9TDMI、ARM920T 和带有高速缓存处理器宏单元的 ARM940T。所有的 ARM9 系列处理器都具有 Thumb 压缩指令集和基于 Embedded ICE JTAG 的软件调试方式。ARM9 系列兼容 ARM7 系列，而且能够比 ARM7 进行更加灵活的设计。

ARM926EJ-S 发布于 2000 年，ARM9E 系列为综合处理器，包括 ARM926EJ-S 和带有高速缓存处理器宏单元的 ARM966E-S、ARM946E-S。该系列强化了数字信号处理（DSP）功能，可应用于需要 DSP 与微控制器结合使用的情况，将 Thumb 技术和 DSP 都扩展到 ARM 指令集中，并具有 Embedded ICE-RT 逻辑（ARM 的基于 Embedded ICE JTAG 软件调试的增强版本），更好地适应了实时系统的开发需要。同时其内核在 ARM9 处理器内核的基础上使用了 Jazelle 增强技术，该技术支持一种新的 Java 操作状态，允许在硬件中执行 Java 字节码。

ARM9 系列主要应用于引擎管理、仪器仪表、安全系统、机顶盒、高端打印机、PDA、网络电脑，以及带有 MP3 音频和 MPEG4 视频多媒体格式的智能电话中。

国内常用的 ARM9 处理器为 S3C2410 和 S3C2440。S3C2410 处理器是 Samsung 公司基于 ARM 公司的 ARM920T 处理器核，采用 0.18 μm 制造工艺的 32 位微控制器。该处理器拥有独立的 16 KB 指令 Cache 和 16 KB 数据 Cache，MMU，支持 TFT 的 LCD 控制器，NAND 闪存控制器，3 路 UART，4 路 DMA，4 路带 PWM 的 Timer，I/O 口，RTC，8 路 10 位 ADC，触摸屏接口，I2C 总线接口，I2S 总线接口，2 个 USB 主机，1 个 USB 设备，SD 主机和 MMC 接口，2 路 SPI。S3C2410 处理器最高可运行在 203 MHz。S3C2440 也是 Samsung 公司基于 ARM 公司的 ARM920T 处理器核的处理器，图 1-2 是 S3C2440 结构图。S3C2410 与 S3C2440 的主要区别在于：

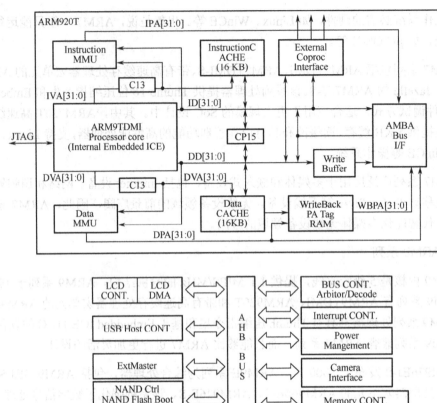

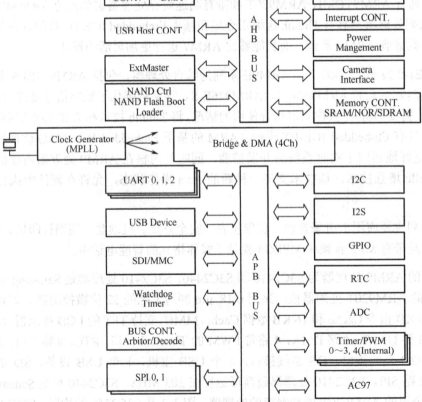

图 1-2 S3C2440 结构框图

- 最高主频不相同，S3C2410 为 200 MHz，S3C2440 为 400 MHz。
- MPLL 和 UPLL 的计算公式不相同。
- 时钟寄存器设置不同，S3C2440 则多一个寄存器 CAMDIVN 需要设置。此外，S3C2410 设置完 MPLLCON 后可以立即设置 UPLLCON，S3C2440 则需要在两者中间插入 7 条 NOP 指令。
- S3C2410 仅支持小块 NAND Flash，S3C2440 则同时支持大块 NAND Flash。
- S3C2440 比 S3C2410 新增加 AC97 编/解码器接口。
- S3C2440 比 S3C2410 新增加了摄像头接口。

3．ARM10 系列

ARM10 发布于 1999 年，该系列包括 ARM1020E 和 ARM1022E 微处理器核。其核心在于使用向量浮点（VFP）单元 VFP10 提供高性能的浮点解决方案，从而极大地提高了处理器的整型和浮点运算性能，为用户界面的 2D 和 3D 图形引擎应用夯实基础，如视频游戏机和高性能打印机等。

4．ARM11 系列

ARM1136J-S 发布于 2003 年，它是针对高性能和高能效的应用而设计的。ARM1136J-S 是第一个执行 ARMv6 架构指令的处理器，它集成了一条具有独立的 Load/Store 和算术流水线的 8 级流水线。ARMv6 指令包含了针对媒体处理的单指令多数据流（SIMD）扩展，采用特殊的设计以改善视频处理性能。ARM1136JF-S 就是为了进行快速浮点运算，而在 ARM1136J-S 增加了向量浮点单元。

国内使用最多的 ARM11 芯片是 S3C6410。S3C6410 是 Samsung 公司基于 ARM1176 的 16/32 位的高性能低功耗的 RSIC 通用微处理器，适用于手持、移动等终端设备。

S3C6410 是一款低功耗、高性价比、高性能的用于移动电话和通用处理的 RSIC 处理器，它为 2.5G 和 3G 通信服务提供了优化的硬件性能，采用 64/32 bit 的内部总线架构，融合了 AXI、AHB、APB 总线。还有很多强大的硬件加速器，包括运动视频处理、音频处理、2D 加速、显示处理和缩放。集成的 MFC（Multi-Format video Code）支持 MPEG4/H.263/H.264 编解码和 VC1 的解码，该硬件编解码器支持实时的视频会议以及 NTSC 和 PAL 制式的 TV 输出。此外，S3C6410 还内置一个采用最先进技术的 3D 加速器，支持 OpenGL ES1.1/2.0 和 D3DM API 能实现 4M triangles/s 的 3D 加速。

S3C6410 包括优化的外部存储器接口，该接口能满足在高端通信服务中的数据带宽要求。接口分为两路，DRAM 和 Flash/ROM/DRAM 端口。DRAM 端口可以通过配置来支持 Mobile DDR、DDR、Mobile SDRAM、SDRAM。Flash/ROM/DRAM 端口支持 NOR Flash、

NAND Flash、OneNAND①、CF、ROM 等类型的外部存储器和任意的 Mobile DDR、DDR、Mobile SDRAM、SDRAM 存储器。

为了降低整个系统的成本和提升总体功能，S3C6410 包括很多硬件功能外设：Camera 接口，TFT 24 bit 真彩色 LCD 控制器，系统管理单元（电源时钟等），4 通道的 UART，32 通道的 DMA，4 通道定时器，通用 I/O 口，I2S 总线，I2C 总线，USB Host，高速 USB OTG，SD Host 和高速 MMC 卡接口，以及内部的 PLL 时钟发生器。

目前，S3C6410 已经广泛应用于工控、电力、通信、医疗、媒体、安防、车载、金融、消费电子、手持设备、显示控制、教学等领域，很多上网本、PDA、GPS 导航、车载设备、视频电话、多媒体终端、监控设备等都使用了 S3C6410 处理器。

5. ARM Cortex 系列

从 ARMv7 架构开始，未来适应不同应用对内核的要求，ARM 内核首次从单一款式变成 3 种款式，命名格式改为"Cortex+内核类型+编号"。Cortex 开始下载线和在线调试开始支持串口调试线 SWD。

ARMv7 架构定义了三大分工明确的系列：A 系列面向尖端的基于虚拟内存的操作系统和用户应用；R 系列针对实时系统；M 系列对微控制器和低成本应用提供优化。

（1）Cortex-A 系列。ARM Cortex-A 系列处理器是一款适用于复杂操作系统及用户应用的应用处理器。支持智能能源管理（Intelligent Energy Manger，IEM）技术的 ARM Artisan 库以及先进的泄漏控制技术，使得 Cortex-A8 处理器实现了非凡的速度和功耗效率。在 65 nm 工艺下，ARM Cortex-A8 处理器的功耗不到 300 mW，能够提供高性能和低功耗。它第一次为低费用、高容量的产品带来了台式机级别的性能。高性能的 Cortex-A15、可伸缩的 Cortex-A9、经过市场验证的 Cortex-A8 处理器和高效的 Cortex-A5 处理器均共享同一体系结构，因此具有完整的应用兼容性，支持传统的 ARM、Thumb 指令集和新增的高性能紧凑型 Thumb-2 指令集。Cortex-A 系列处理器对比如表 1-2 所示。

表 1-2　Cortex-A 系列处理器对比

	Cortex-A5	Cortex-A5 MPCore	Cortex-A8	Cortex-A9	Cortex-A9 MPCore	Cortex-A9 硬宏	Cortex-A15 MPCore
体系结构	ARMv7	ARMv7+MP	ARMv7	ARMv7	ARMv7+MP	ARMv7+MP	ARMv7+MP+

---

① OneNand 是针对消费类电子和下一代移动手机市场而设计的，一种高可靠性嵌入式存储设备。随着过去几十年的 NAND 技术的发展，一些公司，基于原先 NAND 的架构，设计出一种理想的单存储芯片，其集成了 SRAM 的缓存和逻辑接口。OneNand 既实现 NOR Flash 的高速读取速度，又保留了 NAND Flash 的大容量数据存储的优点。与 OneNand 对应的是之前早就出现的 NAND Flash 和 NOR Flash。

续表

	Cortex-A5	Cortex-A5 MPCore	Cortex-A8	Cortex-A9	Cortex-A9 MPCore	Cortex-A9 硬宏	Cortex-A15 MPCore
中断控制器	GIC-390	已集成-GIC	GIC-390	GIC-390	已集成-GIC	已集成-GIC	已集成-GIC
二级高速缓存控制器	L2C-310	L2C-310	已集成	L2C-310	L2C-310	L2C-310	L2C-410
预期实现	300～800 MHz	300～800 MHz	600～1000 MHz	600～1000 MHz	600～1000 MHz	800～2000 MHz	TBC
DMIPS/MHz	1.6	1.6（每个 CPU）	2.0	2.5	2.5（每个 CPU）	5.0（双核）	TBC

Cortex-A 处理器适用于具有高计算要求、运行丰富操作系统，以及提供交互媒体和图形体验的应用领域。从最新技术的移动 Internet 必备设备（如手机和超便携的上网本或智能本）到汽车信息娱乐系统和下一代数字电视系统，虽然 Cortex-A 处理器正朝着提供完全的 Internet 体验的方向发展，但其应用也很广泛，包括上网本、智能手机、机顶盒、数字电视、导航仪等。

（2）Cortex-R 系列。ARM Cortex-R 系列处理器目前包括 ARM Cortex-R4 和 ARM Cortex-R4F 两个型号，主要适用于实时系统的嵌入式处理器。Cortex-R4 处理器支持手机、硬盘、打印机及汽车电子设计，能协助新一代嵌入式产品快速执行各种复杂的控制算法与实时工作的运算；可通过内存保护单元（Memory Protection Unit，MPU）、高速缓存及紧密耦合内存（Tightly Coupled Memory，TCM）让处理器针对各种不同的嵌入式应用进行最佳化调整，且不影响基本的 ARM 指令集兼容性。这种设计能够在沿用原有程序代码的情况下，降低系统的成本与复杂度，同时其紧密耦合内存功能也能提供更小的规格及更高效率的整合，并带来快速的响应时间。

Cortex-R4F 处理器拥有针对汽车市场而开发的各项先进功能，包括自动除错、可相互连接的错误侦测机制，以及可选择优化的浮点运算单元（Floating-Point Unit，FPU）。ECC 技术能监控内存存取作业，侦测并校正各种错误。当发生内存错误时，ECC 逻辑除通报错误并停止系统运作外，还会加以校正。它还拥有 Cortex-R4 系列的各项先进功能，能够通过高效内存保护单元、高速缓存，以及紧密耦合内存，使处理器能针对各种不同的应用进行最佳化调整；同时将传统处理器中的错误侦测功能延伸至整个 SoC 中，系统会不断扫描先前侦错的资料，以提升系统的可靠度。基于对安全性能的重视，Cortex-R4F 处理器特别搭载了高分辨率内存保护机制，能严密控制独立的软件作业。

（3）Cortex-M 系列。M、A 两大系列往往是共存协作的，前者经常被视为协处理器，ARM 则认为还不如说 A 系列是协处理器，因为 MCU 永远都会在线，应用处理器则不一定。

M 系列属于单片机，单片机的特点是没有 MMU，具有位寻址。ARM Cortex-M0 处理器是现有的最小、功耗最低和能效最高的 ARM 处理器，该处理器硅面积极小、能耗极低并且所需的代码量极少，这使得开发人员能够以 8 位的设备实现 32 位设备的性能，从而省略 16 位设备的研发步骤。Cortex-M0 处理器超低的门数也使得它可以部署在模拟和混合信号设备中。ARM Cortex-M0 的指令只有 56 个，支持 Thumb 指令集，包括少量使用 Thumb-2 技术的 32 位指令，这样可以快速掌握整个 Cortex-M0 指令集。Cortex-M0 使用 ARMv6-M 体系结构，即冯·诺依曼结构。特别是 Cortex-M0 和一些专用模块封装在一起，如北欧半导体（Nordic Semiconductor）生产的 nRF51822 是一款强大、灵活的多协议的单芯片解决方案，非常适用于蓝牙低功耗和其他 2.4 GHz 协议应用。nRF51822 采用 32 位 ARM Cortex-M0 处理器，256 KB 的 Flash、16 KB 的 RAM，内置 2.4 GHz 收发器支持低功耗蓝牙和 2.4 GHz，与 Nordic 现有的 nRF24L 系列 IC 完全兼容。

ARM Cortex-M3 处理器是为存储器和处理器的尺寸对产品成本影响极大的各种应用专门开发设计的，它整合了多种技术，减少使用内存，并在极小的 RISC 内核上提供低功耗和高性能，可实现由以往的代码向 32 位微控制器的快速移植。ARM Cortex-M3 处理器是使用最少门数的 ARM CPU，相对于过去的设计大大减小了芯片面积，可减小装置的体积或采用更低成本的工艺进行生产，仅 33000 门的内核性能可达 1.2 DMIPS/MHz。此外，基本系统外设还具备高度集成化特点，集成了许多紧耦合系统外设，合理利用了芯片空间，使系统满足下一代产品的控制需求。ARM Cortex-M3 处理器结合了执行 Thumb-2 指令的 32 位哈佛体系结构和系统外设，包括 Nested Vectored Interrupt Controller 和 Arbiter 总线。该技术方案在测试和实例应用中表现出较高的性能：在台积电 180 nm 工艺下，芯片性能达 1.2 DMIPS/MHz，时钟频率高达 100 MHz。Cortex-M3 处理器还实现了 Tail-Chaining 中断技术，该技术是一项完全基于硬件的中断处理技术，最多可减少 12 个时钟周期数，在实际应用中可减少 70%中断；推出了新的单线调试技术，避免使用多引脚进行 JTAG 调试，并全面支持 RealView 编译器和 RealView 调试产品。Realview 工具向设计者提供模拟、创建虚拟模型、编译软件、调试、验证和测试基于 ARMv7 架构的系统等功能。

2013—2014 年，厂家已停止向用户推广 Cortex-M3，而向用户主推 Cortex-M4。Cortex-M4 与 Cortex-M3 相比主要特点有：Cortex-M4 频率更高、支持浮点 DSP、内含 100 Mbps 以太网 MAC 等功能。Cortex-M4 主要有意法半导体 STM32F4XX 系列、恩智浦 LPC43XX 系列（图 1-3 是 LPC43XX 的功能框图）、飞思卡尔 Kinetis K 系列等。每个公司各有其特点，恩智浦的 Cortex-M4 是非对称多核，有 2 核和 3 核的，飞思卡尔的 Cortex-M4 有丰富的混合信号集成。

2014 年 9 月 24 日 ARM 正式发布了 Cortex-M7 处理器，ARM Cortex-M7 拥有强大的内存和处理能力，以在几年前难以想象的方式扩展了微控制器的功能。该处理器被定位成为物联网（IoT）的核心构建模块，更是夺人眼目。在架构上，Cortex-M7 具备六级、顺序、双发射超标量流水线、拥有单精度、双精度浮点单元、指令和数据缓存、分支预测、SIMD 支持、紧耦合内存（TCM）。TCM 是一个固定大小的 RAM，紧密地耦合到处理器内核，提供与 Cache 相当的性能，相比于 Cache，其优点是，程序代码可以精确地控制函数或代码放在哪儿（RAM 里）。当然 TCM 永远不会被踢出主存储器，因此它会有一个被用户预设的性能，而不是像 Cache 那样是统计特性的性能提高。

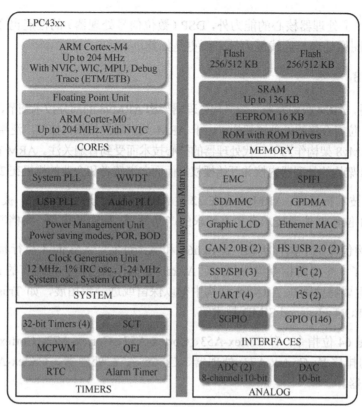

图 1-3 LPC435XX 功能图

指令和数据缓存、分支预测、TCM 都是以往 Cortex-M 系列上没有的。MCU 通常不考虑缓存，有时候甚至将闪存作为唯一的内存接口。通过加入高性能的指令和数据缓存（最大均为 64 KB），Cortex-M7 开始向典型的高性能处理器设计靠拢。TCM 之前也只在 Cortex-A、Cortex-R 系列上存在，可以用来扩展 Cortex-M7 的有效缓存，最大容量 16 MB，是 MCU 物理内存映射的一部分。它可以拥有真正缓存的性能，但其内容是直接由开发者控制的，可以放置一些关键的代码和数据，可通过中断服务请求等途径来访问，而且性能很高。Cortex-M7 增加了很多系统控制寄存器（System Control Registers）；还有一些特别的改变，如堆栈 R13（SP）在 Cortex-M7 中实际是有 2 个堆栈指针（SP_process、SP_main）。

意法半导体的 STM32F7 系列在 2014 年 9 月的 ARM 科技论坛上荣获了最佳表现奖，这是第一款采用 ARM 的 Cortex-M7 内核的 32 位 MCU，拥有 320 KB SRAM 和 1024 KB 闪存。Atmel 公司采用 Cortex-M7 内核的处理器还没有公布，预计将有 384 KB SRAM 和 2 MB 闪存，这种内存规格高出典型的 MCU 10 倍以上。

Cortex-M 系列锁定的嵌入式应用领域将朝着智智能化发展，但必须同时具备低功耗、24 小时随时运作、多通道连接能力、音频与图像处理、可靠性与弹性化等多种条件。在这样的要求之下，除了处理器核心的能力外，DSP（数位信号处理器）的性能也变得格外重要，尤其是在音频、图像处理与连线能力等方面更是如此。

1.4.3 ARM v8

2011 年 11 月，ARM 公司发布了新一代处理器架构 ARMv8 的部分技术细节，这是 ARM 公司的首款支持 64 位指令集的处理器架构。由于 ARM 处理器的授权内核被广泛用于手机等诸多电子产品，故 ARMv8 架构作为下一代处理器的核心技术而受到普遍关注。ARM 在 2012 年间推出了基于 ARMv8 架构的处理器内核并开始授权，而面向消费者和企业的样机在 2014 年问世。

该版架构的技术特点有：ARMv8 是在 32 位 ARM 架构上进行开发的，被首先用于对扩展虚拟地址和 64 位数据处理技术有更高要求的产品领域，如企业应用、高档消费电子产品。

ARMv8 架构包含两个执行状态：AArch64 和 AArch32。AArch64 执行状态针对 64 位处理技术，引入了一个全新指令集 A64；而 AArch32 执行状态将支持现有的 ARM 指令集。ARMv7 架构的主要特性都在 ARMv8 架构中得以保留或进一步拓展，如 TrustZone 技术、虚拟化技术及 NEON advanced SIMD 技术等。

ARMv8 版是 64 位指令，有 Cortex-A53、Cortex-A57、Cortex-A72、Cortex-A73 等型号。性能由高到低的排序是 Cortex-A73 处理器、Cortex-A72 处理器、Cortex-A57 处理器、Cortex-A53 处理器。

1.5 ARM 的软件开发工具

1. RealView MDK

MDK-ARM 开发工具源自德国 Keil 公司，在全球有超过 10 万的嵌入式开发工程师验证和使用，是 ARM 公司目前最新推出的针对各种嵌入式处理器的软件开发工具。MDK-ARM 集成了业内最领先的技术，包括 μVision4 集成开发环境与 RealView 编译器，支持 ARM7、ARM9、最新的 Cortex-M 内核处理器，自动配置启动代码，集成 Flash 烧写模块，强大的 Simulation 设备模拟，性能分析等功能。与 ARM 之前的工具包 ADS 等相比，RealView 编译器的最新版本可将性能改善 20% 以上。2005 年 10 月，ARM 正式全资收购 Keil，把 Keil 工具纳入自己的工具链体系，帮助现有的 8/16 位工程师群体顺利转移到 ARM 32 位 Cortex-M 平台上。2013 年 9 月推出 μVision5.0 版本，图 1-4 是 μVision5 架构图，μVision4 只支持到 Cortex-M4，Cortex-M7 则须要安装 μVision5。

需要注意的是：μVision5 的界面与前面的版本有区别，Device 需要在启动软件后在菜单"Project→Manage→Pack Installer"安装器件包。

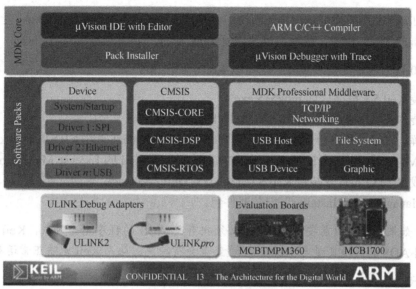

图 1-4 μVision5 架构图

如果使用 μVision5 编译 ARM7、ARM9 必须自己动手修改文件，在 mdk 的安装目录下修改 TOOLS.INI 文件。在[UV2]一栏下面，修改如下（添加最后两行）。

```
[UV2]
ORGANIZATION="Microsoft"
NAME="xx", "xx"
EMAIL=xxxx@163.com
ARMSEL=1
USERTE=1
RTEPATH="D:\mcutools\ARM\ARM\PACK"
BOOK0="UV4\RELEASE_NOTES.HTM" ("uVision Release Notes",GEN)
LEGACY_ARM7=1                    #新添加的行
LEGACY_ARM9=1                    #新添加的行
```

之后重新启动μVision5，就可以看到器件列表中有原来老的 ARM7、ARM9 的芯片，不过在新建工程中，没有了以前版本自带的启动文件。

Jlink V8 更新固件后下载程序导致 MDK5.0 关闭解决方法及 Jlink 无法识别修复方法如下。

（1）JLINK 更新固件后，在 MKD5.0 上将程序下载到板子后，MDK5.0 直接自动关闭解决方法：用 SEGGER 安装目录下的 JLinkARM.dll 替换掉 MDK 安装目录下 "./ARM/Segger/JLinkARM.dll"，可以解决更新固件后 MDK5.0 自动关闭问题。

（2）Jlink V8 不能被电脑识别的解决方法：按照"Jlink V8 固件烧录指导"上的步骤刷新 Jlink 内部的 MCU 程序，重新上电可恢复 Jlink 功能。

Keil 5.0 以上版本的安装步骤（这里以 Keil 5.15 为例）如下。

- 安装 Keil 5.x 程序，如 mdk515.exe。
- 安装 Cortex 系列安装包 MDKCM515.EXE。
- 破解。以管理员身份启动 Keil，在 License Management 里将 CID 复制到 keygen 里，选择为 ARM，产生 License ID Code，将 ID Code 复制到 Keil 的 License Management 里。
- 下载 STM32 芯片安装包 Keil.STM32F7xx_DFP.2.4.0.pack，启动软件后在菜单"Project→Manage→Pack Installer"安装器件包。

注意：如果机器中以前安装过 ADS 必须把有关 ADS 的程序完全卸载，Keil 才能正常运行，否则 ADS 的环境变量与 Keil 的环境变量会有冲突，从而 Keil 无法正常运行。

2．IAR

Embedded Workbench for ARM 是 IAR Systems 公司为 ARM 微处理器开发的一个集成开发环境（下面简称 IAR EWARM）。与其他的 ARM 开发环境相比，IAR EWARM 具有入门容易、使用方便和代码紧凑等特点。

IAR Systems 公司目前推出的最新版本是 IAR Embedded Workbench for ARM version 7.2.2。EWARM 中包含一个全软件的模拟程序（Simulator），用户不需要任何硬件支持就可以模拟各种 ARM 内核、外部设备，甚至中断的软件运行环境，并从中可以了解和评估 IAR EWARM 的功能和使用方法。IAR EWARM 的主要特点如下。

- 高度优化的 IAR ARM C/C++ Compiler。
- IAR ARM Assembler。
- 一个通用的 IAR XLINK Linker。
- IAR XAR 和 XLIB 建库程序和 IAR DLIB C/C++运行库。
- 功能强大的编辑器。
- 项目管理器。
- 命令行实用程序。
- IAR C-SPY 调试器（先进的高级语言调试器）。

3．mbed 开发平台

2014 年 10 月 1 日，ARM 发布了名义上是面向"物联网"的新一代开发平台 mbed，但 mbed 实际上是一个基于 Cortex-M 系列的开发平台，就好像 Arduino 一样，它是一个软硬通吃的开发平台。图 1-5 所示是 mbed OS 的结构。

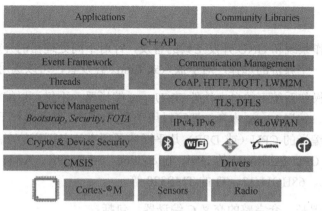

图 1-5 mbed OS 结构

mbed OS 是基于 ARM Cortex-M 处理器所设计的免费操作系统，配有安全、通信和设备管理模块，支持低功率智能蓝牙、2G、3G 与 CDMA 通信技术，具有 Thread、Wi-Fi、802.15.4/6LoWPAN、TLS/DTLS、CoAP、HTTP、MQTT，以及轻量级的 M2M。而只需 32～64 KB 的 RAM 和 256 KB 闪存的配置，适合在小设备上运行。开发商能使用 mbed 开发电池使用寿命长达数年的设备，如心率感测器。mbed 实时操作系统可以管理传感器、网络及无线芯片，支持蓝牙、2G、3G 等多种通信协议及其 API。mbed 实时操作系统是由事件驱动的，并非传统的分时型操作系统，系统将始终处于休眠状态，直到来自传感器或者其他周边设备将其唤醒为止，处理完毕后即转为休眠。

mbed 是一个面向 ARM 处理器的原型开发平台，它具体包括免费的软件库（SDK）、硬件参考设计（HDK）和在线工具（Web）三部分内容，各个部分的具体介绍如下。

（1）SDK：mbed 设计了一个硬件抽象层，从而屏蔽了不同 MCU 厂商微处理之间的差异，对于用户来说，只需要和这个硬件抽象层打交道即可，也就是说，用户基于 mbed 开发的应用可以很方便地移植到其他厂商的 ARM 微处理器，从而留给用户更多的选择。

（2）HDK：HDK 是 mbed 提供的硬件参考设计，它是面向用户开发设计的，提供了统一了程序上载接口、单步调试接口、串口调试接口、用户无须购买其他硬件就可以开始软件开发工作。

（3）Web：为了省去用户开发环境安装的麻烦，mbed 提供了一个完备的基于浏览器的微处理器软件开发环境，包括代码编写、程序编译、版本控制等功能，用户只要上网就可以开发，编译结果下载保存到 mbed 开发板上即可工作，非常方便。

由于 Arduino 成为硬件开发的一个标准，而 ARM 所推出的 mbed 相当于提出另外一个标准。现在可能为了讨好硬件开发者，部分 mbed 开发板的针脚定义依然遵循 Arduino 的规范。

4. gcc

随着 Linux 操作系统和 GNU 开发工具的普及，针对不同处理器的开放源代码，开发工具也给用户提供了一个廉价的选择，对于嵌入式 Linux 开发者，可以选用 GNU 开发工具。

运行于 Linux 操作系统下的自由软件 GNU gcc 编译器，不仅可以编译 Linux 操作系统下运行的应用程序、编译 Linux 本身，还可以用于交叉编译，编译运行于其他 CPU 上的程序。可以进行交叉编译的 CPU（或 DSP）几乎涵盖了所有知名厂商的产品，用于嵌入式应用的、众所周知的 CPU 包括 Intel 的 i386、Intel i960、AMD29K、ARM、MIPS、M68K、ColdFire、PowerPC、68HC11/12、TI 的 TMS320 等。

GNU gcc 编译器是一套完整的交叉 C 编译器，包括：

- C 交叉编译器 gcc；
- 交叉汇编工具 as；
- 反汇编工具 objdump；
- 链接工具 ld；
- 调试工具 gdb。

可以用批处理文件 makefile 将上述工具组合成方便的命令行形式。

5. ADS

ADS（ARM Developer Suite）是在 1993 年由 Metrowerks 公司开发的，是 ARM 处理器下最主要的开发工具。ADS 是全套的实时开发软件工具，编译器生成的代码密度和执行速度较高，可快速低价地创建 ARM 结构应用。ADS 包括三种调试器：ARM eXtended Debugger、AXD 向下兼容的 ARM Debugger for Windows/ARM Debugger for UNIX 和 ARM 符号调试器。其中 AXD 不仅拥有低版本 ARM 调试器的所有功能，还新添了图形用户界面、更方便的视窗管理数据显示、格式化和编辑，以及全套的命令行界面，该产品还包括 RealMonitor（可以在前台调试的同时断点续存，并且在不中断应用的情况下读写内存跟踪调试工具）。

ARM ADS 是 ARM 公司推出的新一代 ARM 集成开发工具，用来取代 ARM SDT，它是一种快速而节省成本的、完整的软件开发解决方案。

ARM ADS 起源于 ARM SDT，它对 SDT 的模块进行了增强，并替换了一些 SDT 的组成部分，用户可以感受到的最大的变化是：ADS 使用 CodeWarrior IDE 集成开发环境代替了 SDT 的 APM，使用 AXD 替换了 ADW。集成开发环境的一些基本特性在 ADS 中才得以体现，如源文件编辑器语法高亮和窗口驻留等功能等。

ARM ADS 支持 ARM7、ARM9、ARM9E、ARM10、StrongARM 和 XScale 系列处理器，

除了 SDT 支持的操作系统外，还可以在 Windows XP 和 RedHat Linux 6-2/7.1 上运行。

综上所述，五种软件对初学者的建议：IAR for ARM IAR 是一家专门专注于嵌入式开发的公司，IAR 的示例代码无须改动就可以直接运行于 EASYARM2103 上，建议初学者使用 IAR；MDK 是 ARM 公司自己推出的开发工具支持比较好，很好用，变量命名规则与 gcc 相同；gcc 是比较好的开发工具，但需要有一定的基础；mbed 是 ARM 公司新推出的一款针对 Cortex-M 的系列基于 Web 的 ARM mbed 开发平台，是一种广受欢迎、易于使用的开发平台；ADS 是比较早的开发工具，在线仿真调试不是太方便，不建议初学者使用。

思考与习题

（1）什么是嵌入式系统？试简单列举一些日常生活中常见的嵌入式系统实例。
（2）嵌入式系统具有哪些特点？
（3）嵌入式系统与通用计算机相比有哪些区别？
（4）嵌入式系统有哪些主要组成部分？简述各部分的功能与作用。
（5）简述 ARM 体系结构版本的发展过程。
（6）简述 ARM 体系结构版本的命名规则。
（7）结合嵌入式系统的应用，简要分析嵌入式系统的应用现状和未来趋势。
（8）Keil μVision4 的版本支持 Cortex-M 系列的具体型号有哪些？Cortex-M7 需要 Keil 的哪个版本以上才能支持？
（9）ARM9、Cortex-M0/3/4/7 系列分别属于几级流水结构？

第 2 章

ARM 基础与指令系统

2.1 ARM 处理器基础

2.1.1 ARM 处理器特点

ARM 属于 RISC 计算机，采用流水线设计、哈佛结构，Cortex 系列有数据总线、程序总线、外设总线等。

2.1.2 存储器大小端方式

ARM 采用的是 32 位架构，ARM 的基本数据类型有以下 3 种。

- Byte：字节，8 bit。
- Half word：半字，16 bit，半字必须于 2 字节边界对齐，即半字地址的最后 1 位为 0。
- Word：字，32bit，字必须于 4 字节边界对齐，即字地址的最后两位为 0。

大端格式是指数据的低字节存在高地址中，小端格式是指数据的低字节存储在低地址中。ARM 处理器支持大端和小端两种格式，并默认使用小端方式，即 ARM 复位后使用的是小端方式，如果要使用大端方式，首先需要用大端方式编译程序，然后在复位后用软件编程的方式实现大小端的转换，主要是操作 CP15 协处理器，这里就不过多介绍了。

例如，0x12345678 小端方式存放如下：

地址	内容
A	78
A+1	56
A+2	34
A+3	12

大端方式的存放如下：

地址	内容
A	12
A+1	34
A+2	56
A+3	78

2.1.3　ARM 处理器状态、ARM 处理器模式及 ARM 模式下寄存器

ARM 处理器有两种运行状态：ARM 状态和 Thumb 状态。ARM（v7 版及 v7 版以前的）状态执行的是 32 位的 ARM 指令，Thumb 状态执行的是 16 位的 Thumb 指令。

ARM 处理器有七种运行模式，如下所示。

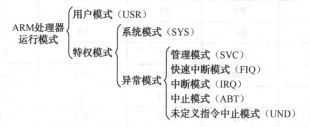

（1）用户模式（User mode）：用户程序运行的模式。在用户模式下，如果没异常发生，不允许应用程序自行改变处理器的工作模式，如果有异常发生，处理器会自动切换工作模式。

（2）系统模式（System mode）：用来运行特权级的操作系统任务。

（3）SVC 模式（Supervisor mode）：管理模式，它是一种操作系统保护模式。当复位或软中断指令执行时处理器将进入该模式。

（4）FIQ 模式（Fast Interrupt Request mode）：快速中断模式，支持高速数据传输和通道处理，当一个 FIQ 中断产生时将进入该模式。

（5）IRQ 模式（Interrupt Request mode）：普通中断模式，当一个 IRQ 中断产生时将进入该模式。按中断的处理器方式又可分为向量中断和非向量中断两种，通常的中断处理都是在 IRQ 模式下进行的。

（6）中止模式（Abort mode）：当数据或指令存取异常时将会进入该模式，用于处理存储器故障、实现虚拟存储或存储保护。

（7）未定义指令异常模式（Undefined mode）：当执行未定义指令时会进入该模式，主要用来处理未定义的指令陷阱，支持硬件协处理器的软件仿真，因为未定义指令多发生在

对协处理器的操作上。

表 2-1 所示为 ARM 各种处理器模式下的各寄存器。

表 2-1 ARM 各种处理模式下的寄存器

用户模式	系统模式	管理模式	中止模式	未定义模式	IRQ 模式	FIQ 模式
R0	R0	R0	R0	R0	R0	R0
R1	R1	R1	R1	R1	R1	R1
R2	R2	R2	R2	R2	R2	R2
R3	R3	R3	R3	R3	R3	R3
R4	R4	R4	R4	R4	R4	R4
R5	R5	R5	R5	R5	R5	R5
R6	R6	R6	R6	R6	R6	R6
R7	R7	R7	R7	R7	R7	R7
R8	R8	R8	R8	R8	R8	R8_fiq
R9	R9	R9	R9	R9	R9	R9_fiq
R10	R10	R10	R10	R10	R10	R10_fiq
R11	R11	R11	R11	R11	R11	R11_fiq
R12	R12	R12	R12	R12	R12	R12_fiq
R13（SP）	R13	R13_svc	R13_abt	R13_und	R13_irq	R13_fiq
R14（LR）	R14	R14_svc	R14_abt	R14_und	R14_irq	R14_fiq
R15（PC）	PC	PC	PC	PC	PC	PC
CPSR	CPSR	CPSR	CPSR	CPSR	CPSR	CPSR
		SPSR_svc	SPSR_abt	SPSR_und	SPSR_irq	SPSR_fiq

处理器模式分为用户和系统模式，系统模式包括快中断请求（Fast Interrupt Request，FIQ）、中断请求（Interrupt Request，IRQ）、管理（Supervisor，SVC）、中止（Abort）和未定义（Undefined）等几种模式。ARM 状态共有 37 个 32 bit 的寄存器。

R0～R15 为 32 位通用寄存器，其中，R15 常用作程序计数器 PC；R14 常用作链接寄存器（Linked Register，LR）；R13 常用作堆栈指针（Stack Pointer，SP）。

注：在 ARM v8 版本共有 31 个通用寄存器 R0～R30，每个寄存器长度为 64 bit，R31 是只读寄存器，读出值始终为零。64 bit 的通用寄存器是 X0～X30，32 bit 的通用寄存器是 W0～W30，128 bit 寄存器是 V0～V31。SP 和 PC 均是 64 bit 的，如果 SP 访问 WSP 时使用 32 bit。

当前程序状态寄存器（Current Program Status Register，CPSR）包含了条件码标识、中断禁止位、当前处理器模式和其他状态/控制信息。

31	30	29	28	27	26 ～ 8	7	6	5	4 3 2 1 0
N	Z	C	V	Q	未用	I	F	T	Mode

1. 条件码标识

N：负数标识。N=1 表示运算的结果为负数，N=0 表示结果为正数或零。

Z：结果为 0 标识。Z=1 表示运算的结果为零，Z=0 表示运算的结果不为零。

C：进位位标识。在加法指令中（包括比较指令 CMN），当结果产生了进位，则 C=1，表示无符号数运算发生上溢出；其他情况下，C=0。在减法指令中（包括比较指令 CMP），当运算中发生错位（即无符号数运算发生下溢出），则 C=0；其他情况下，C=1。对于在操作数中包含移位操作的运算指令（非加/减法指令），C 被设置成被移位寄存器最后移出去的位。对于其他非加/减法运算指令，C 的值通常不受影响。

V：溢出标识。对于加/减运算指令，当操作数和运算结果都是以二进制的补码表示的带符号的数时，V=1 表示符号位溢出；对于非加/减法指令，通常不改变标志位 V。

Q：只在带 DSP 指令扩展的 ARM v5 及更高版本中，标志 DSP 的溢出/饱和。

2. 控制位

I：IRQ 中断禁止位。I=1 时 IRQ 被禁止。

F：FIQ 快中断禁止位。F=1 时 FIQ 被禁止。

T：Thumb 位。T=0，处理器处于 ARM 状态（即正在执行 32 位的 ARM 指令）；T=1，处理器处于 Thumb 状态（即正在执行 16 位的 Thumb 指令）。T 位只有在 T 系列的 ARM 处理器上才有效，在非 T 系列的 ARM 版本中，T 位将始终为 0。

Mode：处理器工作模式，如表 2-2 所示。

表 2-2 处理器工作模式

M[4：0]	处理器模式	可以访问的寄存器
0b10000	User	PC，R14～R0，CPSR
0b10001	FIQ	PC，R14_fiq～R8_fiq，R7～R0，CPSR，SPSR_fiq
0b10010	IRQ	PC，R14_irq～R13_irq，R12～R0，CPSR，SPSR_irq
0b10011	Supervisor	PC，R14_svc～R13_svc，R12～R0，CPSR，SPSR_svc
0b10111	Abort	PC，R14_abt～R13_abt，R12～R0，CPSR，SPSR_abt
0b11011	Undefined	PC，R14_und～R13_und，R12～R0，CPSR，SPSR_und
0b11111	System	PC，R14～R0，CPSR（ARM v4 及更高版本）

保护程序状态寄存器（Saved Program Status Register，SPSR）用于在处理器系统模式下保存当前程序状态寄存器 CPSR 的内容。

注：Cortex-M 系列没有工作模式的概念。

2.1.4 Thumb 状态下寄存器

Thumb 状态下的寄存器是 ARM 状态下寄存器组的一部分，包括 R0～R7、R13（SP）、R14（LR）、R15（PC）和 CPSR，如表 2-3 所示。Thumb 状态与 ARM 状态一样，也有快中断 FIRQ、中断 IRQ、管理 SVC、中止 Abort 和未定义 Undefined 等系统模式。每一种模式都有一组 SP、LR 和 SPSR 寄存器。

表 2-3　Thumb 状态下的寄存器组织

用户模式	系统模式	管理模式	中止模式	未定义模式	IRQ 模式	FIQ 模式
R0	R0	R0	R0	R0	R0	R0
R1	R1	R1	R1	R1	R1	R1
R2	R2	R2	R2	R2	R2	R2
R3	R3	R3	R3	R3	R3	R3
R4	R4	R4	R4	R4	R4	R4
R5	R5	R5	R5	R5	R5	R5
R6	R6	R6	R6	R6	R6	R6
R7	R7	R7	R7	R7	R7	R7
SP	SP	SP_svc	SP_abt	SP_und	SP_irq	SP_fiq
LR	LR	LR_svc	LR_abt	LR_und	LR_irq	LR_fiq
PC	PC	PC	PC	PC	PC	PC
CPSR	CPSR	CPSR	CPSR	CPSR	CPSR	CPSR
—	—	SPSR_svc	SPSR_abt	SPSR_und	SPSR_irq	SPSR_fiq

Thumb 状态下与 ARM 状态下的寄存器组织对应关系如图 2-1 所示。在 Thumb 状态，寄存器 R8～R15 不是标准的寄存器集的一部分，但可以使用汇编语言程序对它们进行受限的访问，例如可以将它们用于快速暂存，使用 MOV 指令的特殊变量可以将一个值从 R0～R7 范围内的寄存器传送到高寄存器或从高寄存器传送到低寄存器；使用 CMP 和 ADD 指令也可以对高寄存器的值与低寄存器的值进行比较或者相加。

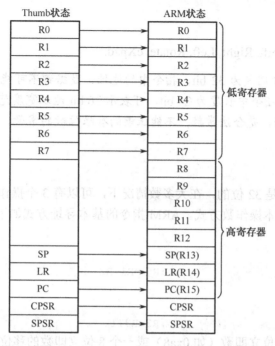

图 2-1 Thumb 状态寄存器与 ARM 状态寄存器映像

2.2 ARM 寻址方式

2.2.1 指令格式

```
<op>{<cond>}{S}    <Rd>,<Rn>,{<operand2>}
```

其中，<>内的项是必需的，{}内的项是可选的；op 为指令助记符，如 LDR、STR 等；cond 为执行条件，如 EQ、NE 等；S 为是否影响 CPSR 寄存器的值，带 S 书写时影响 CPSR，否则不影响；Rd 为目标寄存器；Rn 为第一个操作数的寄存器；operand2 为第二个操作数。

大多数 ARM 通用数据处理指令都有一个灵活的第 2 操作数（Flexible Second Operand）operand2，它有以下两种形式。

- #immed_8r：常量表达式，8 位位图循环偶数位（0，2，4，6，…，30），合法常量如 0xFF、0xFF000、0xF00000F，非法常量如 0x101、0xFF04、0xFF003、0xFFFFFFFF。
- Rm {,shift}：Rm 是存储第 2 操作数的 ARM 寄存器；shift 表示移位，如 ASR、LSR、LSL、ROR 和 RRX。

注:

(1) Arithmetic, Shift, Right, Left, Rotate, eXpad。

(2) ARM 指令长度固定为 32 bit,指令中的地址、数据都不可能超过 32 bit。ARM 的地址使用相对寻址,在指令中长度为 24 bit,可表示 26 bit 地址宽度范围。数据采用压缩方式,能压缩成 8 bit 数据,是合法常数;不能压缩的有限位数的常数,则使用伪指令。

2.2.2 寻址方式

每条 ARM 指令都是 32 位的,在大多数情况下,可以有 3 个操作数,其中第 1 操作数或目的操作数一般为基本操作数方式。ARM 指令的基本寻址方式如下。

1. 寄存器寻址

```
ADD  R0, R1, R2              ;R0←R1+R2
```

2. 立即寻址

```
ADD  R3, R3, #1              ;R3←R3+1
```

立即数的要求是 8 位立即数(如 0xa8)或一个 8 位立即数的移位(如 0xFF00)。

3. 寄存器间接寻址

```
LDR  R0, [R3]                ;((R3))→R0
```

4. 寄存器变址寻址

```
LDR  R0,[R1, #14]            ;((R1)+14)→R0
```

前索引寻址("!"表示完成数据传送后更新基址寄存器):

```
LDR  R0,[R1 + 4]!            ;R0←[R1+4],R1←R1+4,
```

后索引寻址:

```
LDR  R0, [R1], #4            ;R0←[R1], R1←R1+4,这里没有"!"
```

基址加索引寻址:

```
LDR  R0,[R1, R2]             ;R0←[R1+R2]
```

5. 多寄存器寻址

```
LDMIA R1,{R0, R2, R5}        ;R0←[R1], R2←[R1+4], R5←[R1+8]
```

把 R1 指向的连续存储单元的内容送到 R0、R2 和 R5。由于传送数是以 32 位为单位的字,基址应当字对齐。

6. 堆栈寻址

堆栈是按特定顺序进行存取的存储区，有后进先出（LIFO）或先进后出（FILO）两种形式。堆栈指针所指向的存储单元是栈顶，存储器堆栈可分为以下 2 种：

- 向上生长：向高地址方向生长，递增堆栈（Ascending Stack）。
- 向下生长：向低地址方向生长，递减堆栈（Descending Stack）。

堆栈指针指向最后压入堆栈的有效数据项，称为满堆栈（Full Stack），堆栈指针指向下一个空位置，称为空堆栈（Empty Stack），ARM 硬件中的堆栈分为以下 4 种组合。

- 满向上生长型：堆栈按高地址方向生长，当前堆栈指针指向一个有效值。
- 空向上生长型：堆栈按高地址方向生长，当前堆栈指针指向一个空值。
- 满向下生长型：堆栈按低地址方向生长，当前堆栈指针指向一个有效值。
- 空向下生长型：堆栈按低地址方向生长，当前堆栈指针指向一个空值。

常见的多字节传送指令如表 2-4 所示，FD、ED、FA、EA 后缀在堆栈操作时使用，其中，F（Full）和 E（Empty）分别代表堆栈指针指向满或空，A（Ascending）和 D（Descending）分别表示堆栈向上或向下生长。当堆栈由低地址向高地址生成时，称为递增堆栈（向上高地址方向），当堆栈由高地址向低地址生成时，称为递减堆栈（向下低地址方向）。IA、IB、DA、DB 后缀在一般数据块传送时使用（Increase、Decrease、After、Before）。

表 2-4 常见的多字节传送指令

指令传送形式	堆栈	一般数据存取	L 位	P 位	U 位
空向下生长型（之前增量）	LDMED	LDMIB	1	1	1
满向下生长型（之后增量）	LDMFD	LDMIA	1	0	1
空向上生长型（之前增量）	LDMEA	LDMDB	1	1	0
满向上生长型（之后增量）	LDMFA	LDMDA	1	0	0
满向上生长型（之前增量）	STMFA	STMIB	0	1	1
空向上生长型（之后增量）	STMEA	STMIA	0	0	1
空向下生长型（之前增量）	STMFD	STMDB	0	1	0
满向下生长型（之后增量）	STMED	STMDA	0	0	0

注：堆栈生成方向是指进栈方向，STMFD 与 LDMFD 配对使用，这里的满减是指进栈方向，先减指针后进栈，出栈则先出栈后加指针。

7. 块拷贝寻址

```
LDMIA  R0!,{R2-R9}          ;从 R0 指向的位置复制 8 个字到 R2~R9
STMIA  R1,{R2-R9}           ;R2~R9 复制 8 个字到 R1 指向的位置
```

从 R0 指向的位置复制 8 个字到 R1 指向的位置，R2～R9 保存的是有用值，应该把它们压进堆栈保存，可以如下处理。

```
STMFD   R13!,{R2-R9}          ;寄存器 R2～R9 内容保存到堆栈，PUSH
LDMIA   R0!,{R2-R9}           ;R0 指向位置复制 R2～R9
STMIA   R1,{R2-R9}            ;R2～R9 复制到 R1 指向的位置
LDMFD   R13!,{R2-R9}          ;从堆栈恢复 POP
```

注：LDMIA 与 STMIA 配对使用。

8. 相对寻址

```
B   rel                       ;(PC)+rel→PC
```

相对地址一般为 24 位，但指令地址最低 2 位为 00，故寻址范围为 2^{26}，相对地址为 $\pm 2^{25}$。

2.2.3　ARM 指令的条件执行

每条 ARM 指令都是有条件执行的，包括特权调用和协处理器指令，可根据执行结果来选择是否更新条件码。若要更新条件码，则指令中须包含后缀"S"。条件码占 32 位指令的高 4 位。

一些指令（如 CMP、CMN、TST 和 TEQ）不需要后缀"S"，它们的唯一功能就是更新条件标志。没有执行的条件指令对标志没有影响，一些指令只更新部分标志，不影响其他标志。可以根据另外一条指令设置的标志，有条件地执行某条指令，分如下两种情况：在更新标志的指令后立即执行；在插入的几条不更新标志的指令后执行。没有条件后缀表示任何条件下都执行。

条件码中的 N、Z、C 和 V 位的值决定指令如何执行，条件码如表 2-5 所示。

表 2-5　ARM 条件码

操作码[31:28]	条件码	含义	标志位状态显示
0000	EQ	相等/是否为 0	Z 置位
0001	NE	不等	Z 清零
0010	CS/HS*	进位置位/大于	C 置位
0011	CC/LO*	进位清零/小于	C 清零
0100	MI	结果为负	N 置位
0101	PL	结果为正	N 清零
0110	VS	溢出	V 置位

续表

操作码[31:28]	条 件 码	含 义	标志位状态显示
0111	VC	无溢出	V 清零
1000	HI*	大于	C 置位并且 Z 清零
1001	LS*	小于	C 清零或 Z 置位
1010	GE*	大于等于	N 等于 V
1011	LT*	小于等于	N 不等于 V
1100	GT*	大于	Z 清零或 N 等于 V
1110	LE*	小于等于	Z 置位或 N 不等于 V
1111	AL	始终	任何

说明：HS、LO、HI、LS 这 4 个条件码指的是无符号数，GE、LT、GT、LE 这 4 个条件码指的是符号数。

2.3 ARM 指令

2.3.1 ARM 常用指令

1. 内存访问指令

（1）LDR/STR 指令。

零偏移（Zero Offset）：

op{cond}{D}{H/SH}{B/SB}{T}　Rd,[Rn]

前变址偏移（Pre-Indexed Offset）：

op{cond}{D}{H/SH}{B/SB} Rd,[Rn, FlexOffset]{!}

程序相对偏移（Pregram-Relative Offset）：

op{cond}{D}{H/SH}{B/SB} Rd, label

后变址偏移（Post-Indexed Offset）：

op{cond}{D}{H/SH}{B/SB}{T} Rd,[Rn],FlexOffset

其中，op 为基本指令，如 LDR、STR，LDR 表示 register←memory，STR 表示 register→memory；cond 为条件码后缀；D 表示双字后缀，双字地址能被 8 整除，如果是寄存器，必须是偶数；H 表示传送半字，SH 表示有符号的半字，H/SH 没有 T 后缀；B 表示字节操作后缀；SB 表示有符号的字节，SB 没有 T 后缀；FlexOffset 为"<#expression>"或"{+/-}Rm{,shift}>"；T 为用户指令后缀，在后索引的指令中，强制执行非特权模式操作，在前索引指令中，不允许有 T 模式；Rd 为源寄存器，对于 LDR 指令，Rd 将保存从 memory 中读取的数值，对于 STR 指令，Rd 保存着将写入 memory 的数值；Rn 为指针寄存器；FlexOffset 为偏移量。

例 2-1 下面的示例显示了 LDR 和 STR 指令的使用方法。

```
LDR      R1,  [R10]                    ;R1←[R10]
LDRNE    R2,  [R5, #5]!                ;有条件地把 R2←[R5+5],R5←R5+5
STR      R1,  [R2, R4]                 ;R1→[R2+R4]
LDR      R1,  [R2, R3, LSL#2]          ;R1←[R2+R3 × 4]
LDR      R0,  localdata                ;加载一个字,该字位于标号 localdata 所在地址
```

例 2-2 下面的示例显示了 LDRH、STRH 等指令的使用方法。

```
LDRH     R1,  [R2,-R3]!                ;把[R2-R3]地址处半字的内容加载到 R1,更新 R2
STRH     R3,  [R4,#14]                 ;把 R3 的半字内容存储到 R4+14,不更新 R4
LDRSB    R8,  [R2],# -223              ;把[R2]的内容扩展为带符号的字节,装入 R8,更新 R2
LDRNESH  R11, [R0]                     ;有条件地将[R0]的内容扩展为带符号的半字,装入 R111
```

例 2-3 下面的示例显示了 LDRD、STRD 等指令的使用方法。

```
LDRD     R6,  [R11]                    ;((R11))→R6,((R11)+4)→R7
LDRMID   R4,  [R7],R2                  ;((R7))→R4,((R7)+4)→R5,R7+R2→R7(MI 为负)
STRD     R4,  [R9,#24]                 ;R4→[R9+24],R5→[R9+28]
STRD     R0,  [R9-R2]!                 ;R0→[R9-R2],R1→[R9-R2+4],R9-R2+4→R9
LDREQD   R8,  abc4                     ;有条件地将地址 abc4→R8,地址 abc4+4→R9
```

例 2-4 下面是一个关于使用 LDRD 和 STRD 指令的错误例子。

```
LDRD     R1,  [R6]                     ;Rd 不是偶数,双字寄存器必须是偶数
STRD     R14, [R9,#36]                 ;Rd 不能是 R14
STRD     R2,  [R3],R6                  ;Rn 不允许是 Rd 或 R(d+1)
```

（2）多字节存取指令（常用于堆栈操作）。

```
op{cond}mode   Rn{!},reglist
```

其中，op 为 LDM、STM，LDM 表示 memory→多个寄存器，STM 表示多个寄存器→memory；mode 为指针更新模式，对应于不同类型的栈，最常用的是 FD 模式，相当于初始栈指针在高位地址，指针先减后压栈，方向是指进栈时的指针生成方向，堆栈操作时指针是 R13，数据块传送时，指针是除 R13 以外的寄存器；Rn 为指针寄存器，"!"表示最后

的指针值将写入 Rn 中 reglist 为要操作的寄存器列表,如{r0-r8,r10},如果是 LDM 且 reglist 中包含 R15(PC),那么除了正常的多寄存器传送外,将 SPSR 复制到 CPSR,用于异常返回,数据传入或传出的是用户模式的寄存器,而不是当前模式的寄存器。

注意:对于 LDM 指令,如包含 PC,bit[0]=1 时,CPU 转至 Thumb 状态。寄存器列表中不应有 Rn。FD、ED、FA、EA 用于堆栈操作;IA、IB、DA、DB 用于一般的数据传送操作。

例 2-5 下面的示例显示了 LDMIA、STMDB 等指令的使用方法。

```
LDMIA    R8,{R0,R2,R9}              ;((R8))→R0,((R8)+4)→R2,((R*)+8)→R9
STMDB    R1!,{R3-R6,R11,R12}        ;(R3)→(R1)-4,(R4)→(R1)-8,(R5)→(R1)-12,
;(R6)→(R1)-16 ;(R11)→R1-20,(R12)→R1-24,
;(R1)-24→R1
STMFD    R13!,{R0,R4-R7,LR}         ;寄存器进栈 PUSH
LDMFD    R13!,{R0,R4-R7,PC}         ;同样的寄存器出栈 POP,从子程序返回
```

2. ARM 数据处理指令

(1) ADD、SUB、RSB、ADC、SBC、RSC、AND、ORR、EOR 和 BIC 运算指令。

```
op{cond}{S} Rd, Rn, Operand2
```

其中,op 为 ADD、SUB、RSB、ADC、SBC、RSC、AND、ORR、EOR 和 BIC 其中之一;S 表示是否设置状态寄存器(CPSR),如 N(有符号运算结果得负数)、Z(结果得 0)、C(运算的进位或移位)、V(有符号数的溢出)等;Rd 为保存结果的寄存器;Rn 为运算的第一个操作数;Operand2 为运算的第二个操作数,这个操作数的值有一些限定,可以是 8 位立即数(如 0xa8)或一个 8 位立即数的移位(如 0xa800,而 0xa801 就不符合),也可以是寄存器或寄存器的移位(如"r2,lsl#4")。

例如,ADD 将 Rn 和 Operand2 的值相加;SUB 将 Rn 的值减去 operand2 的值;RSB 将 Operand2 的值减去 Rn 的值;ADC 为带进位加;SBC 为带进位减;RSC 为带进位的 RSB;AND 为逻辑"与";ORR 为逻辑"或";EOR 为逻辑"异或";BIC 为位清 0。

Operand 2 为 32 位的掩码,如果在掩码中设置了某一位,则清除操作数 1 中的相应位,未设置掩码的位保持不变,操作结果存在目的寄存器中。

ADC、SBC 和 RSC 用于多个字的算术运算。

条件码标志:若指定 S,则将改变 N、Z、C 和 V。

R15 的使用:若 R15 作为 Rn 使用,则使用的 R15 值是本条指令的首地址加 8,移位不允许使用 R15。

例 2-6 下面的示例显示了一些数据处理指令的使用方法。

```
ADD     R2, R1, R3              ;R2←R1+R3
SUBS    R8, R6, #240            ;R8←R6-240，设置标志
RSB     R4, R4, #1280           ;R4←1280-R4
SUB     R4, R5, R7, LSR R2      ;R7 内容逻辑右移，移位数在 R2 中，R5 与之相减，结果存 R4
RSCLES  R1, R6, R0, LSLR4       ;有条件执行，设置标志
AND     R8, R2, #0xff00
ORREQ   R2, R0, R5
EORS    R1, R1, R3 ROR R6
BIC     R0, R0, #%1011          ;清除 R0 中的位 0、1 和 3，其余的位保持不变
```

例 2-7 下面是一个关于使用数据处理指令的错例。

```
RSCLES  R0, R15, R0, LSL R4     ;R15 不允许和被控制移位的寄存器一起出现
EORS    R0, R15, R3, ROR R6     ;R15 不允许和被控制移位的寄存器一起出现
```

（2）MOV 和 MVN 传送和传送"非"指令。

```
op{cond}{S}  Rd,Operand2
op:                             MOV 或 MVN
```

例 2-8 下面的示例显示了 MOV 和 MVN 指令的使用方法。

```
MOV     R5, R2                  ;R2→R5
MVNNE   R11,#0xF000000B
MOVS    R0, R0, ASR R3
MOV     PC, R14                 ;从子程序返回
MOVS    PC, R14                 ;从异常返回，(SPSR) 恢复 CPSR
```

例 2-9 下面是一个关于使用 MVN 指令的错例。

```
MVN     R15, R4, ASR R0         ;R15 不允许与被控制移位的寄存器一起出现
```

（3）CMP、CMN、TST 和 TEQ，分别为比较、比较反值、测试和测试相等指令。

```
op{cond}   Rn, operand2
```

其中，op 为 CMP、CMN、TST 和 TEQ 其中之一，功能是改变 N、Z、C 和 V。

R15 的使用：若 R15 用作 Rn，则使用的值是指令的地址加 8；若有移位，就不能使用 R15。

例 2-10 下面的示例显示了 CMP 和 TST 指令的使用方法。

```
CMP      R2, R8
CMN      R1, #6400
CMPGT    R13,R7, LSL #2
TST      R1, #0x3F8
TEQEQ    R10,R8
```

3. 乘法指令

（1）MUL 和 MLA 乘法和乘加（32 位×32 位，结果为低 32 位）。

```
MUL{cond}{S}     Rd,Rm,Rs           ;Rd←Rm × Rs
MLA{cond}{S}     Rd,Rm,Rs,Rn        ;Rd←Rm × Rs＋Rn
```

其中，Rd 为结果寄存器；Rm、Rs、Rn 为操作数寄存器。R15 不能用于 Rd、Rm 和 Rs，或 Rn、Rd 不能与 Rm 相同。

例 2-11　下面的示例显示了 MUL 和 MLA 指令的使用方法。

```
MUL    R1, R2, R3             ;R1←R2 × R3
MLA    R1, R2, R3, R4         ;R1←R2 × R3＋R4
MULS   R0, R2, R2             ;有条件地将 R0←R2 × R2
```

例 2-12　下面是一个关于使用 MUL 和 MLA 指令错例。

```
MUL    R15, R1, R3            ;不允许使用 R15
MLA    R1, R1, R3             ;Rd 不允许与 Rm 相同
```

（2）UMULL、UMLAL、SMULL 和 SMLAL 表示无符号和带符号长整数乘法和乘加（32 位×32 位，结果为 64 位）。

```
Op {cond} {S}   RdLo, RdHi, Rm, Rs
```

其中，RdLo 和 RdHi 为 ARM 结果寄存器；Rm 和 Rs 为操作数寄存器。

例 2-13　下面的示例显示了 UMULL 和 UMLALS 指令的使用方法。

```
UMULL    R1, R4 ,R2, R3       ;R4(High 32 bit),R1(Low 32 bit)←R2 × R3
UMLALS   R1, R5, R2, R3       ;R5,R1←R2 × R3＋R5,R1,并改变条件码标志
```

例 2-14　下面是一个关于使用 UMULL 和 SMULL 指令的错例。

```
UMULL     R2, R15, R10, R2    ;不允许使用 R15
SMULLLE   R0, R1, R0, R5      ;RdLo、RdHi 和 Rm 必须是不同的寄存器
```

（3）SMULxy（带符号乘法）——16 位×16 位，结果为 32 位。

```
SMUL <x> <y> {cond}    Rd, Rm, Rs
```

其中，<x>为 B 或 T，B 表示使用 Rm 的低端位 15～0，T 表示使用 Rm 的高端位 31～16；<y>为 B 或 T，B 表示使用 Rs 的低端位 15～0，T 表示使用 Rs 的高端位 31～16；Rd 为结果寄存器。

R15 不能用于 Rd、Rm 和 Rs；Rd、Rm 和 Rs 可用相同的寄存器，这条指令不影响条件码标志。

例 2-15 下面的示例显示了 SMULTB 指令的使用方法。

```
SMULTBEQ   R5, R7, R9         ;条件执行 R5←R7(High 16 bit)×R9(Low 16 bit)
```

例 2-16 下面是一个关于使用 SMULxy 指令的错例。

```
SMULBT     R15, R1, R0        ;不允许使用 R15
SMULTTS    R0, R6, R2         ;不允许使用 S
```

（4）SMLAxy（带符号乘加）——16 位×16 位，加法为 32 位。

```
SMLA <x> <Y> {cond}    Rd, Rm, Rs, Rn
```

其中，Rn 为加数寄存器；<x>、<Y>、Rm、Rs 和 Rd 的用法同 SMULxy。R15 不能用于 Rd、Rm、Rs 和 Rn；Rd、Rm、Rs 和 Rn 可用相同的寄存器。该指令不影响 N、Z、C、V。若加法溢出，置位 Q（用 MSR 指令）。

例 2-17 下面的示例显示了 SMLATT 指令的使用方法。

```
SMLATT     R8, R1, R0, R8
```

例 2-18 下面是一个关于使用 SMLATTS 指令的错例。

```
SMLATTS    R0, R6, R2                  ;不允许用 S
```

（5）SMULWy 带符号乘（32 位×16 位，结果为高 32 位）。

```
SMLAW<y>{cond}    Rd,Rm,Rs
```

其中，<Y>、Rm、Rs 和 Rd 的用法同 SMULxy。Rs（一半）× Rm→Rd（48 位的高 32 位）。该指令不影响标志位。

例 2-19 下面的示例显示了 SMULWB 指令的使用方法。

```
SMULWB     R2, R4, R7                  ;R4×R7(Low 16bit)48 bit 中的高 32bit→R2
```

例 2-20 下面是一个关于使用 SMULWTVS 指令的错例。

```
SMULWTS    R0, R0, R9              ;不允许使用 S
```

（6）SMLAWy 带符号乘加（32 位×16 位，用高 32 位进行加法）。

```
SMLAW <y> {cond}   Rd, Rm, Rs, Rn
```

该指令不影响条件码标志 N、Z、C 和 V。若加法溢出，置 Q 标志，用 MRS 读 Q，MSR 清 Q。

例 2-21　下面的示例显示了 SMLAWB 指令的使用方法。

```
SMLAWB     R2, R4, R7, R1
SMLAWTVS   R0, R0, R9, R2          ;VS 为溢出条件
```

（7）SMLALxy 带符号乘加（16 位×16 位，加法为 64 位）。

```
SMLAL<x><Y>{cond}   RdLo,RdHi,Rm,Rs
```

其中，<x>、<Y>的用法同 SMULxY 指令；RdHi 和 RdLo 为结果寄存器；Rm、Rs 为乘数寄存器。

用法：将 Rm 和 Rs 中选择一半的带符号整数相乘，再将 32 位结果加到 RdHi 和 RdLo 中的 64 位上，指令不影响标志位。

例 2-22　下面的示例显示了 SMLALTB 指令的使用方法。

```
SMLALTB    R2, R3, R7, R1          ;R3Hi,R2Lo:=R3Hi,R2Lo+R7[T]*R1[B]
```

4．跳转指令

```
op{cond}   label/Rm
```

其中，op 为 B、BX、BL、BLX，B 表示转移，BX 表示转移及改变指令集，BL 表示带链接转移，BLX 表示带链接分支并可选地改换指令集；Rm 为含转移地址的寄存器，通过把 Rm 的内容拷贝到 PC 实现转移，Rm 的位 0 不用来作为地址的一部分，若 Rm 的位 0 为 1，则指令将 CPSR 中的标志 T 置位，且将目标地址的代码解释为 Thumb 代码；若 Rm 的位 0 为 0，则位 1 就不能为 1。

例 2-23　下面的示例显示了 BX 指令的使用方法。

```
BX     R7                  ;转移，并按 R0 中的内容改变指令集
BXVS   R0                  ;带条件转移，并按 R0 中的内容改变指令集
```

例 2-24　下面的示例显示了 B 和 BL 指令的使用方法。

```
   B  there                ;转移至 there 标号
```

```
Here    BLE   here              ;小于等于转 here 注意 ARM 中的标号后没有冒号
        BL    SUBC              ;带链转移 SUBC
```

5. ARM 协处理器指令

ARM 支持协处理器操作，协处理器的控制要通过协处理器命令实现，包括协处理器数据操作指令 CDP、协处理器数据读取指令 LDC、协处理器数据写入指令 STC、ARM 寄存器到协处理器寄存器的数据传送指令 MCR、协处理器寄存器到 ARM 寄存器的数据传送指令 MRC。

6. ARM 杂项指令

杂项指令包括软中断 SWI、读状态寄存器指令 MSR、写状态寄存器指令等。

2.3.2 ARM v6/7 版专有指令

1. 独占读写指令

独占读写指令即原子操作与自旋锁，用于多核处理器与多任务，以解决资源共享中出现的问题。

```
LDREX{cond}           Rt,[Rn,#<offset>]
LDREX{H/B}{cond}      Rd,[Rn]
STREX{cond}           Rd,Rt,[Rn,#<offset>]
STREX{H/B}{cond}      Rd,Rt,[Rn]
CLREX
```

其中，cond 是一个可选的条件代码；Rd 是存放返回状态的目标寄存器；Rt 是要加载或存储的寄存器；Rn 是内存地址所基于的寄存器；offset 为应用于 Rn 中的值的可选偏移量，其值可为 0~1020 范围内 4 的任何倍数。

LDREX 从内存加载数据，如果物理地址有共享 TLB 属性，则 LDREX 会将该物理地址标记为由当前处理器独占访问，并且会清除该处理器对其他任何物理地址的任何独占访问标记。否则，会标记：执行处理器已经标记了一个物理地址，但访问尚未完毕。

STREX 可在一定条件下向内存存储数据，条件具体如下：

① 如果物理地址没有共享 TLB 属性，且执行处理器有一个已标记但尚未访问完毕的物理地址，那么将会进行存储，清除该标记，并在 Rd 中返回值 0。

② 如果物理地址没有共享 TLB 属性，且执行处理器也没有已标记但尚未访问完毕的物理地址，那么将不会进行存储，而会在 Rd 中返回值 1。

③ 如果物理地址有共享 TLB 属性,且已被标记为由执行处理器独占访问,那么将进行存储,清除该标记,并在 Rd 中返回值 0。

④ 如果物理地址有共享 TLB 属性,但没有标记为由执行处理器独占访问,那么不会进行存储,且会在 Rd 中返回值 1。

利用 LDREX 和 STREX 可在多个处理器和共享内存系统之前实现进程间通信。出于性能方面的考虑,请将相应 LDREX 指令和 STREX 指令间的指令数控制到最少。

注意:STREX 指令中所用的地址必须与近期执行次数最多的 LDREX 指令所用的地址相同。如果使用不同的地址,则 STREX 指令的执行结果将不可预知。

2. ARM v6/7 版的 Barrier 指令

Barrier 是指"屏障"、"路障"、"隔离",在这里译成"屏蔽",用于解决多级流水时数据、指令的同步问题。

像 ARM7TDMI 这样经典的 ARM 处理器会按照程序的顺序来执行指令或访问数据,而最新的 ARM 处理器会对执行指令和访问数据的顺序进行优化。例如,ARM v6/v7 的处理器会对以下指令顺序进行优化。

```
LDR    r0,[r1]              ;从普通/可 Cache 的内存中读取,并导致 Cache 未命中
STR    r2,[r3]              ;写入普通/不可 Cache 的内存
```

假设第一条 LDR 指令导致 Cache 未命中,这样 Cache 就会填充行,这个动作一般会占用好几个时钟周期的时间。经典的 ARM 处理器(带 Cache 的),如 ARM926EJ-S 会等待这个动作完成,再执行下一条 STR 指令;而 ARM v6/v7 处理器会识别出下一条指令(STR)并不需要等待第一条指令(LDR)完成(并不依赖于 r0 的值),于是就会先执行 STR 指令,而不是等待 LDR 指令完成。

在有些情况下,类似上面提到的这种推测读取或者乱序执行的处理器优化并不是我们所期望的,因为可能使程序不按我们的预期执行。在这种情况下,就有必要在需要严格的、"类经典 ARM"行为的程序中插入内存隔离指令。存储器屏蔽指令典型地用于流水线架构和写缓冲。ARM 提供了 3 种内存隔离指令。

(1)DMB:数据内存隔离(Data Memory)。在 DMB 之后的显示的内存访问执行前,保证所有在 DMB 指令之前的内存访问完成。DMB 在双口 RAM 及多核的操作中很有用,如果 RAM 的访问是带缓冲的,并且写完之后马上读,就必须让它"喘口气"——用 DMB 指令来隔离,以保证缓冲中的数据已经落实到 RAM 中。

(2)DSB:数据同步隔离(Data Synchronization)。等待所有在 DSB 指令之前的指令完

成才执行在它后面的指令（亦即任何指令都要等待存储器访问操作），它比 DMB 更严格。举例来说，如果在运行时更改存储器的映射关系或者内存保护区的设置，就必须在更改之后立即补上一条 DSB 指令，因为对 MPU 的写操作很可能被放到一个写缓冲中。写缓冲是为了提高存储器的总体访问效率而设的，但它也有副作用，其中之一，就是会导致写内存的指令被延时几个周期执行，因此对存储器的设置不能立刻生效，这会导致紧临着的下一条仍然使用旧的存储器设置——但程序员的本意显然是使用新的存储器设置。这种紊乱危象是后患无穷的，常会破坏未知地址的数据，有时也会产生非法地址访问 fault。提供隔离指令就是要消灭这些紊乱危象（又叫作"存储器相关"）。

（3）ISB：指令同步隔离（Instruction Synchronization）。清理（Flush）流水线，使得所有 ISB 之后执行的指令都是从 Cache 或内存中获得的，而不是流水线中的，也就是说等待流水线中所有指令执行完之后才执行 ISB 之后的指令，ISB 比 DSB 更严格。

需要注意，ARM v6 中的 CP15 等价隔离指令在 ARM v7 中是弃用的，因此，可能的话，建议任何使用这些指令的代码应该改用以上 3 条新的隔离指令。

2.4 Thumb 指令

Thumb 指令可以看作 ARM 指令压缩形式的子集，是针对代码密度的问题而提出的，它具有 16 位的代码密度但是它不如 ARM 指令的效率高。Thumb 不是一个完整的体系结构，不能指望处理只执行 Thumb 指令而不支持 ARM 指令集。在编写 Thumb 指令时，先要使用伪指令 CODE16 声明，而且在 ARM 指令中要使用 BX 指令跳转到 Thumb 指令，以切换处理器状态。编写 ARM 指令时，则可使用伪指令 CODE32 声明。

Thumb 指令集没有协处理器指令、信号量指令及访问 CPSR 或 SPSR 的指令，没有乘加指令及 64 位乘法指令等，指令的第二操作数受到限制；除了跳转指令 B 有条件执行功能外，其他指令均为无条件执行；大多数 Thumb 数据处理指令采用 2 地址格式。Thumb 指令集与 ARM 指令的区别一般有如下几点。

（1）跳转指令。程序相对转移，特别是条件跳转与 ARM 代码下的跳转相比，在范围上有更多的限制，转向子程序是无条件的。

（2）数据处理指令。数据处理指令是对通用寄存器进行操作的，在大多数情况下，操作的结果须放入其中一个操作数寄存器中，而不是第 3 个寄存器中。数据处理操作比 ARM 状态的更少，访问寄存器 R8~R15 受到一定限制。除 MOV 和 ADD 指令访问寄存器 R8~R15 外，其他数据处理指令总是更新 CPSR 中的 ALU 状态标志。访问寄存器 R8~R15 的 Thumb 数据处理指令不能更新 CPSR 中的 ALU 状态标志。

（3）单寄存器加载和存储指令。在 Thumb 状态下，单寄存器加载和存储指令只能访问寄存器 R0~R7。

（4）批量寄存器加载和存储指令。LDM 和 STM 指令可以将任何范围为 R0~R7 的寄存器子集加载或存储。PUSH 和 POP 指令使用堆栈指令 R13 作为基址实现满递减堆栈。除 R0~R7 外，PUSH 指令还可以存储链接寄存器 R14，并且 POP 指令可以加载程序指令 PC。

2.5 ARM 伪操作与伪指令

2.5.1 符号定义与变量赋值伪操作

常见的符号定义伪操作有如下几种。

- 定义全局变量：GBLA、GBLL 和 GBLS。
- 定义局部变量：LCLA、LCLL 和 LCLS。
- 对变量赋值：SETA、SETL、SETS。
- 为通用寄存器列表定义名称：RLIST，ARM 指令 LDM/STM 中通过该名称访问该寄存器列表。
- 为协处理器寄存器定义别名：CN。
- 为协处理器定义别名：CP。
- 为 VFP 寄存器定义名称：DN 和 SN。
- 为 FPA 浮点指针寄存器定义名称：FPA。

在定义全局变量和局部变量的伪操作中，A 表示定义的是一个数字变量，L 表示定义的是一个逻辑变量，S 表示定义的是一个字符串变量，不同的变量要使用相应的赋值伪操作来为其赋值。

例 2-25 下面的示例显示了 GBLA 和 SETA 伪操作令的使用方法。

```
        GBLA   Test1              ;定义一个全局的数字变量，变量名为 Test1
Test1   SETA   0xaa               ;将该变量赋值为 0xaa
```

例 2-26 下面的示例显示了 RLIST 伪操作的使用方法。

```
RegList  RLIST   {R0-R5,R8,R10}
```

2.5.2 数据定义伪操作

DCB 伪操作用于分配一片连续的字节存储单元并用指定的数据初始化。

DCW（DCWU）伪操作用于分配一片连续的半字存储单元并用指定的数据初始化。用 DCW 分配的字存储单元是半字对齐的，而用 DCWU 分配的字存储单元并不严格半字对齐。

DCD（DCDU）伪操作用于分配一片连续的字存储单元并用指定的数据初始化。用 DCDU 分配的字存储单元是字对齐的，而用 DCDU 分配的字存储单元并不严格字对齐。

DCFD（DCFDU）伪操作用于为双精度的浮点数分配一片连续的字存储单元并用指定的数据初始化。用 DCFD 分配的字存储单元是字对齐的，而用 DCFDU 分配的字存储单元并不严格字对齐。

DCFS（DCFSU）伪操作用于为单精度的浮点数分配一片连续的字存储单元并用指定的数据初始化。用 DCFS 分配的字存储单元是字对齐的，而用 DCFSU 分配的字存储单元并不严格字对齐。

DCQ（DCQU）伪操作用于分配一片以 8 字节为单位的连续的存储单元并用指定的数据初始化。用 DCQ 分配的存储单元是字对齐的，而用 DCQU 分配的存储单元并不严格字对齐。

SPACE 伪操作用于分配一片连续的存储区域并初始化为 0，SPACE 也可用"%"代替。

MAP 伪操作用于定义一个结构化的内存表首地址。MAP 伪操作通常与 FIELD 伪操作配合使用来定义结构化的内存表。MAP 也可用"^"代替。

FIELD 伪操作用于定义一个结构化的内存表的数据域，FILED 也可用"#"代替。

LTORG 伪操作用于声明一个数据缓冲池（Literal Pool）的开始。在使用 LDR 伪指令时，要在适当的地方加入 LTORG 声明数据缓冲池，这样就会把要加载的数据保存到缓存池中，再使用 ARM 的加载指令读出数据（如果没有使用 LTORG 声明缓存池，则汇编器会在程序末尾自动声明）。

DCDO 伪操作用于分配一段字的内存单元，并将单元内容初始化为该单元相对于静态基址寄存器（R9）的偏移量。

DCI 伪操作在 ARM 代码中，该伪操作分配一定字的内存单元；在 Thumb 代码中，该伪操作分配一定的半字内存单元。由伪操作 DCI 定义的内存单元存放的是代码而不是数据。

COMMON 伪操作用于定义一块连续的内存，该内存单元的大小由用户指定。

DATA 伪操作在代码中使用数据。现已不再使用，仅用于保持向前兼容。如果在源文件中出现，将被汇编器忽略。

例 2-27　下面的示例显示了 DCB 伪操作的使用方法。

```
C_string  DCB  "Hello World!",0        ;定义了一个C分风格的字符串
```

例 2-28   下面的示例显示了 SPACE 伪操作的使用方法。

```
DataSpace  SPACE  100                  ;分配100个连续的字节并初始化为0
```

例 2-29   下面的示例显示了 MAP 和 FIELD 伪操作的使用方法。

```
    MAP    0x100                       ;定义结构化内存表首地址的值为0x100
A   FIELD  16                          ;定义A的长度为16字节,位置为0x100
B   FIELD  32                          ;定义B的长度为32字节,位置为0x110
C   FIELD  256                         ;定义C的长度为256字节,位置为0x130
```

例 2-30   下面使用 LTORG 声明了一个数据缓存池用来存储 0x12345678。

```
LDR  r0, =0x12345678;
ADD  r1, r1, r0;
MOV  PC, LR;
LTORG
……
```

2.5.3 汇编控制伪操作

汇编控制伪操作用于控制汇编程序的执行流程,常用的汇编控制伪操作包括以下几条。

(1) IF、ELSE、ENDIF:当 IF 后面的逻辑表达式为真,则执行 IF 后的指令序列,否则执行 ELSE 后的指令序列。其中,ELSE 及其后指令序列可以没有,此时,当 IF 后面的逻辑表达式为真,则执行指令序列,否则继续执行后面的指令。IF、ELSE、ENDIF 伪指令可以嵌套使用。该操作还有另一种形式,如下:

```
IF  logical-expression
    Instruction
ELIF  logical-expression2
    Instructions
ELIF  logical-expression3
    Instructions
ENDIF
```

(2) WHILE、WEND:根据条件的成立与否决定是否循环执行某个指令序列,当 WHILE 后面的逻辑表达式为真,则执行指令序列,该指令序列执行完毕后,再判断逻辑表达式的值,若为真则继续执行,直到逻辑表达式的值为假。WHILE、WEND 伪指令可以嵌套使用。

(3) MACRO、MEND:用于定义宏,语法格式如下:

```
    MACRO
{$label} macroname {$parameter{,$parameter}...}
    ;code
    MEND
```

其中，$标号在宏指令被展开时，标号会被替换为用户定义的符号，macroname 是宏名，后面是参数，在子程序代码比较短而需要传递的参数比较多的情况下可以使用宏汇编技术。

（4）MEXIT：用于从宏定义中跳转出去。

例 2-31 下面的示例显示了 IF 伪操作的使用方法。

```
IF  {CONFIG}=16
    BNE_rt_udiv_1
    LDR r0,=_rt_div0
    BX  r0
ELSE
    BEQ_rt_div()
ENDIF
```

例 2-32 下面的示例显示了 WHILE 伪操作的使用方法。

```
Count   SETA  1
WHILE   count<5
Count   SETA  count+1
…
    WEND
```

例 2-33 下面的示例显示了带参数的宏定义的使用方法。

```
    MACRO
$HandlerLabel HANDLER $HandleLabel
$HandlerLabel
    Sub   sp, sp, #4
    Stmfd sp!, {r0}
    Ldr   r0, =$HandleLabel
    Ldr   r0, [r0]
    Str   r0, [sp, #4]
    Ldmfd sp!, {r0, pc}
    MEND
```

如果以"HandlerFIQ HANDLER HandleFIQ"展开该宏，则展开后的结果为：

```
HandlerFIQ
    Sub     sp, sp, #4
    Stmfd   sp!, {r0}
    Ldr     r0, =$HandleIRQ
    Ldr     r0, [r0]
    Str     r0, [sp, #4]
    Ldmfd   sp!, {r0, pc}
```

2.5.4 信息报告伪操作

信息报告伪操作用于汇编报告指示，该类伪操作如下。

- ASSERT 用于断言错误。
- INFO 用于汇编诊断信息显示。
- OPT 用于设置列表选项。
- TTL 和 SUBT 用于插入标题。

2.5.5 指令集选择伪操作

指示汇编器将代码编译成 32 位的 ARM 代码还是 16 位的 Thumb 代码，这类伪操作包括以下几种。

- ARM 或 CODE32 用于告诉汇编器后面的指令序列为 32 位的 ARM 指令。
- Thumb 用于告诉汇编器后面的指令是 32 位的 Thumb-2 指令还是 16 位的 Thumb 指令。
- CODE16 用于告诉汇编器后面的指令序列为 16 位的 Thumb 指令。

2.5.6 杂项伪操作

ARM 汇编中还有一些其他的伪操作，在汇编程序中经常会被使用，包括以下几条。

- AREA 用于定义一个代码段或数据段。
- ALIGN 用于使程序当前位置满足一定的对齐方式。
- ENTRY 用于指定程序入口点。
- END 用于指示源程序结束。
- EQU 用于定义字符名称。
- EXPORT（或 GLOBAL）用于声明符号可以被其他文件引用。
- IMPORT 用于告诉编译器当前符号不在本文件中。
- EXTERN 用于告诉编译器当前符号不在本文件中。
- GET（或 INCLUDE）用于将一个文件包含到当前源文件。

2.5.7 ADR、ADRL、LDR 伪指令

ARM 中伪指令不是真正的 ARM 指令或者 Thumb 指令，这些伪指令在汇编编译时对源程序进行汇编处理时被替换成对应的 ARM 或 Thumb 指令（序列）。ARM 伪指令包括 ADR、ADRL、LDR 和 NOP 等。

1. ADR——小范围的地址读取伪指令

格式：

```
ADR{cond} register, expr
```

该指令将基于 PC 的地址值或基于寄存器的地址值读取到寄存器中。其中，cond 为可选的指令执行的条件；register 为目标寄存器；expr 为基于 PC 或者基于寄存器的地址表达式，其取值范围如下。

- 当地址值不是字对齐时，其取值范围为-255～255。
- 当地址值是字对齐时，其取值范围为-1020～1020。
- 当地址值是 16 字节对齐时，其取值范围将更大。

在汇编编译器处理源程序时，ADR 伪指令被编译器替换成一条合适的指令。通常，编译器用一条 ADD 指令或 SUB 指令来实现该 ADR 伪指令的功能。因为 ADR 伪指令中的地址是基于 PC 或者基于寄存器的，所以 ADR 读取到的地址为位置无关的地址。当 ADR 伪指令中的地址是基于 PC 时，该地址与 ADR 伪指令必须在同一个代码段中。

例 2-34 下面的示例显示了 ADR 伪指令的使用方法。

```
start   MOV r0,#10          ;因为 PC 值为当前指令地址值加 8 字节
        ADR r4, start
```

本 ADR 伪指令将被编译器替换成

```
SUB r4,pc,#0xc
```

2. ADRL——中等范围的地址读取伪指令

格式：

```
ADRL{cond} register,expr
```

该指令将基于 PC 或基于寄存器的地址值读取到寄存器中。ADRL 伪指令比 ADR 伪指令可以读取更大范围的地址。ADRL 伪指令在汇编时被编译器替换成两条指令，即使一条指令可以完成该伪指令的功能。

例 2-35 下面的示例显示了 ADRL 伪指令的使用方法。

```
start   MOV    r0, #10              ;因为 PC 值为当前指令地址值加 8 字节
        ADRL   r4, start+60000
```

本 ADRL 伪指令将被编译器替换成下面两条指令

```
ADD    r4, pc, #0xe800
ADD    r4, r4, #0x254
```

3. LDR——大范围的地址读取伪指令

格式：

```
LDR{cond}  register, =[expr|label-expr]
```

LDR 伪指令将一个 32 位的常数或一个地址值读取到寄存器中。其中，expr 为 32 位的常量。编译器将根据 expr 的取值情况，如下处理 LDR 伪指令：当 expr 表示的地址值没有超过 MOV 或 MVN 指令中地址的取值范围时，编译器用合适的 MOV 或 MVN 指令代替该 LDR 伪指令；当 expr 表示的地址值超过了 MOV 或者 MVN 指令中地址的取值范围时，编译器将该常数放在数据缓冲区中，同时用一条基于 PC 的 LDR 指令读取该常数。

label-expr 为基于 PC 的地址表达式或者是外部表达式。当 label-expr 为基于 PC 的地址表达式时，编译器将 label-expr 表示的数值放在数据缓冲区（Literal Pool）中，然后将该 LDR 伪指令处理成一条基于 PC 到该数据缓冲区单元的 LDR 指令，从而将该地址值读取到寄存器中，这时，要求该数据缓冲区单元到 PC 的距离小于 4 KB。当 label-expr 为外部表达式，或者非当前段的表达式时，汇编编译器将在目标文件中插入一个地址重定位伪操作，这样连接器将在连接时生成该地址。

LDR 伪指令主要有以下两种用途。

（1）当需要读取到寄存器中的数据超过了 MOV 及 MVN 指令可以操作的范围时，可以使用 LDR 伪指令将该数据读取到寄存器中。

（2）将一个基于 PC 的地址值或者外部的地址值读取到寄存器中。由于这种地址值是在连接时确定的，所以这种代码不是位置无关的；同时 LDR 伪指令的 PC 值到数据缓冲区中的目标数据所在的地址的偏移量要小于 4 KB。

例 2-36 下面的示例显示了 LDR 伪指令的使用方法。

```
LDR   R1,=0xFF0                    ;将 0xff0 读取到 R1 中
```

汇编后将得到：

```
MOV   R1, #0xFF0
;**************
LDR   R1, =0xFFF
```

汇编后将得到：

```
LDR R1,[PC,OFFSET_TO_LPOOL]
;…
LPOOL DCD 0xFFF
;**************
LDR   R1,=ADDR1              ;将外部地址 ADDR1 读取到 R1 中
```

汇编后将得到：

```
LDR R1,[PC, OFFSET_TO_LPOOL]
;…
LPOOL DCD ADDR1
```

2.5.8 NOP 伪指令

NOP 伪指令在汇编时将被替换成 ARM 中的空操作，如"MOV R0, R0"，NOP 伪指令不影响 CPSR 中的条件标志位。

思考与习题

（1）简述 ARM 的寻址方式。

（2）举例说明 ARM 指令的寻址方式。

（3）已知 R13 等于 0x8800，R0、R1、R2 的值分别为 0x01、0x02、0x03，试说明执行以下指令后寄存器和存储内容如何变化。

```
STMFD  R13!,{R0-R2}
```

（4）说明下列指令的含义和可能的执行过程，其中 LOOP 为已定义的行标号。

```
BEQ   LOOP
```

（5）用汇编语言设计程序实现"10!"（10 的阶乘）。

（6）用汇编语言实现字符串的逆序复制，如"Text1="HELLO"→Text2='OLLEH'"。

（7）什么是内嵌汇编？使用内嵌汇编时需要注意什么？

（8）C 语言与汇编混合编程时参数传递的规则有哪些？

（9）简述 Thumb 指令的特点。

（10）简述独占指令和屏蔽的作用。

（11）堆栈或数据块操作时的指针方向针对的是进栈还是出栈？

第 3 章

ARM 内存映射与存储器接口

3.1　ARM9 存储器接口

3.1.1　S3C2440A 存储器控制器

S3C2440A 存储器控制器为访问外部存储的需要器提供了存储器控制信号，S3C2440A 包含以下特性。

- 大/小端（通过软件选择）。
- 地址空间：每个 Bank 有 128 MB（总共 1 GB/8 个 Bank）。
- 除了 Bank0（16/32 位）之外，其他全部 Bank 都可编程访问宽度（8/16/32 位）。
- 总共 8 个存储器 Bank，6 个存储器 Bank 为 ROM、SRAM 等，其余 2 个存储器 Bank 为 ROM、SRAM、SDRAM 等。
- 7 个固定的存储器 Bank 起始地址。
- 1 个可变的存储器 Bank 起始地址并 Bank 大小可编程。
- 所有存储器 Bank 的访问周期可编程。
- 外部等待扩展总线周期。
- 支持 SDRAM 自刷新和掉电模式。

DDR 是 DR SDRAM 的简称，Double Data Rate Synchronous Dynamic Random Access Memory。SDRAM 的数据线与地址线是分开的，数据线一般是 16 根（D15～D0），地址线的行地址与列地址是复用的。SDRAM 有突发长度（Burst Length，BL）和 Bank 的概念，突发长度是指同一行中相邻存储单元的长度，即列地址的宽度，是能进行连续连续数据传输的存储单元的数量。DDR 有列地址、行地址和 Bank 地址，Bank 地址是最高位的地址，可进行 Bank 选择。

S3C2440A 复位后的存储器映射如图 3-1 所示。

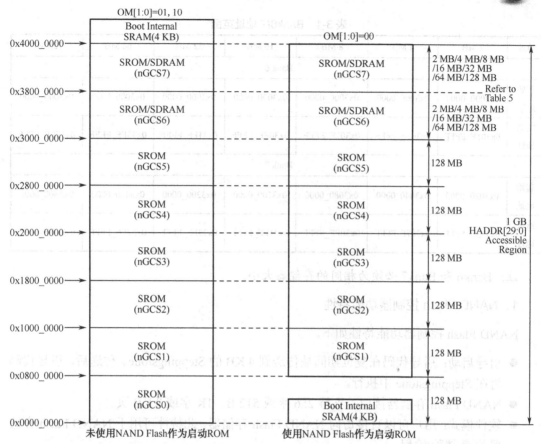

图 3-1　S3C2440A 复位后的存储器映射

3.1.2　NAND Flash 控制器

NOR Flash 存储器价格较高，而 SDRAM 和 NAND Flash 存储器更经济，这样促使了一些用户在 NAND Flash 中执行引导代码，在 SDRAM 中执行主代码。S3C2440A 引导代码可以在外部 NAND Flash 存储器上执行。为了支持 NAND Flash 的 Boot/Loader，S3C2440A 配备了一个内置的 SRAM 缓冲器，叫作 Steppingstone。引导启动时，NAND Flash 存储器的开始 4 KB 将被加载到 Steppingstone 中并且执行加载到 Steppingstone 的引导代码。

通常引导代码会复制 NAND Flash 的内容到 SDRAM 中，通过使用硬件 ECC，有效地检查 NAND Flash 数据。在复制完成的基础上，将在 SDRAM 中执行主程序。

Bank6/7 地址范围如表 3-1 所示。

表 3-1 Bank6/7 地址范围

地址	2 MB	4 MB	8 MB	16 MB	32 MB	64 MB	128 MB
Bank 6							
起始地址	0x3000_0000	0x3000_0000	0x3000_0000	0x3000_0000	0x3000_0000	0x3000_0000	0x3000_0000
结束地址	0x301F_FFFF	0x303F_FFFF	0x307F_FFFF	0x30FF_FFFF	0x31FF_FFFF	0x33FF_FFFF	0x37FF_FFFF
Bank 7							
起始地址	0x3020_0000	0x3040_0000	0x3080_0000	0x3100_0000	0x3200_0000	0x3400_0000	0x3800_0000
结束地址	0x303F_FFFF	0x307F_FFFF	0x30FF_FFFF	0x31FF_FFFF	0x33FF_FFFF	0x37FF_FFFF	0x3FFF_FFFF

注：Bank6 和 Bank7 必须为相同的存储器大小。

1. NAND Flash 控制器功能特性

NAND Flash 控制器功能特性如下。

- 引导启动：引导代码在复位期间被传送到 4 KB 的 Steppingstone。传送后，引导代码将在 Steppingstone 中执行。
- NAND Flash 存储器接口：支持 256 字或 512 B、1K 字或 2 KB 页。
- 软件模式：用户可以直接访问 NAND Flash 存储器，此特性可用于 NAND Flash 存储器的读/擦除/编程。
- 接口：8/16 位 NAND Flash 存储器接口总线。
- 硬件 ECC 生成、检测和指示（软件纠错）。
- SFR I/F：支持小端模式是按字节/半字/字访问数据和 ECC 数据寄存器，和按字访问其他寄存器。
- SteppingStone 接口：支持大/小端模式的按字节/半字/字访问。
- SteppingStone 4 KB 内部 SRAM 缓冲器可以在 NAND Flash 引导启动后用于其他用途。

NAND Flash 控制器结构如图 3-2 所示，NAND Flash 控制器 Boot/Loader 过程如图 3-3 所示，图中，CLE 为 Command Latch Enable，ALE 为 Address Latch Enable，nFRE 为 Flash Read Enable，nFCE 为 Flash Chip Enable，nFWE 为 Flash Write Enable，FRnB 为 Flash Ready/Busy output（表 NAND Flash 芯片状态，高电平表准备好，低电平表 NAND Flash 忙）。

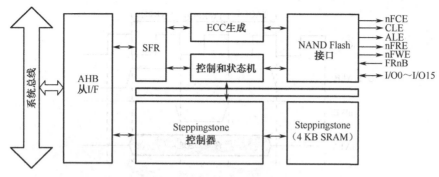

图 3-2 NAND Flash 控制器结构图

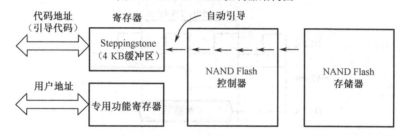

图 3-3 NAND Flash 控制器 Boot/Loader 示意图

2. 软件模式

S3C2440A 只支持软件模式的访问,使用该模式,可以完整地访问 NAND Flash 存储器。NAND Flash 控制器支持 NAND Flash 存储器的直接访问接口。

- 写命令寄存器=NAND Flash 存储器命令周期。
- 写地址寄存器=NAND Flash 存储器地址周期。
- 写数据寄存器=写入数据到 NAND Flash 存储器(写周期)。
- 读数据寄存器=从 NAND Flash 存储器读取数据(读周期)。
- 读主 ECC 寄存器和备份 ECC 寄存器=从 NAND Flash 存储器读取数据。

注释:软件模式下,必须用定时查询或中断来检测 RnB 状态输入引脚。

3. NAND Flash 存储器时序

NAND Flash 存储器时序如图 3-4 和图 3-5 所示。

4. 引脚配置

OM[1:0] = 00:使能 NAND Flash 存储器引导启动。

NCON:NAND Flash 存储器选择(普通/先进)。

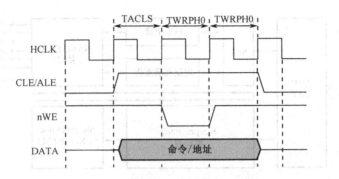

图 3-4　CLE 和 ALE 时序（TACLS=1，TWRPH0=0，TWRPH1=0）

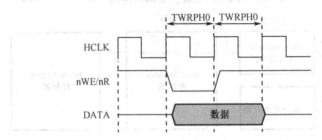

图 3-5　nWE 和 nRE 时序（TWRPH0=0, TWRPH1=0）

- 0：普通 NAND Flash（256 字或 512 B 页大小，3 或 4 个地址周期）。
- 1：先进 NAND Flash（1K 字或 2 KB 页大小，4 或 5 个地址周期）。

GPG13：NAND Flash 存储器页容量选择。

- 0：页=256 字（NCON=0）或页=1K 字（NCON=1）。
- 1：页=512 B（NCON=0）或页=2 KB（NCON=1）。

GPG14：NAND Flash 存储器地址周期选择。

- 0：3 个地址周期（NCON=0）或 4 个地址周期（NCON=1）。
- 1：4 个地址周期（NCON=0）或 5 个地址周期（NCON=1）。

GPG15：NAND Flash 存储器总线宽度选择。

- 0：8 位宽度。
- 1：16 位宽度。

注意：配置引脚 NCON，GPG[15:13]将在复位期间被取出（Fetched）。在正常状态下，这些引脚必须设置为输入，这是为了在由软件或意外情况而进入睡眠模式时，这些引脚的状态不被改变。

NAND Flash 将数据线与地址线进行复用,其结构如图 3-6 所示。

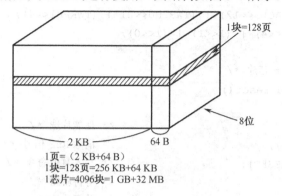

1页=(2 KB+64 B)
1块=128页=256 KB+64 KB
1芯片=4096块=1 GB+32 MB

图 3-6 三星 K9F2G08 结构图

NAND Flash 有两类地址:列地址(Column Address),即页地址(Page Address),也是页的大小,NAND Flash 是按页为单位进行读写的,如 K9F2G08 的页大小为 2 KB+64 B;块地址(Block Address)是相邻的行地址。NAND Flash 按块来进行擦除,K9F2G08 的块大小为 64 页,即 128 KB。

例 3-1 下面的程序用于 2K/页的 NAND Flash 的读取,Flash 型号为 K9F2G08。

```
#include "s3c2440.h"
#define CMD_READ1           0x00                    /* 页读命令周期1 */
#define CMD_READ2           0x30                    /* 页读命令周期2 */
#define CMD_RESET           0xff                    /* 复位命令 */
#define NF_CMD(data)        {rNFCMD = (data); }     /* 传输命令 */
#define NF_ADDR(addr)       {rNFADDR = (addr); }    /* 传输地址 */
#define NF_RDDATA8()        (rNFDATA8)              /* 读8位数据 */
#define NF_WRDATA(data)     {rNFDATA = (data); }    /* 写32位数据 */
#define NF_WRDATA8(data)    {rNFDATA8 = (data); }   /* 写8位数据 */
#define NF_CE_L()           {rNFCONT &= ~(1<<1); }  /* 片选使能 */
#define NF_CE_H()           {rNFCONT |= (1<<1); }   /* 片选禁用 */
#define NF_WAITRB()         {while(!(rNFSTAT&(1<<0)));} /* 等待就绪 */
#define NF_CLEAR_RB()       {rNFSTAT |= (1<<2); }   /* 清除 RnB 信号*/


#define TACLS    1
#define TWRPH0   2
#define TWRPH1   1
/*NAND 初始化,主要用于配置 NAND 的时钟等 */
void nand_init(void)
```

```
{
    rNFCONF = (TACLS<<12) | (TWRPH0<<8) | (TWRPH1<<4);
    rNFCONT = (1<<4) | (1<<1) | (1<<0);
}
/* 复位 NAND Flash 芯片 */
static void nand_reset()
{
    NF_CE_L();                          /* 使能片选 */
    NF_CLEAR_RB();                      /* 清除 RnB 信号 */
    NF_CMD(CMD_RESET);                  /* 写入复位命令 */
    NF_WAITRB();                        /* 等待就绪 */
    NF_CE_H();                          /* 关闭片选 */
}
/*
 * 函数功能：读取页地址为 page 的页，每页为 2048 B
 * 参数：
 * page: 第 page 个页
 * buff: 存放读取到的数据的缓存区
 */
static void __nand_read1page(const int page, unsigned char * const buff)
{
    int i;
    nand_reset();
    NF_CE_L();
    NF_CLEAR_RB();
    NF_CMD(CMD_READ1);                  /*Write Command 00*/
    NF_ADDR(0x0);                       /*Write Col  A0-A7, 即页起始地址 0x0 00*/
    NF_ADDR(0x0);                       /*Write Col  A8-A11*/
    NF_ADDR(page&0xff);                 /*Write Row  A12-A19*/
    NF_ADDR((page>>8)&0xff);            /*Write Row  A20-A27*/
    NF_ADDR((page>>16)&0xff);           /*Write Row  A28*/
    NF_CMD(CMD_READ2);                  /*Write Command 30*/
    NF_WAITRB();                        /*等待就绪 */
    for (i=0; i<2048; i++)              /*连续读一页*/
        buff[i] = NF_RDDATA8();         /*连续读数据*/
    NF_CE_H();                          /*关闭片选 */
}
```

3.2 Cortex-M4 存储器接口

3.2.1 Cortex-M4 结构与内存映射

低端 ARM 的内存映射可以看成高端 ARM 的内存映射的一个子集，在公共部分内存映射的地址是一样的，因此，这里以 Cortex-M4 为例来讲 ARM 的内存映射。LPC435x 是 NXP 公司的 Cortex-M4 产品，是非对称双核 ARM 的 Cortex-M4+M0 微控制器（LPC437X 是非对称 3 核，即 M4+2×M0），高达 1 MB 的闪存，高达 264 KB 的 SRAM（片内有 Flash 的是 163 KB SRAM），先进的可配置外设，如状态可配置定时器（SCT）和串行通用 I/O（SGPIO）接口，2 个高速 USB 控制器，以太网，LCD，外部存储器控制器，以及多种模拟和数字外设。LPC435x 的操作在 CPU 频率高达 204 MHz。图 3-7 是 LPC43XX 的功能框图。

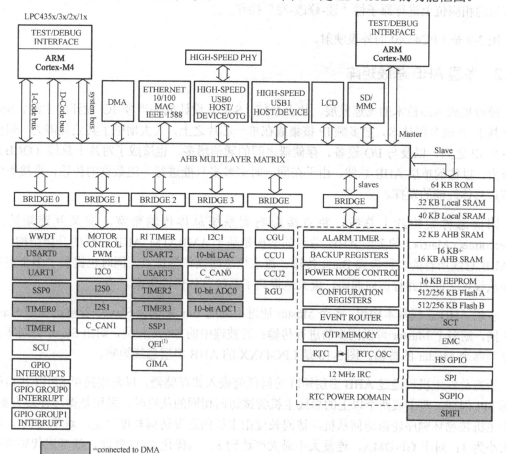

图 3-7 LPC435X 功能框图

ARM Cortex-M4 是新一代 32 位内核，它提供系统增强型特性，例如低功耗、增强调试特性和提供高级别的块集成支持。ARM Cortex-M4 CPU 包含 3 级流水线，采用哈佛架构，带有独立本地指令和数据总线，用于外设的第三条总线，以及包括支持预测的内部预取单元，ARM Cortex-M4 支持单周期数字信号处理器和 SIMD 指令，内核集成了一个硬件浮点单元。

ARM 的 Cortex-M0 协处理器的能源效率和易于使用的 32 位内核是兼容的 Cortex-M4 内核的代码和工具。用一个简单的指令集和减少代码大小的 Cortex-M0 协处理器，作为替代现有的 16 位多功能微控制器而设计的，可提供高达 204 MHz 的性能。

位带机制提供高效的位访问，位带别名区如图 3-8 所示。位带区域（0x2000 0000 到 0x2010 0000 和外设位带区域 0x4000 0000 到 0x4010 0000）的位可在所谓的别名区域（0x22000 0000 和 0x42000 0000）中访问。读取操作从位带区域返回相应位，写入操作在位带区域的相应位上进行原子性"读-修改-写"操作。

图 3-9 是 LPC43X0 的外设映射。

3.2.2 多层 AHB 总线矩阵

随着集成电路技术的飞速发展，片上系统（SoC）设计成为当今 IC 设计的主流。SoC 设计基于 IP 核复用技术，把多颗 IP 核集成在单一芯片之上，大大增强了其处理能力。但由于各个 IP 之间，以及与 I/O 设备、存储器之间的通信增多，也造成了对片上总线（OCB）的压力。以往的单层 AHB 总线，由于在同一时刻最多只能进行一组数据的传输，直接影响到芯片总体性能的发挥。

因而怎样架构片上总线，将直接影响到系统总体传输带宽。交叉互连矩阵式（Interconnect Matrix）的多层 AHB 总线的架构是基于 AMBATM_AHB 总线的升级结构，具有 AHB 总线所有的多种模式 Burst 传输、流水化总线操作等优点，同时也提供了多个主设备和从设备之间的并行访问通路，极大地提高了系统总体传输带宽。

多层 AHB 总线基本构想：多个 Master 通过不同的 Bus 去选择 Slave，若被选中的 Slave 都不同，则多个 Master 可以同步的进行传输；若被选中的 Slave 相同，则由 Slave 去判断要先处理哪个 Master 的传输。图 3-10 是 LPC43XX 的 AHB 多层总线矩阵。

所有总线主机可通过 AHB 多层矩阵访问任何嵌入式存储器，以及连接至 SPIFI 接口的外部 SPI 闪存。两个或两个以上的总线主机尝试访问相同的从机时，采用是循环仲裁方案，每个主机按循环顺序轮流访问从机，访问长度由主机的连发访问长度决定。对于 CPU，连发大小为 1；对于 GP-DMA，连发大小最大可达到 8。为优化 CPU 性能，低延迟代码应存储在其他总线主机（尤其是所用连发大小较长的主机）不访问的存储器中以优化 CPU 性能。

第3章 ARM内存映射与存储器接口

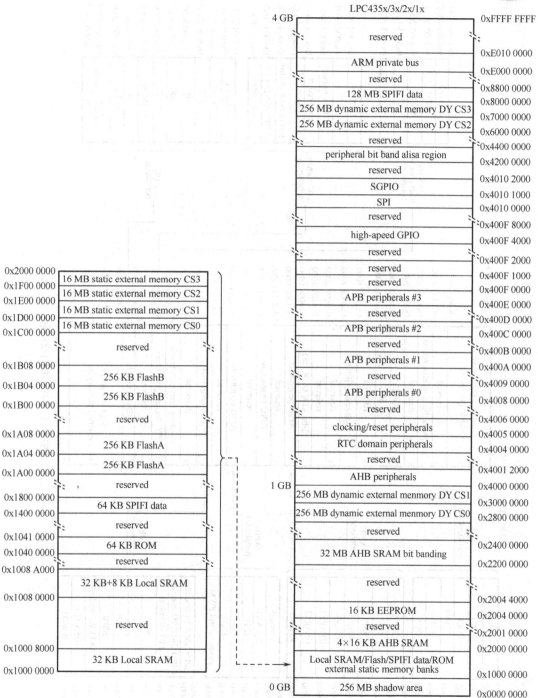

图 3-8 LPC43X0 的内存映射

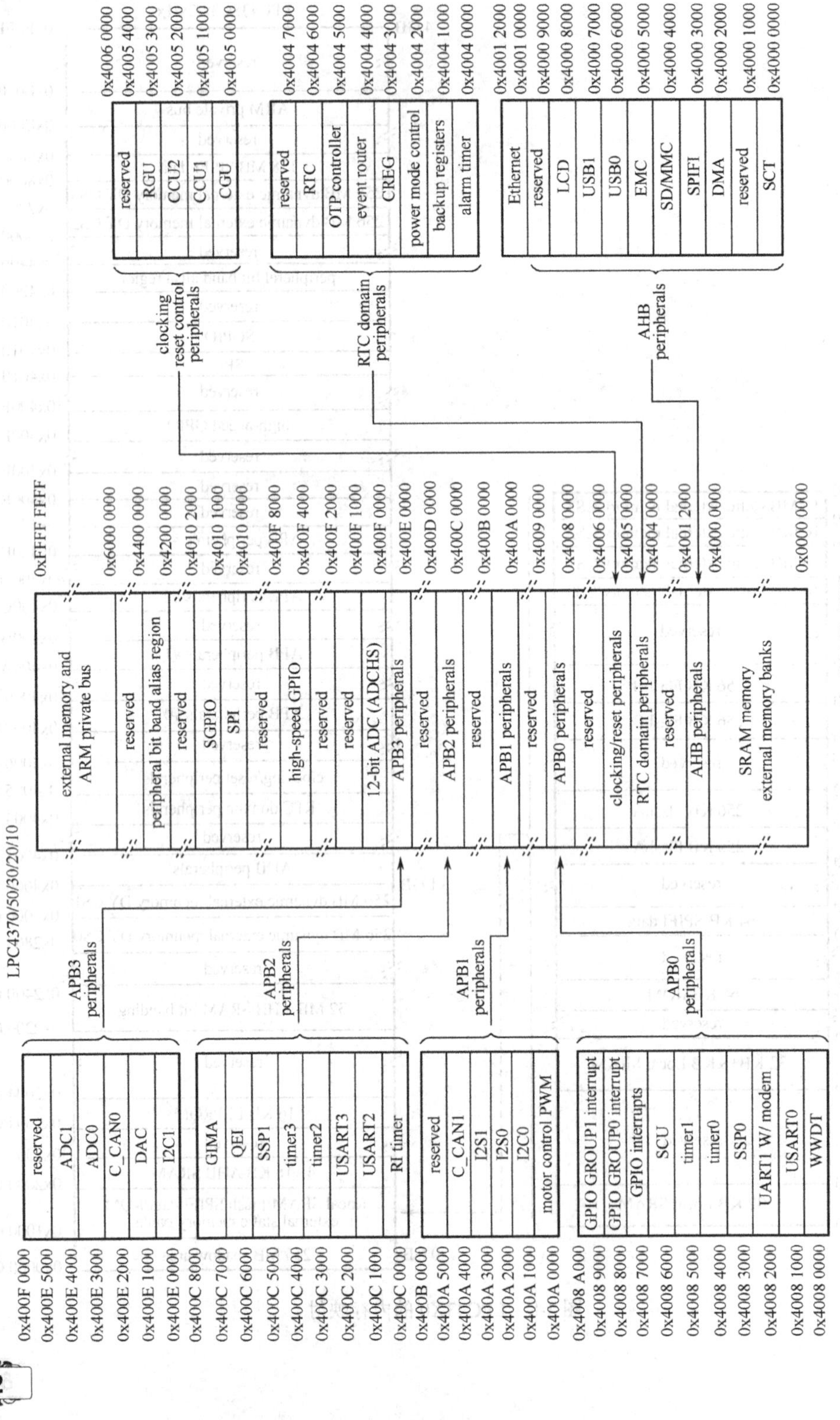

图3-9 LPC43X0的外设映射

第3章 ARM内存映射与存储器接口

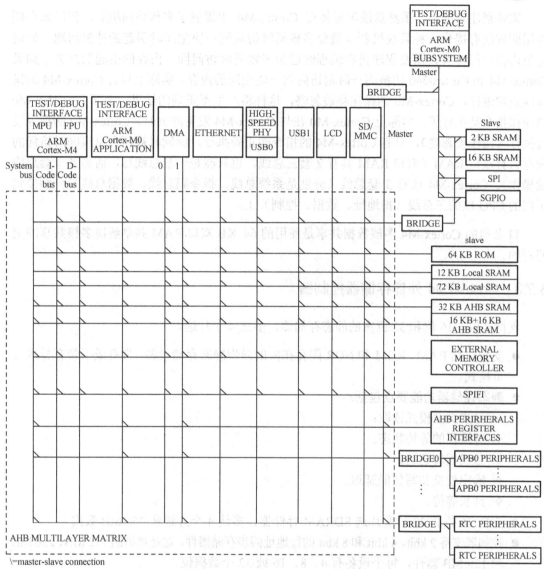

图 3-10　AHB 多层总线矩阵连接（Flashless Parts）

ARM Cortex-M4 有三条总线用于指令（代码）（I）访问、数据（D）访问，以及系统（S）访问。I 总线和 D 总线访问存储器空间位于 0x2000 0000 下方，S 总线访问开始于 0x2000 0000 的存储器空间。如果指令和数据保存在不同的存储器中，则可在一个周期内进行代码和数据的并行访问；如果代码和数据保存在相同的存储器中，则加载或存储数据的指令需要经过两个周期。

使用嵌入式跟踪缓冲区时，其他任何进程都不得使用 0x2000 C000 的 16 KB 存储器空间。

需特别注意的是，虽然意法半导体在 Cortex-M4 中提供了多核访问机制，但厂家在硬件层面并没有提供一种解决机制来避免多核同时访问同一块空间时引起的冲突问题。如何避免内存访问冲突，需要程序员在编程时避免多核同时访问同一内存的引起的冲突。如果 Cortex-M4 和 Cortex-M0 的核同一时刻访问同一块空间的内存，实际上只有 Cortex-M4 的操作能正常进行，Cortex-M0 的操作将被忽略，这样将产生不正确的结果。表面上 Cortex-M0 的操作指令是执行了，实际上 Cortex-M0 在与 Cortex-M4 发生冲突时，Cortex-M0 的指令没有执行（操作被忽略），只有 Cortex-M4 的指令能正确执行。能同时被两套总线同时访问的内存只有双口 RAM（双口 RAM 具有 2 套三总线，也只能是一套总线写，而另外一套总线读操作）。Cortex-M4 核有 3 套总线（分别是系统总线、指令码总线、数据总线）分别接到不同的 CPU 核的三总线（指地址、数据、控制）上。

TI 公司的 Cortex-M4 多核数据共享是使用的 64 KB 双口 RAM 共享解决多核共享冲突问题的。

3.2.3 Cortex-M4 外部存储器控制器

支持 8 位、16 位和 32 位宽的静态存储器，多达 4 个片选。

- 支持包括 RAM、ROM 和 NOR 闪存在内的异步静态存储设备，带有或不带有异步分页模式。
- 静态存储器功能要点包括：
    ◇ 异步页面模式读取；
    ◇ 可编程的等待状态；
    ◇ 总线周转延迟；
    ◇ 输出使能和写使能延迟；
    ◇ 延长等待。
- 支持 16 位和 32 位宽片选 SDRAM 存储器，多达 4 个片选和 256 MB 数据。
- 控制器支持 2 kbit、4 kbit 和 8 kbit 的行地址同步存储器件，这是典型的 512 MB、256 MB 和 128 MB 器件，每个设备有 4、8、16 或 32 个数据位。
- 支持动态存储器接口，包括单一数据速率 SDRAM。
- 软件控制动态存储器的自动刷新模式；
- 掉电模式动态控制 SDRAM 的 EMC_CKEOUT 和 EMC_CLK 至 SDRAM。
- 低事务延迟。
- 读和写缓冲区用来降低延迟并提高性能。
- 如果需要，独立的复位域允许通过芯片复位进行自动刷新。
- 可编程延迟元素允许对 EMC 定时进行微调。

Cortex-M4 外部存储器接口总线包括地址总线、数据总线、控制总线。EMC 与 SDRAM 的接口如图 3-11 所示，图 3-12 是 EMC 与 SRAM 的接口图。

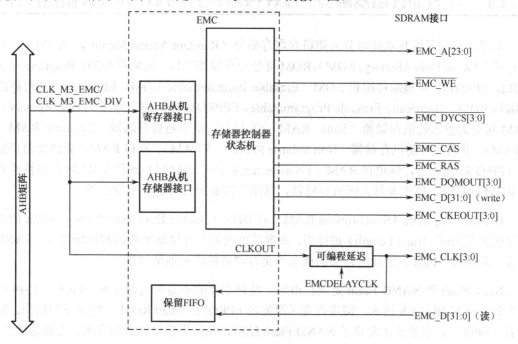

图 3-11 EMC 的 SDRAM 连接框图

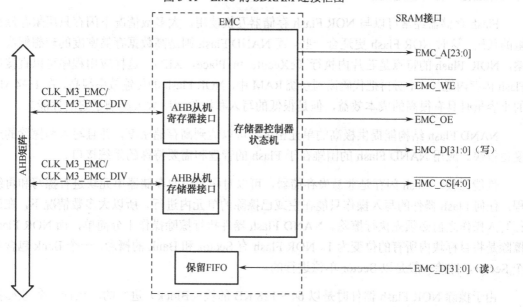

图 3-12 EMC 的 SRAM 连接框图

3.3 半导体存储器种类、NOR Flash 与 NAND Flash 存储器简介

半导体存储器按其功能可分为随机存取存储器（Random Access Memory，RAM）和只读存储器(Read Only Memory, ROM)。ROM 可分为掩膜 ROM、一次编程 ROM(Programmable ROM，PROM)、可擦除可编程 ROM（Erasable Programmable ROM，EPROM)、电可擦除可编程 ROM（Electrically Erasable Programmable，EEPROM)、闪速存储器（Flash Memory)；RAM 可分为静态随机存储器（Static RAM，SRAM)、动态随机存储器（Dynamic RAM，DRAM)、非易失性随机存储器（Non Volatile RAM，NVRAM)、双口 RAM、先进先出存储器（FIFO RAM）等，铁电体 RAM（Ferroelectric RAM，FRAM）既具有 RAM 的特性也具有 ROM 的特性，属于非易失随机存储器，常用于需要平凡写的掉电保护场合。

DRAM 分为 SDR（Synchronous RAM）和 DDR（Double Data Rate RAM)，DDR 的读写是按突发长度（Burst Length）进行的，突发长度也就是存储器矩阵的列地址宽度。NAND 的读写是按页（Page）进行的，页的概念也是存储器矩阵列地址宽度。

NOR Flash 和 NAND Flash 是现在市场上两种主要的非易失闪存技术。Intel 于 1988 年首先开发出 NOR Flash 技术，彻底改变了原先由 EPROM 和 EEPROM 一统天下的局面。紧接着，1989 年，东芝公司发表了 NAND Flash 结构，强调降低每比特的成本、更高的性能，并且像磁盘一样可以通过接口轻松升级。

Flash 存储器经常可以与 NOR Flash 存储器互换使用。大多数情况下闪存只用来存储少量的代码，这时 NOR Flash 更适合一些。而 NAND Flash 则是高数据存储密度的理想解决方案。NOR Flash 的特点是芯片内执行（eXecute In Place，XIP)，这样应用程序可以直接在 Flash 闪存内运行，不必再把代码读到系统 RAM 中。NOR Flash 的传输效率很高，在 1~4 MB 的小容量时具有很高的成本效益，但是很低的写入和擦除速度大大影响了它的性能。

NAND Flash 结构能提供极高的单元密度，可以达到高存储密度，并且写入和擦除的速度也很快。应用 NAND Flash 的困难在于 Flash 的管理和需要特殊的系统接口。

性能比较：Flash 闪存是非易失存储器，可以对称为块的存储器单元块进行擦写和再编程。任何 Flash 器件的写入操作只能在空或已擦除的单元内进行，所以大多数情况下，在进行写入操作之前必须先执行擦除。NAND Flash 器件执行擦除操作十分简单，而 NOR Flash 擦除是将目标块内所有的位变为 1。NOR Flash 有 Sector 和 Bank 的概念，一个 Bank 包含几个 Sector，擦除一般是以 Sector 单位进行的。

由于擦除 NOR Flash 器件时是以 64~128 KB 的块（Block）进行的，执行一个写入/擦除操作的时间为 5 s。与此相反，擦除 NAND Flash 器件是以 8~32 KB 的块进行的，执行相

同的操作最多只需要 4 ms。

执行擦除时块尺寸的不同进一步拉大了 NOR Flash 和 NAND Flash 之间的性能差距，统计表明，对于给定的一套写入操作（尤其是更新小文件时），更多的擦除操作必须在基于 NOR 的单元中进行。NOR Flash 与 NAND Flash 比较特点有：

- NOR Flash 的读速度比 NAND Flash 稍快一些。
- NAND Flash 的写入速度比 NOR Flash 快很多。
- NAND Flash 的 4 ms 擦除速度远比 NOR Flash 的 5 s 快。
- 大多数写入操作需要先进行擦除操作。
- NAND Flash 的擦除单元更小，相应的擦除电路更少。

接口差别：NOR Flash 与 SRAM 接口相同，有多大的空间就需要相应的地址线引脚来寻址，可以很容易地存取其内部的每一个字节。NAND Flash 器件使用复杂的 I/O 口来串行地存取数据，各个产品或厂商的方法可能各不相同。8 个引脚用来传送控制、地址和数据信息。

NAND Flash 读和写操作采用 512 B 的块，这一点有点像硬盘管理此类操作，很自然地，基于 NAND 的存储器就可以取代硬盘或其他块设备。

容量和成本：NAND Flash 的单元尺寸几乎是 NOR Flash 器件的一半，由于生产过程更为简单，NAND Flash 结构可以在给定的模具尺寸内提供更高的容量，也就相应地降低了价格。NOR Flash 占据了容量为 1~16 MB 闪存市场的大部分，而 NAND Flash 只是用在 8~128 MB 的产品当中，这也说明 NOR Flash 主要应用在代码存储介质中，NAND Flash 适合于数据存储，NAND Flash 在 CompactFlash、Secure Digital、PC Cards 和 MMC 存储卡市场上所占份额最大。

可靠性和耐用性：采用 Flash 介质时一个需要重点考虑的问题是可靠性。对于需要扩展 MTBF（Mean Time Between Failure）的系统来说，Flash 是非常合适的存储方案。可以从寿命（耐用性）、位交换和坏块处理三个方面来比较 NOR Flash 和 NAND Flash 的可靠性。

寿命（耐用性）：在 NAND Flash 中每个块的最大擦写次数是 100 万次，而 NOR Flash 的擦写次数是 10 万次。NAND Flash 存储器除了具有 10 比 1 的块擦除周期优势，典型的 NAND Flash 块尺寸要比 NOR Flash 器件小 8 倍，每个 NAND Flash 存储器块在给定的时间内的删除次数要少一些。

位交换：所有 Flash 器件都受位交换现象的困扰。在某些情况下（很少见，NAND Flash 发生的次数要比 NOR Flash 多），一个比特位会发生反转或被报告反转了。一位的变化可能不很明显，但是如果发生在一个关键文件上，这个小小的故障可能导致系统停机。如果只是报告有问题，多读几次就可能解决了。当然，如果这个位真的改变了，就必须采用错误探测/错误更正（EDC/ECC）算法。位反转的问题更多见于 NAND Flash，NAND Flash 的供应商建议使用 NAND Flash 的时候，同时使用 EDC/ECC 算法。这个问题对于用 NAND Flash 存储多媒体信息时倒不是致命的。当然，如果用本地存储设备来存储操作系统、配置文件或其他敏感信息时，必须使用EDC/ECC系统以确保可靠性。

坏块处理：NAND Flash器件中的坏块是随机分布的。以前也曾有过消除坏块的努力，但发现成品率太低，代价太高，根本不划算。NAND Flash器件需要对介质进行初始化扫描以发现坏块，并将坏块标记为不可用。在已制成的器件中，如果通过可靠的方法不能进行这项处理，将导致高故障率。

易于使用：可以非常直接地使用基于NOR的闪存，可以像其他存储器那样连接，并可以在上面直接运行代码。由于需要I/O接口，NAND Flash要复杂得多。各种NAND Flash器件的存取方法因厂家而异。在使用NAND Flash器件时，必须先写入驱动程序，才能继续执行其他操作。向NAND Flash器件写入信息需要相当的技巧，因为设计时绝不能向坏块写入，这就意味着在NAND Flash器件上自始至终都必须进行虚拟映射。

软件支持：当讨论软件支持的时候，应该区别基本的读/写/擦操作和高一级的用于磁盘仿真和闪存管理算法的软件，包括性能优化。在NOR Flash器件上运行代码不需要任何的软件支持，在NAND Flash器件上进行同样操作时，通常需要驱动程序，也就是内存技术驱动程序（MTD），NAND Flash和NOR Flash器件在进行写入和擦除操作时都需要MTD。使用NOR Flash器件时所需要的MTD要相对少一些，许多厂商都提供用于NOR Flash器件的更高级软件，这其中包括M-System的TrueFFS驱动，该驱动被Wind River System、Microsoft、QNX Software System、Symbian和Intel等厂商所采用。驱动还用于对DiskOnChip产品进行仿真和NAND Flash的管理，包括纠错、坏块处理和损耗平衡。

思考与习题

（1）NAND Flash有哪些特点？简述Block、Page的概念。NAND Flash的擦除是按什么进行的？

（2）NOR Flash有哪些特点？

（3）DDR SDRAM的英文全称是什么？Burst Length、Bank、列地址、行地址、Bank地址的概念分别是什么？

（4）多层AHB总线矩阵有何优点？

（5）多层AHB总线矩阵为并发操作提供了可能，请问能否在同一时刻由2个CPU核同时对同一块内存空间进行操作？

（6）简述半导体存储器的种类。

（7）简述铁电存储器的特点。

（8）简述双口RAM的特点。

第 4 章
ARM I/O 口、Cortex 事件路由及 GIMA

4.1 ARM I/O 端口原理

ARM 的各系列的 I/O 端口各有不同，下面分别以 S3C2440A、Cortex-M4 的 LPC4357 和 Cortex-M7 的 STM32F7 为例讲解 ARM I/O 端口原理。

4.1.1 ARM9 的 I/O 端口

ARM9 的 S3C2440A 有 9 个端口，GPA 为 22 位输出端口，GPB 为 11 位输入/输出端口，GPC～GPE 为 16 位输入/输出端口，GPF 为 8 位输入/输出端口，GPG 为 16 位输入/输出端口，GPH 为 9 位输入/输出端口，GPJ 为 13 位输入/输出端口。每个端口有端口控制寄存器 GPzCON、端口数据寄存器 GPzDATA、端口上拉寄存器 GPxUP。

1. 端口控制寄存器

在 S3C2440A 端口控制寄存器中，由于 GPA 有 23 个引脚，因此每一位只有两种功能，分别为输出和功能 1，因此，GPA 中端口每一位只需要一位即可定义；GPB～GPJ 中的每一位分别有输入、输出、功能 1 和功能 2，因此，GPB～GPJ 中端口每一位的状态用 2 位定义。S3C2440A 的端口控制寄存器的描述如表 4-1 所示。

表 4-1 端口控制寄存器

相关寄存器	地址	读/写	描述		复位值
GPACON	0x56000000	读/写	端口 A 控制寄存器，使用位[22:0]，0：输出引脚；1：功能引脚		0xFFFFFF
GPBCON	0x56000010	读/写	端口 B 控制寄存器，使用位[21:0]	00：输入 01：输出 10：功能 1 引脚 11：功能 2 或保留	0x0
GPCCON	0x56000020		端口 C 控制寄存器，使用位[31:0]		
GPDCON	0x56000030		端口 D 控制寄存器，使用位[31:0]		
GPECON	0x56000040		端口 E 控制寄存器，使用位[31:0]		

续表

相关寄存器	地址	读/写	描述		复位值
GPFCON	0x56000050	读/写	端口F控制寄存器,使用位[15:0]	00:输入 01:输出 10:功能1引脚 11:功能2或保留	0x0
GPGCON	0x56000060		端口G控制寄存器,使用位[31:0]		
GPHCON	0x56000070		端口H控制寄存器,使用位[21:0]		
GPJCON	0x560000D0		端口J控制寄存器,使用位[25:0]		

2. 端口数据寄存器

端口数据寄存器如表4-2所示,端口A～端口J的每个引脚与对应的数据寄存器中的1位对应。

表4-2 端口数据寄存器

相关寄存器	地址	读/写	描述	复位值
GPADAT	0x56000004	读/写	端口A数据寄存器,使用位[22:0]	—
GPBDAT	0x56000014		端口B数据寄存器,使用位[10:0]	—
GPCDAT	0x56000024		端口C数据寄存器,使用位[15:0]	—
GPDDAT	0x56000034		端口D数据寄存器,使用位[15:0]	—
GPEDAT	0x56000044		端口E数据寄存器,使用位[15:0]	—
GPFDAT	0x56000054		端口F数据寄存器,使用位[7:0]	—
GPGDAT	0x56000064		端口G数据寄存器,使用位[15:0]	—
GPHDAT	0x56000074		端口H数据寄存器,使用位[10:0]	—
GPJDAT	0x560000D4		端口J数据寄存器,使用位[12:0]	—

3. 端口上拉寄存器

端口上拉寄存器如表4-3所示,端口B～端口J的每个引脚与对应的上拉寄存器中的1位对应。端口数据寄存器GPADAT～GPJDAT,上拉寄存器GPBUP～GPJUP,0表示对应引脚设置上拉,1表示无上拉。

表4-3 端口上拉寄存器

相关寄存器	地址	读/写	描述		复位值
GPBUP	0x56000018	读/写	端口B上拉寄存器,使用位[10:0]	0:对应引脚设置上拉 1:无上拉功能	0x0
GPCUP	0x56000028		端口C上拉寄存器,使用位[15:0]		0x0
GPDUP	0x56000038		端口D上拉寄存器,使用位[15:0]		0xF000
GPEUP	0x56000048		端口E上拉寄存器,使用位[15:0]		0x0
GPFUP	0x56000058		端口F上拉寄存器,使用位[7:0]		0x0

续表

相关寄存器	地址	读/写	描述		复位值
GPGUP	0x56000068	读/写	端口 G 上拉寄存器，使用位[15:0]	0：对应引脚设置上拉 1：无上拉功能	0xFC00
GPHUP	0x56000078		端口 H 上拉寄存器，使用位[10:0]		0x0
GPJUP	0x560000D8		端口 J 上拉寄存器，使用位[12:0]		0x0

4.1.2 Cortex-M4 的系统控制单元 I/O 与 GPIO

1. 系统控制单元 I/O

相对 ARM9 而言，Cortex-M4 的 LPC4357 的 I/O 要复杂得多。I/O 端口的命名为 GPIO0～GPIO7；I/O 的功能较多，每个引脚有 8 种功能供选择，见表 4-4 所示。ARM9 按端口来初始化，LPC4357 按每个端口的各引脚来初始化。图 4-1 是引脚框图。引脚配置寄存器分为：标准电平驱动引脚配置寄存器（SFS），高驱动能力引脚的引脚配置寄存器（P1_17，P2_3 至 P2_5，P8_0 至 P8_2，PA_1 至 PA_3），高速引脚的引脚配置寄存器（P3_3 和引脚 CLK0 到 CLK3）等，每个引脚对应着一个引脚配置寄存器，即 Coxtex-M3/4 的 I/O 端口是按位来进行配置的，这与 ARM9 不同。

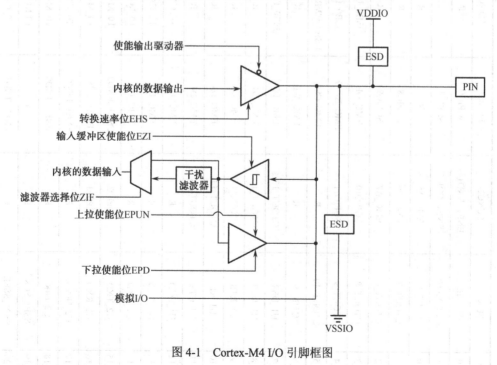

图 4-1　Cortex-M4 I/O 引脚框图

表 4-4 LPC43XX 引脚复用功能

Pin	FUNC1	FUNC2	FUNC3	FUNC4	FUNC5	FUNC6	FUNC7	ANALOGSEL
P0_0	SSP1_MISO	ENET_RXD1	SGPIO0	R	R	I2S0_TX_WS	I2S1_TX_WS	
P0_1	SSP1_MOSI	ENET_COL	SGPIO1	R	R	ENET_TX_EN	I2S1_TX_SDA	
P1_0	CTIN_3	EMC_A5	R	R	SSP0_SSEL	SGPIO7	R	
P1_1	CTOUT_7	EMC_A6	SGPIO8	R	SSP0_MISO	R	R	
P1_2	CTOUT_6	EMC_A7	SGPIO9	R	SSP0_MOSI	R	R	
P1_3	CTOUT_8	SGPIO10	EMC_OE	USB0_IND1	SSP1_MISO	R	SD_RST	
P1_4	CTOUT_9	SGPIO11	EMC_BLS0	USB0_IND0	SSP1_MOSI	R	SD_VOLT1	
P1_5	CTOUT_10	R	EMC_CS0	USB0_PWR_FAULT	SSP1_SSEL	SGPIO15	SD_POW	
P1_6	CTIN_5	R	EMC_WE	USB0_PPWR	R	SGPIO14	SD_CMD	
P1_7	U1_DSR	CTOUT_13	EMC_D0	T0_CAP1	R	R	R	
P1_8	U1_DTR	CTOUT_12	EMC_D1	T0_CAP0	R	R	SD_VOLT0	
P1_9	U1_RTS	CTOUT_11	EMC_D2	T0_MAT2	R	R	SD_DAT0	
P1_10	U1_RI	CTOUT_14	EMC_D3	T0_MAT1	R	SGPIO8	SD_DAT1	
P1_11	U1_CTS	CTOUT_15	EMC_D4	T0_MAT0	R	SGPIO9	SD_DAT2	
P1_12	U1_DCD	R	EMC_D5	T0_CAP3	CAN1_TD	SGPIO10	SD_DAT3	
P1_13	U1_TXD	R	EMC_D6	T0_MAT3	CAN1_RD	R	SD_CD	
P1_14	U1_RXD	R	EMC_D7	CLKOUT	R	SGPIO11	R	
P1_15	U2_TXD	SGPIO2	ENET_RXD0	T0_CAP2	R	SGPIO12	ENET_RX_DV	
P1_16	U2_RXD	SGPIO3	ENET_CRS	R	R	R	I2S0_RX_MCLK	
P1_17	U2_UCLK	R	ENET_MDIO	R	R	R	I2S1_TX_SCK	
P1_18	U2_DIR	R	ENET_TXD0	R	R	SGPIO12	R	
P1_19	SSP1_SCK	R	R	CLKOUT	R	SGPIO13	R	
P1_20	SSP1_SSEL	R	ENET_TXD1	R	R	R	R	

续表

Pin	FUNC1	FUNC2	FUNC3	FUNC4	FUNC5	FUNC6	FUNC7	ANALOGSEL
P2_0	U0_TXD	EMC_A13	USB0_PPWR	GPIO5[0]	R	T3_CAP0	ENET_MDC	
P2_1	U0_RXD	EMC_A12	USB0_PWR_FAULT	GPIO5[1]	R	T3_CAP1	R	
P2_2	U0_UCLK	EMC_A11	USB0_IND1	GPIO5[2]	CTIN_6	T3_CAP2	USB0_PPWR	
P2_3	U3_TXD	U3_TXD	CTIN_1	GPIO5[3]	R	T3_MAT0	R	
P2_4	I2C1_SDA	U3_RXD	CTIN_0	GPIO5[4]	R	T3_MAT1	USB0_PWR_FAULT	
P2_5	I2C1_SCL	USB1_VBUS	ADCTRIG1	GPIO5[5]	R	T3_MAT2	USB0_IND0	
P2_6	CTIN_2	EMC_A10	USB0_IND0	GPIO5[6]	CTIN_7	T3_MAT3	R	
P2_7	U0_DIR	U3_UCLK	EMC_A9	R	R	R	R	
P2_8	CTOUT_1	U3_DIR	EMC_A8	GPIO5[7]	R	R	R	
P2_9	CTOUT_0	U3_BAUD	EMC_A0	R	R	R	R	
P2_10	CTOUT_3	U2_TXD	EMC_A1	R	R	R	R	
P2_11	CTOUT_2	U2_RXD	EMC_A2	R	R	R	R	
P2_12	CTOUT_5	R	EMC_A3	R	R	U2_UCLK	U2_UCLK	
P2_13	CTOUT_4	R	EMC_A4	R	R	U2_DIR	U2_DIR	
P3_0	I2S0_RX_MCLK	I2S0_TX_SCK	I2S0_TX_MCLK	SSP0_SCK	SSP0_SCK	R	R	
P3_1	I2S0_RX_WS	CAN0_RD	USB1_IND1	GPIO5[8]	R	LCD_VD15	R	
P3_2	I2S0_RX_SDA	CAN0_TD	USB1_IND0	GPIO5[9]	R	LCD_VD14	R	
P3_3	SPI_SCK	SSP0_SCK	SPIFI_SCK	CGU_OUT1	R	I2S0_TX_MCLK	I2S1_TX_SCK	
P3_4	R	R	SPIFI_SIO3	U1_TXD	I2S0_TX_WS	I2S1_RX_SDA	LCD_VD13	
P3_5	R	R	SPIFI_SIO2	U1_RXD	I2S0_TX_SDA	I2S1_RX_WS	LCD_VD12	
P3_6	SPI_MISO	SSP0_MISO	SPIFI_MISO	GPIO5[10]	SSP0_MISO	R	R	
P3_7	SPI_MOSI	SSP0_MOSI	SPIFI_MOSI	R	SSP0_MOSI	R	R	
P3_8	SPI_SSEL	SSP0_SSEL	SPIFI_CS	GPIO5[11]	SSP0_SSEL	R	R	
P4_0	MCOA0	NMI	R	R	LCD_VD13	U3_UCLK	R	

续表

Pin	FUNC1	FUNC2	FUNC3	FUNC4	FUNC5	FUNC6	FUNC7	ANALOGSEL
P4_1	CTOUT_1	LCD_VD0	R	R	LCD_VD19	U3_TXD	ENET_COL	ADC0_1
P4_2	CTOUT_0	LCD_VD3	R	R	LCD_VD12	U3_RXD	SGPIO8	
P4_3	CTOUT_3	LCD_VD2	R	R	LCD_VD21	U3_BAUD	SGPIO9	ADC0_0
P4_4	CTOUT_2	LCD_VD1	R	R	LCD_VD20	U3_DIR	SGPIO10	DAC
P4_5	CTOUT_5	LCD_FP	R	R	R	R	SGPIO11	
P4_6	CTOUT_4	LCD_ENAB/LCDM	R	R	R	R	SGPIO12	
P4_7	GP_CLKIN	R	R	R	R	I2S1_TX_SCK	I2S0_TX_SCK	
P4_8	CTIN_5	LCD_VD9	R	GPIO5[12]	LCD_VD22	CAN1_TD	SGPIO13	
P4_9	CTIN_6	LCD_VD11	R	GPIO5[13]	LCD_VD15	CAN1_RD	SGPIO14	
P4_10	CTIN_2	LCD_VD10	R	GPIO5[14]	LCD_VD14	R	SGPIO15	
P5_0	MCOB2	EMC_D12	R	U1_DSR	T1_CAP0	R	R	
P5_1	MCI2	EMC_D13	R	U1_DTR	T1_CAP1	R	R	
P5_2	MCI1	EMC_D14	R	U1_RTS	T1_CAP2	R	R	
P5_3	MCI0	EMC_D15	R	U1_RI	T1_CAP3	R	R	
P5_4	MCOB0	EMC_D8	R	U1_CTS	T1_MAT0	R	R	
P5_5	MCOA1	EMC_D9	R	U1_DCD	T1_MAT1	R	R	
P5_6	MCOB1	EMC_D10	R	U1_TXD	T1_MAT2	R	R	
P5_7	MCOA2	EMC_D11	R	U1_RXD	T1_MAT3	R	R	
P6_0	I2S0_RX_MCLK	R	I2S0_RX_WS	I2S0_RX_SCK	R	R	R	
P6_1	EMC_DYCS1	U0_UCLK	I2S0_RX_SDA	R	T2_CAP0	R	R	
P6_2	EMC_CKEOUT1	U0_DIR	EMC_CS1	R	T2_CAP1	R	R	
P6_3	USB0_PPWR	SGPIO4	EMC_CAS	R	R	R	R	
P6_4	CTIN_6	U0_TXD	EMC_CAS	R	T2_CAP2	R	R	
P6_5	CTOUT_6	U0_RXD	EMC_RAS	R	R	R	R	

续表

Pin	FUNC1	FUNC2	FUNC3	FUNC4	FUNC5	FUNC6	FUNC7	ANALOGSEL
P6_6	EMC_BLS1	SGPIO5	USB0_PWR_FAULT	R	T2_CAP3	R	R	
P6_7	EMC_A15	SGPIO6	USB0_IND1	GPIO5[15]	T2_MAT0	R	R	
P6_8	EMC_A14	SGPIO7	USB0_IND0	GPIO5[16]	T2_MAT1	R	R	
P6_9	MCABORT	R	EMC_DYCS0	R	T2_MAT2	R	R	
P6_10	R	R	EMC_DQMOUT1	R	R	R	R	
P6_11	CTOUT_7	R	EMC_CKEOUT0	R	T2_MAT3	R	R	
P6_12	CTOUT_14	R	EMC_DQMOUT0	R	R	R	R	
P7_0	CTOUT_15	R	LCD_LE	R	R	R	SGPIO4	
P7_1	CTOUT_4	I2S0_TX_WS	LCD_VD19	LCD_VD7	R	U2_TXD	SGPIO5	
P7_2	CTIN_4	I2S0_TX_SDA	LCD_VD18	LCD_VD6	R	U2_RXD	SGPIO6	
P7_3	CTIN_3	R	LCD_VD17	LCD_VD5	R	R	R	
P7_4	CTOUT_13	R	LCD_VD16	LCD_VD4	TRACEDATA[0]	R	R	ADC0_4
P7_5	CTOUT_12	R	LCD_VD8	LCD_VD23	TRACEDATA[1]	R	R	ADC0_3
P7_6	CTOUT_11	R	LCD_LP	R	TRACEDATA[2]	ENET_MDC	R	
P7_7	CTOUT_8	R	LCD_PWR	SGPIO8	TRACEDATA[3]	R	SGPIO7	ADC1_6
P8_0	USB0_PWR_FAULT	R	MCI2	SGPIO8	R	R	T0_MAT0	
P8_1	USB0_IND1	R	MCI1	SGPIO9	R	R	T0_MAT1	
P8_2	USB0_IND0	R	MCI0	SGPIO10	R	R	T0_MAT2	
P8_3	USB1_ULPI_D2	R	LCD_VD12	LCD_VD19	R	R	T0_MAT3	
P8_4	USB1_ULPI_D1	R	LCD_VD7	LCD_VD16	R	R	T0_CAP0	
P8_5	USB1_ULPI_D0	R	LCD_VD6	LCD_VD8	R	R	T0_CAP1	
P8_6	USB1_ULPI_NXT	R	LCD_VD5	LCD_LP	R	R	T0_CAP2	
P8_7	USB1_ULPI_STP	R	LCD_VD4	LCD_PWR	R	CGU_OUT0	T0_CAP3	
P8_8	USB1_ULPI_CLK	R	R	R	R	R	I2S1_TX_MCLK	

续表

Pin	FUNC1	FUNC2	FUNC3	FUNC4	FUNC5	FUNC6	FUNC7	ANALOGSEL
P9_0	MCABORT	R	R	R	ENET_CRS	SGPIO0	SSP0_MISO	SSP0_SSEL
P9_1	MCOA2	R	R	I2S0_TX_WS	ENET_RX_ER	SGPIO1	R	SSP0_MOSI
P9_2	MCOB2	R	R	I2S0_TX_SDA	ENET_RXD3	SGPIO2	R	R
P9_3	MCOA0	USB1_IND1	R	GPIO5[17]	ENET_RXD2	SGPIO9	U3_TXD	U3_RXD
P9_4	MCOB0	USB1_IND0	R	GPIO5[18]	ENET_TXD2	SGPIO4	R	U0_TXD
P9_5	MCOA1	USB1_PPWR	R	R	ENET_TXD3	SGPIO3	R	U0_RXD
P9_6	MCOB1	USB1_PWR_FAULT	R	R	ENET_COL	SGPIO8	R	R
PA_0	R	R	R	R	I2S1_RX_MCLK	CGU_OUT1	R	R
PA_1	QEI_IDX	R	U2_TXD	R	R	R	R	R
PA_2	QEI_PHB	R	U2_RXD	R	R	R	R	R
PA_3	QEI_PHA	R	R	R	R	R	R	R
PA_4	CTOUT_9	R	EMC_A23	GPIO5[19]	R	R	R	R
PB_0	CTOUT_10	LCD_VD23	R	GPIO5[20]	CTOUT_6	R	R	R
PB_1	USB1_ULPI_DIR	LCD_VD22	R	GPIO5[21]	CTOUT_7	R	R	R
PB_2	USB1_ULPI_D7	LCD_VD21	R	GPIO5[22]	CTOUT_8	R	R	R
PB_3	USB1_ULPI_D6	LCD_VD20	R	GPIO5[23]	CTIN_5	R	R	R
PB_4	USB1_ULPI_D5	LCD_VD15	R	GPIO5[24]	CTIN_7	LCD_PWR	R	R
PB_5	USB1_ULPI_D4	LCD_VD14	R	GPIO5[25]	CTIN_6	LCD_VD19	R	R
PB_6	USB1_ULPI_D3	LCD_VD13	R	GPIO5[26]	R	R	R	ADC0_6
PC_0	USB1_ULPI_CLK	R	ENET_RX_CLK	LCD_DCLK	R	T3_CAP0	SD_CLK	ADC1_1
PC_1	R	U1_RI	ENET_MDC	GPIO6[0]	R	R	SD_VOLT0	SD_VOLT0
PC_2	R	U1_CTS	ENET_TXD2	GPIO6[1]	R	R	SD_RST	SD_VOLT1
PC_3	R	U1_RTS	ENET_TXD3	GPIO6[2]	R	R	SD_VOLT1	ADC1_0
PC_4	USB1_ULPI_D4	R	ENET_TX_EN	GPIO6[3]	R	T3_CAP1	SD_DAT0	

续表

Pin	FUNC1	FUNC2	FUNC3	FUNC4	FUNC5	FUNC6	FUNC7	ANALOGSEL
PC_5	USB1_ULPI_D3	R	ENET_TX_ER	GPIO6[4]	R	T3_CAP2	SD_DAT1	
PC_6	USB1_ULPI_D2	R	ENET_RXD2	GPIO6[5]	R	T3_CAP3	SD_DAT2	
PC_7	USB1_ULPI_D1	R	ENET_RXD3	GPIO6[6]	R	T3_MAT0	SD_DAT3	
PC_8	USB1_ULPI_D0	R	ENET_RX_DV	GPIO6[7]	R	T3_MAT1	SD_CD	
PC_9	USB1_ULPI_NXT	R	ENET_RX_ER	GPIO6[8]	R	T3_MAT2	SD_POW	
PC_10	USB1_ULPI_STP	U1_DSR	R	GPIO6[9]	R	T3_MAT3	SD_CMD	
PC_11	USB1_ULPI_DIR	U1_DCD	R	GPIO6[10]	R	R	SD_DAT4	
PC_12	R	U1_DTR	R	GPIO6[11]	SGPIO11	I2S0_TX_SDA	SD_DAT5	
PC_13	R	U1_TXD	R	GPIO6[12]	SGPIO12	I2S0_TX_WS	SD_DAT6	
PC_14	R	U1_RXD	R	GPIO6[13]	SGPIO13	ENET_TX_ER	SD_DAT7	
PD_0	CTOUT_15	EMC_DQMOUT2	R	GPIO6[14]	R	R	SGPIO4	
PD_1	R	EMC_CKEOUT2	R	GPIO6[15]	R	R	SGPIO5	
PD_2	CTOUT_7	EMC_D16	R	GPIO6[16]	R	R	SGPIO6	
PD_3	CTOUT_6	EMC_D17	R	GPIO6[17]	R	R	SGPIO7	
PD_4	CTOUT_8	EMC_D18	R	GPIO6[18]	R	R	SGPIO8	
PD_5	CTOUT_9	EMC_D19	R	GPIO6[19]	R	R	SGPIO9	
PD_6	CTOUT_10	EMC_D20	R	GPIO6[20]	R	R	SGPIO10	
PD_7	CTIN_5	EMC_D21	R	GPIO6[21]	R	R	SGPIO11	
PD_8	CTIN_6	EMC_D22	R	GPIO6[22]	R	R	SGPIO12	
PD_9	CTOUT_13	EMC_D23	R	GPIO6[23]	R	R	SGPIO13	
PD_10	CTIN_1	EMC_BLS3	R	GPIO6[24]	R	R	R	
PD_11	R	EMC_CS3	R	GPIO6[25]	USB1_ULPI_D0	CTOUT_14	R	
PD_12	R	EMC_CS2	R	GPIO6[26]	R	CTOUT_10	R	
PD_13	CTIN_0	EMC_BLS2	R	GPIO6[27]	R	CTOUT_13	R	

Pin	FUNC1	FUNC2	FUNC3	FUNC4	FUNC5	FUNC6	FUNC7	ANALOGSEL 续表
PD_14	R	EMC_DYCS2	R	GPIO6[28]	R	CTOUT_11	R	R
PD_15	R	EMC_A17	R	GPIO6[29]	SD_WP	CTOUT_8	R	R
PD_16	R	EMC_A16	R	GPIO6[30]	SD_VOLT2	CTOUT_12	R	R
PE_0	R	R	EMC_A18	GPIO7[0]	CAN1_TD	R	R	R
PE_1	R	R	EMC_A19	GPIO7[1]	CAN1_RD	R	R	R
PE_2	CAN0_RD	ADCTRIG1	EMC_A20	GPIO7[2]	R	R	R	R
PE_3	CAN0_TD	R	EMC_A21	GPIO7[3]	R	R	R	R
PE_4	NMI	R	EMC_A22	GPIO7[4]	R	R	R	R
PE_5	CTOUT_3	U1_RTS	EMC_D24	GPIO7[5]	R	R	R	R
PE_6	CTOUT_2	U1_RI	EMC_D25	GPIO7[6]	R	R	R	R
PE_7	CTOUT_5	U1_CTS	EMC_D26	GPIO7[7]	R	R	R	R
PE_8	CTOUT_4	U1_DSR	EMC_D27	GPIO7[8]	R	R	R	R
PE_9	CTIN_4	U1_DCD	EMC_D28	GPIO7[9]	R	R	R	R
PE_10	CTIN_3	U1_DTR	EMC_D29	GPIO7[10]	R	R	R	R
PE_11	CTOUT_12	U1_TXD	EMC_D30	GPIO7[11]	R	R	R	R
PE_12	CTOUT_11	U1_RXD	EMC_D31	GPIO7[12]	R	R	R	R
PE_13	CTOUT_14	I2C1_SDA	EMC_DQMOUT3	GPIO7[13]	R	R	R	R
PE_14	R	I2C1_SCL	EMC_DYCS3	GPIO7[14]	R	R	R	R
PE_15	CTOUT_0	R	EMC_CKEOUT3	GPIO7[15]	R	R	R	R
PF_0	GP_CLKIN	R	R	R	R	R	R	R
PF_1	R	SSP0_SSEL	R	GPIO7[16]	R	SGPIO0	I2S1_TX_MCLK	R
PF_2	U3_TXD	SSP0_MISO	R	GPIO7[17]	R	SGPIO1	R	R
PF_3	U3_RXD	SSP0_MOSI	R	GPIO7[18]	R	SGPIO2	R	R
PF_4	GP_CLKIN	TRACECLK	R	R	R	I2S0_TX_MCLK	I2S0_RX_SCK	R

第4章 ARM I/O口、Cortex事件路由及GIMA

续表

Pin	FUNC1	FUNC2	FUNC3	FUNC4	FUNC5	FUNC6	FUNC7	ANALOGSEL
PF_5	U3_UCLK	SSP1_SSEL	TRACEDATA[0]	GPIO7[19]	R	SGPIO4	R	ADC1_4
PF_6	U3_DIR	SSP1_MISO	TRACEDATA[1]	GPIO7[20]	R	SGPIO5	I2S1_TX_SDA	ADC1_3
PF_7	U3_BAUD	SSP1_MOSI	TRACEDATA[2]	GPIO7[21]	R	SGPIO6	I2S1_TX_WS	ADC1_7
PF_8	U0_UCLK	CTIN_2	TRACEDATA[3]	GPIO7[22]	R	SGPIO7	R	ADC0_2
PF_9	U0_DIR	CTOUT_1	R	GPIO7[23]	R	SGPIO3	R	ADC1_2
PF_10	U0_TXD	R	R	GPIO7[24]	R	SD_WP	R	ADC0_5
PF_11	U0_RXD	R	R	GPIO7[25]	R	SD_VOLT2	R	ADC1_5
CLK0	CLKOUT	R	R	SD_CLK	EMC_CLK01	SSP1_SCK	ENET_TX_CLK (ENET_REF_CLK)	
CLK1	CLKOUT	R	R	R	CGU_OUT0	R	I2S1_TX_MCLK	
CLK2	CLKOUT	R	R	SD_CLK	EMC_CLK23	I2S0_TX_MCLK	I2S1_RX_SCK	
CLK3	CLKOUT	R	R	R	CGU_OUT1	R	I2S1_RX_SCK	

（1）标准电平驱动引脚配置寄存器（SFS）。LPC43xx 上的每个数字引脚和时钟引脚都拥有一个相关的引脚配置寄存器，可以决定引脚的功能和电气特性。标准电平驱动引脚的引脚配置寄存器控制以下引脚。

- P0_0 和 P0_1；
- P1_0 到 P1_16 和 P1_18 到 P1_20；
- P2_0 到 P2_2 和 P2_6 到 P2_13；
- P3_0 到 P3_2 和 P3_4 到 P3_8；
- P4_0 到 P4_10；
- P5_0 到 P5_7；
- P6_0 到 P6_12；
- P7_0 到 P7_7；
- P8_3 到 P8_8；
- P9_0 到 P9_6；
- PA_0 和 PA_4；
- PB_0 到 PB_6；
- PC_0 到 PC_14；
- PE_0 到 PE_15；
- PF_0 到 PF_11。

标准电平驱动引脚配置寄存器（SFS）的配置分为引脚的功能选择 MODE[2:0]。引脚下拉 EPD[3]：0 表示禁止下拉；1 表示使能下拉（弱片内 50 kΩ 下拉）。引脚上拉 EPUP[4]：0 表示使能上拉（弱片内 50 kΩ 上拉）；1 表示禁止上拉。引脚选择转换速率 EHS[5]：0 表示慢（中速低噪声）；1 表示块（快速低噪声）。引脚输入缓冲使能 EZI[6]：0 表示禁止输入缓冲；1 表示使能输入缓冲。引脚输入干扰滤波器 ZIF[7]：0 表示使能输入干扰滤波器；1 表示禁用输入干扰滤波器。位[31:8]保留。SFS 配置寄存器的地址是可以用行和列的计算的。

例 4-1 LPC4357GPIO 初始化。

```
/*在 chip_lpc43xx.h 文件中*/
#define LPC_SCU_BASE            0x40086000
/*在程序的头文件 scu_18xx_43xx.h 中定义如下*/
/** Returns the SFSP register address in the SCU for a pin and port,
    recommend using (*(volatile int *) &LPC_SCU->SFSP[po][pi];) */
#define LPC_SCU_PIN(LPC_SCU_BASE, po, pi) (*(volatile int *) ((LPC_SCU_BASE)
                    + ((po) * 0x80) + ((pi) * 0x4))
/**
 * @brief    Sets I/O Control pin mux
```

```c
 * @param    port      : Port number, should be: 0..15
 * @param    pin       : Pin number, should be: 0..31
 * @param    modefunc  : OR'ed values or type SCU_MODE_*
 * @return   Nothing
 * @note     Do not use for clock pins (SFSCLK0 .. SFSCLK4). Use
 * Chip_SCU_ClockPinMux() function for SFSCLKx clock pins.
 */
STATIC INLINE void Chip_SCU_PinMuxSet(uint8_t port, uint8_t pin,
                                      uint16_t modefunc)
{
    LPC_SCU->SFSP[port][pin] = modefunc;
}
/*在 system_Init_4357.c 文件中定义一个 3 维数组,用于对 GPIO 初始化*/
STATIC const PINMUX_GRP_T pinmuxing[] = {
/* RMII pin group */
{0x1, 19,
    (SCU_MODE_HIGHSPEEDSLEW_EN | SCU_MODE_MODE_PULLUP | SCU_MODE_INBUFF_EN
                        | SCU_MODE_ZIF_DIS | SCU_MODE_FUNC0)},
    {0x0, 1,  (SCU_MODE_HIGHSPEEDSLEW_EN | SCU_MODE_MODE_PULLUP |
                        SCU_MODE_ZIF_DIS | SCU_MODE_FUNC6)},
    {0x1, 18, (SCU_MODE_HIGHSPEEDSLEW_EN | SCU_MODE_MODE_PULLUP |
                        SCU_MODE_ZIF_DIS | SCU_MODE_FUNC3)},
    {0x1, 20, (SCU_MODE_HIGHSPEEDSLEW_EN | SCU_MODE_MODE_PULLUP |
                        SCU_MODE_ZIF_DIS | SCU_MODE_FUNC3)},
    {0x1, 17,
     (SCU_MODE_HIGHSPEEDSLEW_EN | SCU_MODE_MODE_PULLUP |
                SCU_MODE_INBUFF_EN | SCU_MODE_ZIF_DIS | SCU_MODE_FUNC3)},
    {0xC, 1,
     (SCU_MODE_HIGHSPEEDSLEW_EN | SCU_MODE_MODE_PULLUP |
                        SCU_MODE_ZIF_DIS | SCU_MODE_FUNC3)},
    {0x1, 16,
     (SCU_MODE_HIGHSPEEDSLEW_EN | SCU_MODE_MODE_PULLUP |
            SCU_MODE_INBUFF_EN | SCU_MODE_ZIF_DIS | SCU_MODE_FUNC7)},
    {0x1, 15,
     (SCU_MODE_HIGHSPEEDSLEW_EN | SCU_MODE_MODE_PULLUP | SCU_MODE_INBUFF_EN
                        | SCU_MODE_ZIF_DIS | SCU_MODE_FUNC3)},
……
};
```

```
/*引脚复用设置函数*/
STATIC void SystemSetupMuxing(void)
{
    int i;
    /* Setup system level pin muxing */
    for (i = 0; i < (sizeof(pinmuxing) / sizeof(pinmuxing[0])); i++) {
        Chip_SCU_PinMuxSet(pinmuxing[i].pingrp, pinmuxing[i].pinnum,
                                        pinmuxing[i].modefunc);
    }
    /* Clock pins only, group field not used */
    for (i = 0; i < (sizeof(pinclockmuxing) / sizeof(pinclockmuxing[0])); i++)
    {
        Chip_SCU_ClockPinMuxSet(pinclockmuxing[i].pinnum,
                                        pinclockmuxing[i].modefunc);
    }
}
```

（2）高驱动能力引脚的引脚配置寄存器。高驱动能力引脚的引脚配置寄存器控制以下引脚。

- P1_17；
- P2_3 至 P2_5；
- P8_0 至 P8_2；
- PA_1 至 PA_3。

高驱动能力引脚的引脚配置寄存器（SFS）在[7:0]的配置与标准电平驱动引脚配置寄存器（SFS）基本一样，[5]：保留。选择驱动强度[9:8]：0x0 表示标准电平驱动，4 mA 驱动强度；0x1 表示中电平驱动，8 mA 驱动强度；0x2 表示高驱动能力，14 mA 驱动强度；0x3 表示超高驱动能力，20 mA 驱动强度。[31:10]：保留。

（3）高速引脚配置寄存器。高速引脚寄配置存器控制 P3_3 引脚和引脚 CLK0～CLK3。其配置寄存器的意义与标准电平驱动引脚配置寄存器（SFS）一样。

例 4-2 高速引脚配置寄存器地址计算。

```
/*在程序的头文件 scu_18xx_43xx.h 中定义如下*/

/** Returns the address in the SCU for a SFSCLK clock register,
        recommend using (*(volatile int *) &LPC_SCU->SFSCLK[c];) */
    define LPC_SCU_CLK(LPC_SCU_BASE, c) (*(volatile int *) ((LPC_SCU_BASE)
```

```
                                     +0xC00 + ((c) * 0x4)))
/**
 * @brief    Configure clock pin function (pins SFSCLKx)
 * @param    clknum   : Clock pin number, should be: 0..3
 * @param    modefunc : OR'ed values or type SCU_MODE_*
 * @return   Nothing
 */
STATIC INLINE void Chip_SCU_ClockPinMuxSet(uint8_t clknum,
                                           uint16_t modefunc)
{
    LPC_SCU->SFSCLK[clknum] = (uint32_t) modefunc;
}

/**
 * @brief    Configure clock pin function (pins SFSCLKx)
 * @param    clknum : Clock pin number, should be: 0..3
 * @param    mode   : OR'ed values or type SCU_MODE_*
 * @param    func   : Pin function, value of type SCU_MODE_FUNC0 to
                      SCU_MODE_FUNC7
 * @return   Nothing
 */
STATIC INLINE void Chip_SCU_ClockPinMux(uint8_t clknum, uint16_t mode,
                                        uint8_t func)
{
    LPC_SCU->SFSCLK[clknum] = ((uint32_t) mode | (uint32_t) func);
}
```

2. GPIO 端口寄存器描述

GPIO 端口寄存器可用于将每个 GPIO 引脚配置为输入或输出：引脚配置为输入时，读取每个引脚的状态；引脚配置为输出时，设置每个引脚的状态。GPIO 端口寄存器如表 4-5 所示，即 GPIO 的读写也是按位进行的，这一点与 ARM9 不同，需要特别注意。

表 4-5　GPIO 端口寄存器简介（基址 0x400F 4000）

名　称	访问类型	地　址　偏　移	描　　　述	复位值	宽　度
B0～B31	R/W	0x0000～x001F	字节引脚寄存器端口 0；引脚 PIO0_0 至 PIO0_31	ext[1]	字节（8 位）
B32～Bx	R/W	0x0020～0x003F	字节引脚寄存器端口 1	ext	字节（8 位）
B64～Bx	R/W	0x0040～0x005F	字节引脚寄存器端口 2	ext	字节（8 位）

续表

名称	访问类型	地址偏移	描述	复位值	宽度
B96~Bx	R/W	0x0060~0x007F	字节引脚寄存器端口3	ext	字节（8位）
B128~Bx	R/W	0x0080~0x009F	字节引脚寄存器端口4	ext	字节（8位）
B160~Bx	R/W	0x00A0~0x00BF	字节引脚寄存器端口5	ext	字节（8位）
B192~Bx	R/W	0x00C0~0x00DF	字节引脚寄存器端口6	ext	字节（8位）
B224~Bx	R/W	0x00E0~0x00FC	字节引脚寄存器端口7	ext	字节（8位）
W0~Wx	R/W	0x1000~0x107C	字引脚寄存器端口0	ext	字（32位）
W32~Wx	R/W	0x1080~0x10FC	字引脚寄存器端口1	ext	字（32位）
W64~Wx	R/W	0x1100~0x11FC	字引脚寄存器端口2	ext	字（32位）
W96~Wx	R/W	0x1180~0x11FC	字引脚寄存器端口3	ext	字（32位）
W128~Wx	R/W	0x1200~0x12FC	字引脚寄存器端口4	ext	字（32位）
W160~Wx	R/W	0x1280~0x12FC	字引脚寄存器端口5	ext	字（32位）
W192~Wx	R/W	0x1300~0x137C	字引脚寄存器端口6	ext	字（32位）
W224~Wx	R/W	0x1380~0x13FC	字引脚寄存器端口7	ext	字（32位）
DIR0	R/W	0x2000	方向寄存器端口0	0	字（32位）
DIR1	R/W	0x2004	方向寄存器端口1	0	字（32位）
DIR2	R/W	0x2008	方向寄存器端口2	0	字（32位）
DIR3	R/W	0x200C	方向寄存器端口3	0	字（32位）
DIR4	R/W	0x2010	方向寄存器端口4	0	字（32位）
DIR5	R/W	0x2014	方向寄存器端口5	0	字（32位）
DIR6	R/W	0x2018	方向寄存器端口6	0	字（32位）
DIR7	R/W	0x201C	方向寄存器端口7	0	字（32位）
MASK0	R/W	0x2080	掩码寄存器端口0	0	字（32位）
MASK1	R/W	0x2084	掩码寄存器端口1	0	字（32位）
MASK2	R/W	0x2088	掩码寄存器端口2	0	字（32位）
MASK3	R/W	0x208C	掩码寄存器端口3	0	字（32位）
MASK4	R/W	0x2090	掩码寄存器端口4	0	字（32位）
MASK5	R/W	0x2094	掩码寄存器端口5	0	字（32位）
MASK6	R/W	0x2098	掩码寄存器端口6	0	字（32位）
MASK7	R/W	0x209C	掩码寄存器端口7	0	字（32位）
PIN0	R/W	0x2100	端口引脚寄存器端口0	ext	字（32位）
PIN1	R/W	0x2104	端口引脚寄存器端口1	ext	字（32位）

续表

名称	访问类型	地址偏移	描述	复位值	宽度
PIN2	R/W	0x2108	端口引脚寄存器端口2	ext	字（32位）
PIN3	R/W	0x210C	端口引脚寄存器端口3	ext	字（32位）
PIN4	R/W	0x2110	端口引脚寄存器端口4	ext	字（32位）
PIN5	R/W	0x2114	端口引脚寄存器端口5	ext	字（32位）
PIN6	R/W	0x2118	端口引脚寄存器端口6	ext	字（32位）
PIN7	R/W	0x211C	端口引脚寄存器端口7	ext	字（32位）
MPIN0	R/W	0x2180	掩码后端口寄存器端口0	ext	字（32位）
MPIN1	R/W	0x2184	掩码后端口寄存器端口1	ext	字（32位）
MPIN2	R/W	0x2188	掩码后端口寄存器端口2	ext	字（32位）
MPIN3	R/W	0x218C	掩码后端口寄存器端口3	ext	字（32位）
MPIN4	R/W	0x2190	掩码后端口寄存器端口4	ext	字（32位）
MPIN5	R/W	0x2194	掩码后端口寄存器端口5	ext	字（32位）
MPIN6	R/W	0x2198	掩码后端口寄存器端口6	ext	字（32位）
MPIN7	R/W	0x219C	掩码后端口寄存器端口7	ext	字（32位）
SET0	R/W	0x2200	写：端口0的设置寄存器；读：端口0的输出位	0	字（32位）
SET1	R/W	0x2204	写：端口1的设置寄存器；读：端口1的输出位	0	字（32位）
SET2	R/W	0x2208	写：端口2的设置寄存器；读：端口2的输出位	0	字（32位）
SET3	R/W	0x220C	写：端口3的设置寄存器；读：端口3的输出位	0	字（32位）
SET4	R/W	0x2210	写：端口4的设置寄存器；读：端口4的输出位	0	字（32位）
SET5	R/W	0x2214	写：端口5的设置寄存器；读：端口5的输出位	0	字（32位）
SET6	R/W	0x2218	写：端口6的设置寄存器；读：端口6的输出位	0	字（32位）
SET7	R/W	0x221C	写：端口7的设置寄存器；读：端口7的输出位	0	字（32位）
CLR0	WO	0x2280	清除端口0	不适用	字（32位）
CLR1	WO	0x2284	清除端口1	不适用	字（32位）
CLR2	WO	0x2288	清除端口2	不适用	字（32位）

续表

名　称	访问类型	地址偏移	描　述	复位值	宽　度
CLR3	WO	0x228C	清除端口 3	不适用	字（32位）
CLR4	WO	0x2290	清除端口 4	不适用	字（32位）
CLR5	WO	0x2294	清除端口 5	不适用	字（32位）
CLR6	WO	0x2298	清除端口 6	不适用	字（32位）
CLR7	WO	0x229C	清除端口 7	不适用	字（32位）
NOT0	WO	0x2300	切换端口 0	不适用	字（32位）
NOT1	WO	0x2304	切换端口 1	不适用	字（32位）
NOT2	WO	0x2308	切换端口 2	不适用	字（32位）
NOT3	WO	0x230C	切换端口 3	不适用	字（32位）
NOT4	WO	0x2310	切换端口 4	不适用	字（32位）
NOT5	WO	0x2314	切换端口 5	不适用	字（32位）
NOT6	WO	0x2318	切换端口 6	不适用	字（32位）
NOT7	WO	0x231C	切换端口 7	不适用	字（32位）

注：此表和后续表中的 ext 是指复位后的数据读取取决于引脚的状态，这进一步又可能取决于外部源。

（1）GPIO 端口字节引脚寄存器。每个 GPIO 引脚 GPIOn[m]在该地址范围内都拥有一个字节寄存器，GPIO 端口 0 的字节引脚寄存器对应寄存器 B0～B31，GPIO 端口 1 的字节寄存器对应寄存器 B32～B63 等，其余的为未使用的 GPIO 端口引脚保留字节地址。

通常，软件通过读取和写入字节来访问各个引脚，也可以读取或写入半字来检测或设置 2 个引脚的状态，读取或写入字来检测或设置 4 个引脚的状态。即一个引脚对应一个端口字节寄存器，该字节寄存器中只使用了位 0，其余 7 位保留。端口字节引脚寄存器为描述如表 4-6 所示。

表 4-6　GPIO 端口字节引脚寄存器（B，地址 0x400F 4000（B0）至 0x400F 00FC（B255））位描述

位	符　号	描　述	复位值	访问类型
0	PBYTE	读：引脚 GPIOn[m]的状态，无论其方向、屏蔽或可选功能如何。配置为模拟 I/O 的引脚总是读为 0。写：加载引脚的输出位。	ext	R/W
7:1		保留（读取时为 0，写入时忽略）	0	—

（2）GPIO 端口字引脚寄存器。每个 GPIO 引脚 GPIOn[m]在该地址范围内都拥有一个字寄存器，GPIO 端口 0 的字引脚寄存器对应寄存器 W0～W31，GPIO 端口 1 的字寄存器对应寄存器 W32～W63 等，其余的为未使用的 GPIO 端口引脚保留字地址。

如果引脚为低电平，则该范围内的任何字节、半字或字读取为全 0；如果引脚为高电平，

则为全 1，引脚的方向、屏蔽或可选功能都不会影响结果，除非引脚配置为模拟 I/O，则会始终读为 0。如果写入的值均为 0，则任何写入都将清除引脚的输出位，否则会设置引脚的输出位，即一个引脚对应一个字。注：仅可读取 0 或 0xFFFF FFFF，写 0 以外的任何值时，将置位输出位。GPIO 端口字引脚寄存器（W）的地址为 0x400F 5000（W0）至 0x400F 13FC（W255）。

（3）GPIO 端口方向寄存器。每个 GPIO 端口 n（n=0～7）都有一个方向寄存器，用于将端口引脚配置为输入或输出。选择引脚 GPIOn[m]的引脚方向（位 0=GPIOn[0]，位 1=GPIOn[1]，…，位 31=GPIOn[31]）：0 表示输入，1 表示输出。GPIO 端口方向寄存器（DIR）的地址为 0x400F 6000（DIR0）至 0x400F 601C（DIR7）。

（4）GPIO 端口掩码寄存器。每个 GPIO 端口都有一个掩码寄存器，该掩码寄存器会影响读写 MPORT 寄存器。将这些寄存器设为 0，可以使能读写；设为 1 则禁用写入，以及让对应位置读为 0。GPIO 端口掩码寄存器（MASK）的地址为 0x400F 6080（MASK0）至 0x400F 609C（MASK7）。

（5）GPIO 端口引脚寄存器。每个 GPIO 端口都有一个端口引脚寄存器，读取这些寄存器会返回所读引脚的当前状态，引脚的方向、屏蔽或可选功能都不会影响结果，除非引脚配置为模拟 I/O 时才会始终读为 0。写这些寄存器会加载所写引脚的输出位，无论是否为 MASK 寄存器。GPIO 端口引脚寄存器（PIN）的地址为 0x400F 6100（PIN0）至 0x400F 611C（PIN7）。

（6）GPIO 屏蔽端口引脚寄存器。每个 GPIO 端口都有一个屏蔽端口引脚寄存器，这些寄存器与 PORT 寄存器类似，不同之处在于通过和相应 MASK 寄存器中的反向内容进行 AND 操作，可以屏蔽读取某些值；同时，写其中一个寄存器仅影响在相应 MASK 寄存器中由 0 使能的输出寄存器位。GPIO 屏蔽端口引脚寄存器（MPIN）的地址为 0x400F 6180（MPIN0）至 0x400F 619C（MPIN7）。

掩码后端口寄存器（位 0=GPIOn[0]，位 1=GPIOn[1]，…，位 31=GPIOn[31]）：

0=读：引脚为低电平和/或 MASK 寄存器中的对应位为 1；写入：当 MASK 寄存器中的对应位为 0 时，清除输出位。

1=读：引脚为高电平和 MASK 寄存器中的对应位为 0；写入：当 MASK 寄存器中的对应位为 0 时，置位输出位。

（7）GPIO 端口设置寄存器。每个 GPIO 端口都有一个端口设置寄存器，向这些寄存器写 1，可以置位输出位，无论其是否为 MASK 寄存器。读这些寄存器会返回端口的输出位，无论其引脚方向如何。GPIO 端口设置寄存器（SET）的地址为 0x400F 6200（SET0）至 0x400F

621C（SET7）。

（8）GPIO端口清除寄存器。每个GPIO端口都有一个输出清除寄存器，向这些只写寄存器写1，可以清除输出位，与MASK寄存器无关。GPIO端口清除寄存器（CLR）的地址为0x400F 6280（CLR0）至0x400F 629C（CLR7）。0表示无操作，1表示清除输出位。

（9）GPIO端口切换寄存器。每个GPIO端口都有一个输出切换寄存器，向这些只写寄存器写1，可以切换/反转/取补输出位，无论是否为MASK寄存器。GPIO端口切换寄存器（NOT）的地址为0x400F 6300（NOT0）至0x400F 632C（NOT7）。0表示无操作，1表示切换输出位。

例4-3 LPC4357的GPIO的LED灯控制。

```
//Board_Init_4357.c 文件
/* Sets the state of a board LED to on or off */
void Board_LED_Set(uint8_t LEDNumber, bool On)
{
    if (LEDNumber <= 7) {
        Chip_GPIO_WritePortBit(LPC_GPIO_PORT, ledports[LEDNumber],
                                              ledbits[LEDNumber], On);
#ifndef BOARD_LED_TEST_FUNCTION_WORKS
        if (On) {
            LEDStates |= (1 << LEDNumber);      /* set the state */
        }
        else {
            LEDStates &= ~(1 << LEDNumber);     /* clear the state */
        }
#endif
    }
}

/**gpio_18xx_43xx.h 文件
 * @brief   Set a GPIO port/bit state
 * @param   pGPIO   : The base of GPIO peripheral on the chip
 * @param   port    : GPIO port to set
 * @param   bit     : GPIO bit to set
 * @param   setting : true for high, false for low
 * @return  Nothing
 */
STATIC INLINE void Chip_GPIO_WritePortBit(LPC_GPIO_T *pGPIO, uint32_t port,
```

```
                                        uint8_t bit, bool setting)
{
    IP_GPIO_WritePortBit(pGPIO, port, bit, setting);
}
/**gpio_001.h 文件,设置GPIO引脚
 * @brief    Set a GPIO port/bit state
 * @param    pGPIO   : The Base Address of the GPIO block
 * @param    Port    : GPIO port to set
 * @param    Bit     : GPIO bit to set
 * @param    Setting : true for high, false for low
 * @return   Nothing
 */
STATIC INLINE void IP_GPIO_WritePortBit(IP_GPIO_001_T *pGPIO, uint32_t Port,
                                        uint8_t Bit, bool Setting)
{
    pGPIO->B[Port][Bit] = Setting;
}


/**gpio_001.h 文件,读GPIO引脚
 * @brief    Read a GPIO state
 * @param    pGPIO   : The Base Address of the GPIO block
 * @param    Port    : GPIO port to read
 * @param    Bit     : GPIO bit to read
 * @return   true of the GPIO is high, false if low
 */
STATIC INLINE bool IP_GPIO_ReadPortBit(IP_GPIO_001_T *pGPIO, uint32_t Port,
                                       uint8_t Bit)
{
    return (bool) pGPIO->B[Port][Bit];
}
```

4.1.3 Cortex-M7 GPIO

Cortex-M7 每个通用 I/O 端口均包括 4 个 32 位配置寄存器(GPIOx_MODER、GPIOx_OTYPER、GPIOx_OSPEEDR 和 GPIOx_PUPDR),2 个 32 位数据寄存器(GPIOx_IDR 和 GPIOx_ODR),1 个 32 位置位/复位寄存器(GPIOx_BSRR),1 个 32 位的 GPIO 端口配置锁定寄存器(GPIOx_LCKR),以及 2 个 32 位的 GPIO 复用功能寄存器(GPIOx_AFRL、GPIOx_AFRH),即每个端口有 10 个 32 位的寄存器(Z=A…K,共 11 个端口)。Cortex-M7 的 GPIO 的配置、读写与 ARM9 类似,只是寄存器多于 ARM9。

1. GPIO 主要特性

- 输出状态：推挽或开漏+上拉/下拉；
- 从输出数据寄存器（GPIOx_ODR）或外设（复用功能输出）输出数据；
- 可为每个 I/O 选择不同的速度；
- 输入状态：浮空、上拉/下拉、模拟；
- 将数据输入到输入数据寄存器（GPIOx_IDR）或外设（复用功能输入）；
- 置位和复位寄存器（GPIOx_BSRR），对 GPIOx_ODR 具有按位写权限；
- 锁定机制（GPIOx_LCKR），可冻结 I/O 端口配置；
- 模拟功能；
- 复用功能选择寄存器；
- 快速翻转，每次翻转最快只需要 2 个时钟周期；
- 引脚复用非常灵活，允许将 I/O 引脚用作 GPIO 或多种外设功能中的一种。

2. GPIO 功能描述

根据数据手册中列出的每个 I/O 端口的特性，可通过软件将通用 I/O（GPIO）端口的各个端口位分别配置为多种模式：

- 输入浮空；
- 输入上拉；
- 输入下拉；
- 模拟；
- 具有上拉或下拉功能的开漏输出；
- 具有上拉或下拉功能的推挽输出；
- 具有上拉或下拉功能的复用功能推挽；
- 具有上拉或下拉功能的复用功能开漏。

每个 I/O 端口位均可自由编程，但 I/O 端口寄存器必须按 32 位字、半字或字节进行访问。GPIOx_BSRR 寄存器和 GPIOx_BRR 寄存器旨在实现对 GPIOx_ODR 寄存器进行原子读取/修改访问，这样可确保在读取和修改访问之间发生中断请求也不会有问题。表 4-7 给出了可能的端口位配置方案。

表 4-7 端口位配置表[1]

MODE(i)[1:0]	OTYPER (i)	OSPEED(i)[1:0]	PUPD (i) [1:0]		I/O 配置	
01	0	SPEED[1:0]	0	0	GP 输出	PP
	0		0	1	GP 输出	PP+PU
	0		1	0	GP 输出	PP+PD

续表

MODE(i)[1:0]	OTYPER(i)	OSPEED(i)[1:0]	PUPD(i)[1:0]		I/O 配置	
01	0	SPEED[1:0]	1	1	保留	
	1		0	0	GP 输出	OD
	1		0	1	GP 输出	OD+PU
	1		1	0	GP 输出	OD+PD
	1		1	1	保留(GP 输出 OD)	
10	0	SPEED[1:0]	0	0	AF	PP
	0		0	1	AF	PP+PU
	0		1	0	AF	PP+PD
	0		1	1	保留	
	1		0	0	AF	OD
	1		0	1	AF	OD+PU
	1		1	0	AF	OD+PD
	1		1	1	保留	
00	x	x	0	0	输入	浮空
	x	x	0	1	输入	PU
	x	x	1	0	输入	PD
	x	x	1	1	保留(输入浮空)	
11	x	x	0	0	输入/输出	模拟
	x	x	0	1	保留	
	x	x	1	0		
	x	x	1	1		

注[1]:GP 表示通用、PP 表示推挽、PU 表示上拉、PD 表示下拉、OD 表示开漏、AF 表示复用功能。

3. GPIO 寄存器

(1) GPIO 端口模式寄存器(GPIOx_MODER)(x=A,…,K)。每个端口有 16 个引脚,每个引脚使用 2 bit。偏移地址为 0x00。复位值:端口 A 为 0xA800 0000,端口 B 为 0x0000 0280,其他端口为 0x0000 0000。MODERy[1:0]:端口 x 配置位(y=0,…,15),00 为输入模式(复位状态),01 为通用输出模式,10 为复用功能模式,11 为模拟模式

(2) GPIO 端口输出类型寄存器(GPIOx_OTYPER)(x=A,…,K),每个引脚使用 1 bit。偏移地址为 0x04,复位值为 0x0000 0000。OTy:端口 x 配置位(y=0,…,15),0 为推挽输出(复位状态),1 为开漏输出。

（3）GPIO 端口输出速度寄存器（GPIOx_OSPEEDR）（x=A，…，K），每个引脚使用 2 bit。偏移地址为 0x08。复位值：端口 A 为 0x0C00 0000，端口 B 为 0x0000 00C0，其他端口为 0x0000 0000。OSPEEDRy[1:0]：端口 x 配置位（y=0，…，15），00 为低速，01 为中速，10 为快速，11 为高速。

（4）GPIO 端口上拉/下拉寄存器（GPIOx_PUPDR）（x=A，…，K），每个引脚使用 2 bit。偏移地址为 0x0C。复位值：端口 A 为 0x6400 0000，端口 B 为 0x0000 0100，其他端口为 0x0000 0000。PUPDRy[1:0]：端口 x 配置位（y=0，…，15），00 为无上拉或下拉，01 为上拉，10 为下拉，11 为保留。

（5）GPIO 端口输入数据寄存器（GPIOx_IDR）（x=A，…，K）。偏移地址为 0x10，复位值为 0x0000 XXXX（X 表示未定义），位[31:16]保留，必须保持复位值。IDRy：端口输入数据（只读）（y=0，…，15）。

（6）GPIO 端口输出数据寄存器（GPIOx_ODR）（x=A，…，K）。偏移地址为 0x14，复位值为 0x0000 0000，位[31:16]保留，必须保持复位值。ODRy：端口输出数据（y=0，…，15）

（7）GPIO 端口置位/复位寄存器（GPIOx_BSRR）（x=A，…，K）。该寄存器高 16 位为复位，低 16 位为置位。偏移地址为 0x18，复位值为 0x0000 0000。BRy：端口 x 复位位 y（只写）（y=0，…，15），0 为不会对相应的 ODRx 位执行任何操作，1 为复位相应的 ODRx 位。BSy：端口 x 置位位 y（只写）（y=0，…，15），0 为不会对相应的 ODRx 位执行任何操作，1 为置位相应的 ODRx 位。

注：如果同时对 BSx 和 BRx 置位，则 BSx 的优先级更高。

（8）GPIO 端口配置锁定寄存器（GPIOx_LCKR）（x=A，…，K）。偏移地址为 0x1C，复位值为 0x0000 0000，位[31:17]保留，必须保持复位值。

LCKK：锁定键（可随时读取此位，可使用锁定键写序列进行修改），0 为端口配置锁定键未激活，1 为端口配置锁定键已激活，在下一次 MCU 复位或外设复位之前，GPIOx_LCKR 寄存器始终处于锁定状态。LCKy：端口 x 锁定位 y（只能在 LCKK 位等于"0"时执行写操作）（y=0，…，15），0 为端口配置未锁定，1 为端口配置已锁定。

锁定键写序列：

```
WR   LCKR[16] = '1' + LCKR[15:0]
WR   LCKR[16] = '0' + LCKR[15:0]
WR   LCKR[16] = '1' + LCKR[15:0]
RD   LCKR
RD   LCKR[16] = '1' （此读操作为可选操作，但它可确认锁定已激活）
```

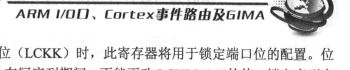

当正确的写序列应用到第 16 位（LCKK）时，此寄存器将用于锁定端口位的配置。位[15:0]的值用于锁定 GPIO 的配置。在写序列期间，不能更改 LCKR[15:0]的值，锁定序列中的任何错误都将中止锁定操作。将 LOCK 序列应用到某个端口位后，在执行下一次 MCU 复位或外设复位之前，将无法对该端口位的值进行更改。

（9）GPIO 复用功能低位寄存器（GPIOx_AFRL）（x=A,…,K）。偏移地址为 0x20，复位值为 0x0000 0000。AFRy[3:0]：端口 x 引脚 y 的复用功能选择（y=0,…,7），即低 8 位复用功能选择。AFSELy 选择：0000 为 AF0，1000 为 AF80001 为 AF1，1001 为 AF90010 为 AF2，1010 为 AF100011 为 AF3，1011 为 AF110100 为 AF4，1100 为 AF120101 为 AF5，1101 为 AF130110 为 AF6，1110 为 AF140111 为 AF7，1111 为 AF15。

（10）GPIO 复用功能高位寄存器（GPIOx_AFRH）（x=A,…,J）。偏移地址为 0x24，复位值为 0x0000 0000。AFRy[3:0]：端口 x 引脚 y 的复用功能选择（y = 8,…,15），即高 8 位功能选择。AFSELy 选择同上。

4．GPIO 寄存器访问结构

在 Cortex-M7 编程中，对特殊功能寄存器操作是对结构体的操作，Cortex-M7 的 GPIO 结构体如下：

```
typedef struct
{
    /* GPIO port mode register, Address offset: 0x00 */
    __IO uint32_t MODER;
    /* GPIO port output type register, Address offset: 0x04 */
    __IO uint32_t OTYPER;
    /* GPIO port output speed register, Address offset: 0x08 */
    __IO uint32_t OSPEEDR;
    /* GPIO port pull-up/pull-down register, Address offset: 0x0C */
    __IO uint32_t PUPDR;
    /* GPIO port input data register, Address offset: 0x10 */
    __IO uint32_t IDR;
    /* GPIO port output data register, Address offset: 0x14 */
    __IO uint32_t ODR;
    /* GPIO port bit set/reset register, Address offset: 0x18 */
    __IO uint32_t BSRR;
    /* GPIO port configuration lock register, Address offset: 0x1C */
    __IO uint32_t LCKR;
    /* GPIO alternate function registers, Address offset: 0x20-0x24 */
    __IO uint32_t AFR[2];
```

```
} GPIO_TypeDef;
```

虽然 GPIO 寄存器是按端口操作的,但实际编程中,是位进行的,具体操作是将要操作的位先使用按位"与"清零,再使用按位"或"进行置数。

GPIO_TypeDef 结构体成员较多,在初始化中另外定义了一个初始化结构体,该结构体成员较少,便于编程,其定义如下。

```
typedef struct
{
    uint32_t Pin;   /*!< Specifies the GPIO pins to be configured.
                         该参数用来决定初始化 GPIO 的第几个引脚 */
    uint32_t Mode;  /*!< Specifies the operating mode for the selected pins.
                         该参数具有多态性(含输出与复用功能) */
    uint32_t Pull;  /*!< Specifies the Pull-up or Pull-Down activation for the
                         selected pins.该参数用来决定 GPIO_pull 的第几位 Pull 值 */
    uint32_t Speed; /*!< Specifies the speed for the selected pins.
                         该参数用来决定 GPIOx_speed 的第几位 speed 值 */
    uint32_t Alternate; /*!< Peripheral to be connected to the selected pins.
                         该参数用来决定 GPIOx_Alternate 的第几位 Alternate 值 */
}GPIO_InitTypeDef;
```

5. GPIO 初始化程序

GPIO 初始化程序如下:该程序的流程为使用 assert_param()检查 GPIO 端口参数的合法性;确定要初始化的引脚;初始化 GPIO 端口复用功能寄存器 Alternate;初始化 GPIO 模式寄存器 Mode(类似按多态思想进行处理,配置 I/O 方向模式(Input、Output、Alternate or Analog));配置 GPIO 上拉或下拉;配置外部中断。

```
/**初始化 GPIO 程序
  * @brief  Initializes the GPIOx peripheral according to the specified
parameters in the GPIO_Init.
  * @param  GPIOx: where x can be (A..K) to select the GPIO peripheral.
  * @param  GPIO_Init: pointer to a GPIO_InitTypeDef structure that contains
  *         the configuration information for the specified GPIO peripheral.
  * @retval None
  */
void HAL_GPIO_Init(GPIO_TypeDef *GPIOx, GPIO_InitTypeDef *GPIO_Init)
{
    uint32_t position = 0x00;
    uint32_t ioposition = 0x00;
```

```c
uint32_t iocurrent = 0x00;
uint32_t temp = 0x00;
/* 检查参数合法性 */
assert_param(IS_GPIO_ALL_INSTANCE(GPIOx));
assert_param(IS_GPIO_PIN(GPIO_Init->Pin));
assert_param(IS_GPIO_MODE(GPIO_Init->Mode));
assert_param(IS_GPIO_PULL(GPIO_Init->Pull));
/* 配置端口引脚 */
for(position = 0; position < GPIO_NUMBER; position++)
{
    /* Get the IO position */
    ioposition = ((uint32_t)0x01) << position;
    /* Get the current IO position */
    //查找当前要初始化引脚位置
    iocurrent = (uint32_t)(GPIO_Init->Pin) & ioposition;
    if(iocurrent == ioposition)                    //找到要初始化的引脚
    {
        /*---------------GPIO Mode Configuration------------------*/
        /* In case of Alternate function mode selection */
        if((GPIO_Init->Mode == GPIO_MODE_AF_PP) || (GPIO_Init->Mode ==
                GPIO_MODE_AF_OD))              //PP 推挽, OD 开路
        {
            /* Check the Alternate function parameter */
            assert_param(IS_GPIO_AF(GPIO_Init->Alternate));
            /* Configure Alternate function mapped with the current IO */
            temp = GPIOx->AFR[position >> 3];
            temp &= ~((uint32_t)0xF << ((uint32_t)(position &
                                        (uint32_t)0x07) * 4)) ;
            temp |= ((uint32_t)(GPIO_Init->Alternate) <<
                    (((uint32_t)position & (uint32_t)0x07) * 4));
            GPIOx->AFR[position >> 3] = temp;
        }
        //Configure IO Direction mode (Input, Output, Alternate or Analog)
        temp = GPIOx->MODER;
        temp &= ~(GPIO_MODER_MODER0 << (position * 2));
        temp |= ((GPIO_Init->Mode & GPIO_MODE) << (position * 2));
        GPIOx->MODER = temp;
        /* In case of Output or Alternate function mode selection */
        if((GPIO_Init->Mode == GPIO_MODE_OUTPUT_PP) || (GPIO_Init->Mode
```

```c
                  == GPIO_MODE_AF_PP) || (GPIO_Init->Mode ==
                  GPIO_MODE_OUTPUT_OD) || (GPIO_Init->Mode ==
                  GPIO_MODE_AF_OD))
{
    /* Check the Speed parameter */
    assert_param(IS_GPIO_SPEED(GPIO_Init->Speed));
  /* Configure the IO Speed */
    temp = GPIOx->OSPEEDR;
    temp &= ~(GPIO_OSPEEDER_OSPEEDR0 << (position * 2));
    temp |= (GPIO_Init->Speed << (position * 2));
    GPIOx->OSPEEDR = temp;
    /* Configure the IO Output Type */
    temp = GPIOx->OTYPER;
    temp &= ~(GPIO_OTYPER_OT_0 << position) ;
    temp |= (((GPIO_Init->Mode & GPIO_OUTPUT_TYPE) >> 4)
                                          << position);
    GPIOx->OTYPER = temp;
}
/* 配置当前GPIO引脚的复用功能寄存器 */
temp = GPIOx->PUPDR;
temp &= ~(GPIO_PUPDR_PUPDR0 << (position * 2));
temp |= ((GPIO_Init->Pull) << (position * 2));
GPIOx->PUPDR = temp;
/*--------------------- 配置外部中断 ------------------------*/
//Configure the External Interrupt or event for the current IO
if((GPIO_Init->Mode & EXTI_MODE) == EXTI_MODE)
{
    /* Enable SYSCFG Clock */
    __HAL_RCC_SYSCFG_CLK_ENABLE();
    temp = SYSCFG->EXTICR[position >> 2];
    temp &= ~(((uint32_t)0x0F) << (4 * (position & 0x03)));
    temp |= ((uint32_t)(GPIO_GET_INDEX(GPIOx)) <<
                             (4 * (position &0x03)));
    SYSCFG->EXTICR[position >> 2] = temp;
    /* Clear EXTI line configuration */
    temp = EXTI->IMR;
    temp &= ~((uint32_t)iocurrent);
    if((GPIO_Init->Mode & GPIO_MODE_IT) == GPIO_MODE_IT)
    {
```

```
                temp |= iocurrent;
            }
            EXTI->IMR = temp;
            temp = EXTI->EMR;
            temp &= ~((uint32_t)iocurrent);
            if((GPIO_Init->Mode & GPIO_MODE_EVT) == GPIO_MODE_EVT)
            {
                temp |= iocurrent;
            }
            EXTI->EMR = temp;
            /* Clear Rising Falling edge configuration */
            temp = EXTI->RTSR;
            temp &= ~((uint32_t)iocurrent);
            if((GPIO_Init->Mode & RISING_EDGE) == RISING_EDGE)
            {
                temp |= iocurrent;
            }
            EXTI->RTSR = temp;
            temp = EXTI->FTSR;
            temp &= ~((uint32_t)iocurrent);
            if((GPIO_Init->Mode & FALLING_EDGE) == FALLING_EDGE)
            {
                temp |= iocurrent;
            }
            EXTI->FTSR = temp;
        }
    }
  }
}
```

6. 参数检查程序

参数检查是一个宏展开，检查参数合法性。

```
#ifdef USE_FULL_ASSERT
/**
  * @brief  The assert_param macro is used for function's parameters check.
  * @param  expr: If expr is false, it calls assert_failed function
  *         which reports the name of the source file and the source
  *         line number of the call that failed.
```

```
 *           If expr is true, it returns no value.
 * @retval None
 */
#define assert_param(expr) ((expr) ? (void)0 : assert_failed((uint8_t
                                                *)__FILE__, __LINE__))
/*-------------------------Exported functions-------------------------*/
    void assert_failed(uint8_t* file, uint32_t line);
#else
    #define assert_param(expr) ((void)0)
#endif                          /* USE_FULL_ASSERT */
```

7. STM32F7 GPIO 输出示例

例 4-4 STM32F7 GPIO 输出控制一个 LED 灯的延时亮与灭,GPIOA 的第 8 脚接一个发光二极管。

```
/*主程序*/
#include "main.h"
#include "system_init.h"
/* Private variables */
uint16_t delay = 100;
void System_Init(void);
void GPIO_Config(void);
/* main 主程序*/
int main(void)
{
    System_Init();                          //系统初始化,此程序省略
    GPIO_Config();                          //GPIO 口初始化
    printf("\n\rExample finished\n\r");     //在超级终端打印"Example finished"
    /* Toggle IOs in an infinite loop */
    while (1)
    {
        HAL_GPIO_TogglePin(GPIOA, GPIO_PIN_8);  //GPIOA8 翻转实现等亮与灭
        HAL_Delay(delay);                       //延时,此程序此处省略
    }
}
/*config.c 文件*/
#include "main.h"
static GPIO_InitTypeDef  GPIO_InitStruct;   //定义一个 GPIO 结构
void GPIO_Config(void)
```

第4章 ARM I/O口、Cortex事件路由及GIMA

```
{
    //Enable each GPIO Clock (to be able to program the configuration registers)
    __HAL_RCC_GPIOA_CLK_ENABLE();
    /* Configure IOs in output push-pull mode to drive external LED */
    GPIO_InitStruct.Mode  = GPIO_MODE_OUTPUT_PP;       //给初始化结构赋值
    GPIO_InitStruct.Pull  = GPIO_PULLUP;
    GPIO_InitStruct.Speed = GPIO_SPEED_HIGH;
    GPIO_InitStruct.Pin = GPIO_PIN_8;
    HAL_GPIO_Init(GPIOA, &GPIO_InitStruct);           //配置GPIOA,该函数此处省略
}
/*将GPIO输出脚取反的函数*/
/**
 * @brief  Toggles the specified GPIO pins.
 * @param  GPIOx: Where x can be (A..I) to select the GPIO peripheral.
 * @param  GPIO_Pin: Specifies the pins to be toggled.
 * @retval None
 */
void HAL_GPIO_TogglePin(GPIO_TypeDef* GPIOx, uint16_t GPIO_Pin)
{
    assert_param(IS_GPIO_PIN(GPIO_Pin));              //参数合法性检查
    GPIOx->ODR ^= GPIO_Pin;                           //将输出脚按位异或将指定位取反
}
```

4.2 Cortex-M4的事件路由器

事件路由器的概念只有Cortex-M3/M4有，Cortex-M7没有这个概念。事件路由器控制着可嵌套向量中断控制器（NVIC）的唤醒流程及其各种事件输入。事件路由器用于处理唤醒事件，例如特定的中断和外部或内部输入，以便从任何掉电模式（睡眠、深度睡眠、掉电和深度掉电模式）中唤醒。事件路由器的框图如图4-2所示。

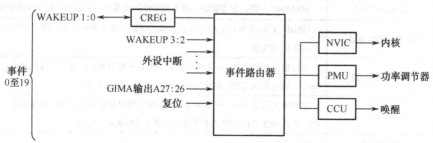

图4-2 事件路由器框图

事件路由器具有来自各种外围设备的多种事件输入,如果 EDGE 配置寄存器中设置了合理的边沿检测,则事件路由器可以唤醒器件或在 NVIC 中产生中断。

每个到事件路由器的事件输入均可配置为,在上升沿或下降沿,或者在高或低电平状况下启动输出信号。事件路由器会将所有事件合并成一个输出信号,用于以下目的。

- 如果在 NVIC 中使能了事件路由器中断,则创建中断。
- 向电源管理单元发送唤醒信号,以便从"深度睡眠"、"掉电"和"深度掉电"模式中唤醒。
- 向 CCU1 和 CCU2 发送唤醒信号,以便从睡眠模式中唤醒。

事件路由器输入事件 0~19 见表 4-8,事件路由器的寄存器描述见表 4-9,详细描述见数据手册,这里不再详述。

表 4-8 事件路由器输入

事件编号	源	备 注
0	WAKEUP0 引脚	WAKEUP0 引脚:总是有效,用于从深度掉电和所有其他掉电模式中唤醒
1	WAKEUP1 引脚	WAKEUP1 引脚:总是有效,用于从深度掉电和所有其他掉电模式中唤醒
2	WAKEUP2 引脚	WAKEUP2 引脚:总是有效,用于从深度掉电和所有其他掉电模式中唤醒
3	WAKEUP3 引脚	WAKEUP3 引脚:总是有效,用于从深度掉电和所有其他掉电模式中唤醒
4	报警定时器外设	报警定时器中断:32kHz 振荡器在运行时激活
5	RTC 外设	RTC 中断:32kHz 振荡器在运行时激活
6	BOD 断路电平 1	BOD 中断:从低功耗模式中唤醒,深度掉电模式下不活动,用于从睡眠、深度睡眠和掉电模式唤醒
7	WWDT 外设	WWDT 中断:深度睡眠、掉电和深度掉电模式下不活动,用于从睡眠模式唤醒
8	以太网外设	唤醒包指示器:深度睡眠、掉电和深度掉电模式下不活动,用于从睡眠模式唤醒
9	USB0 外设	唤醒请求信号:深度睡眠、掉电和深度掉电模式下不活动,用于从睡眠模式唤醒
10	USB1 外设	ahb_needclk 信号:深度睡眠、掉电和深度掉电模式下不活动,用于从睡眠模式唤醒
11	SD/MMC 外设	SD/MMC 中断:深度睡眠、掉电和深度掉电模式下不活动,用于从睡眠模式唤醒
12	C_CAN0/1 外设	ORedC_CAN0 和 C_CAN1 中断:深度睡眠、掉电和深度掉电模式下不活动,用于从睡眠模式唤醒
13	GIMA 输出 25	定时器共用输出 2(SCT 输出 2 的 OR 关系输出和定时器 0 的匹配通道 2):深度睡眠、掉电和深度掉电模式下不活动,用于从睡眠模式唤醒
14	GIMA 输出 26	定时器共用输出 6(SCT 输出 6 的 ORed 输出和定时器 1 的匹配通道 2):深度睡眠、掉电和深度掉电模式下不活动,用于从睡眠模式唤醒
15	QEI 外设	QEI 中断

续表

事件编号	源	备注
16	GIMA 输出 27	定时器共用输出 14（SCT 输出 14 的 ORed 输出和定时器 3 的匹配通道 2）；深度睡眠、掉电和深度掉电模式下不活动，用于从睡眠模式唤醒
17	WAKEUP0 引脚	保留
18	—	保留
19	复位	<待定>

表 4-9 事件路由器寄存器描述

名 称	访问类型	地址偏移	描 述	复位值
HILO	R/W	0x000	电平配置寄存器	0x000
EDGE	R/W	0x004	边沿配置	0x000
—	—	0x008~0xFD4	保留	—
CLR_EN	W	0xFD8	清除事件使能寄存器	0x0
SET_EN	W	0xFDC	设置事件使能寄存器	0x0
STATUS	R	0xFE0	事件状态寄存器	0x0
ENABLE	R	0xFE4	事件使能寄存器	0x0
CLR_STAT	W	0xFE8	清除事件状态寄存器	0x0
SET_STAT	W	0xFEC	设置事件状态寄存器	0x0

4.3 LPC43xx 全局输入多路复用器阵列 GIMA

全局输入多路复用器阵列（GIMA）的概念只有 Cortex-M3/M4 有，Cortex-M7 没有这个概念。全局输入多路复用器阵列（GIMA）将事件连接到各种事件启动外设，如 ADC、SCT 或定时器。每个 GIMA 输出都连接到一个外设功能（如定时器捕获输入或 ADC 转换启动器输入）并通过一个寄存器配置（选择事件启动器并配置时钟同步）。例如，ADC 转换可在 SCT 输出或者定时器匹配输出上启动。如需选择启动器事件，使用连接到 ADC0 和 ADC1 启动 0 转换输入的 GIMA 输出 28，相应的 GIMA 输出寄存器 ADCSTART0_IN 选择 SCT 输出 15 或者定时器 0 的匹配输出 0 作为转换寄存器。GIMA 和外设之间的连接如图 4-3 所示。

时钟同步对每个 GIMA 输出的控制分为 5 个步骤（见图 4-4 所示）。

- 输入选择；
- 输入反转，将源和目标之间的通道反转；
- 异步捕获；
- 与外围设备时钟同步；
- 脉冲生成。

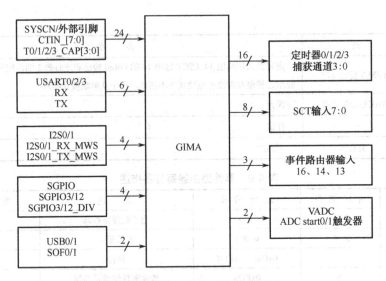

图 4-3 GIMA 和外设之间的连接

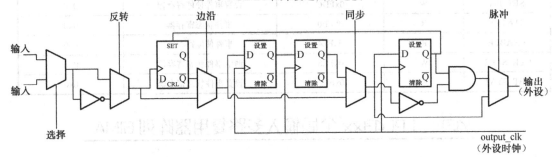

图 4-4 GIMA 输入阶段

GIMA 寄存器如表 4-10 所示,详细的寄存器配置见数据手册。

表 4-10 GIMA 寄存器简介(基址:0x400C 7000)

名称	访问类型	地址偏移	描述	复位值
CAP0_0_IN	R/W	0x000	定时器 0CAP0_0 捕获输入多路复用器(GIMA 输出 0)	0
CAP0_1_IN	R/W	0x004	定时器 0CAP0_1 捕获输入多路复用器(GIMA 输出 1)	0
CAP0_2_IN	R/W	0x008	定时器 0CAP0_2 捕获输入多路复用器(GIMA 输出 2)	0
CAP0_3_IN	R/W	0x00C	定时器 0CAP0_3 捕获输入多路复用器(GIMA 输出 3)	0
CAP1_0_IN	R/W	0x010	定时器 1CAP1_0 捕获输入多路复用器(GIMA 输出 4)	0
CAP1_1_IN	R/W	0x014	定时器 1CAP1_1 捕获输入多路复用器(GIMA 输出 5)	0
CAP1_2_IN	R/W	0x018	定时器 1CAP1_2 捕获输入多路复用器(GIMA 输出 6)	0
CAP1_3_IN	R/W	0x01C	定时器 1CAP1_3 捕获输入多路复用器(GIMA 输出 7)	0

续表

名 称	访问类型	地址偏移	描 述	复位值
CAP2_0_IN	R/W	0x020	定时器 2CAP2_0 捕获输入多路复用器（GIMA 输出 8）	0
CAP2_1_IN	R/W	0x024	定时器 2CAP2_1 捕获输入多路复用器（GIMA 输出 9）	0
CAP2_2_IN	R/W	0x028	定时器 2CAP2_2 捕获输入多路复用器（GIMA 输出 10）	0
CAP2_3_IN	R/W	0x02C	定时器 2CAP2_3 捕获输入多路复用器（GIMA 输出 11）	0
CAP3_0_IN	R/W	0x030	定时器 3CAP3_0 捕获输入多路复用器（GIMA 输出 12）	0
CAP3_1_IN	R/W	0x034	定时器 3CAP3_1 捕获输入多路复用器（GIMA 输出 13）	0
CAP3_2_IN	R/W	0x038	定时器 3CAP3_2 捕获输入多路复用器（GIMA 输出 14）	0
CAP3_3_IN	R/W	0x03C	定时器 3CAP3_3 捕获输入多路复用器（GIMA 输出 15）	0
CTIN_0_IN	R/W	0x040	SCTCTIN_0 捕获输入多路复用器（GIMA 输出 16）	0
CTIN_1_IN	R/W	0x044	SCTCTIN_1 捕获输入多路复用器（GIMA 输出 17）	0
CTIN_2_IN	R/W	0x048	SCTCTIN_2 捕获输入多路复用器（GIMA 输出 18）	0
CTIN_3_IN	R/W	0x04C	SCTCTIN_3 捕获输入多路复用器（GIMA 输出 19）	0
CTIN_4_IN	R/W	0x050	SCTCTIN_4 捕获输入多路复用器（GIMA 输出 20）	0
CTIN_5_IN	R/W	0x054	SCTCTIN_5 捕获输入多路复用器（GIMA 输出 21）	0
CTIN_6_IN	R/W	0x058	SCTCTIN_6 捕获输入多路复用器（GIMA 输出 22）	0
CTIN_7_IN	R/W	0x05C	SCTCTIN_7 捕获输入多路复用器（GIMA 输出 23）	0
VADC_TRIGGER_IN	R/W	0x060	VADC 启动输入多路复用器（GIMA 输出 24）	0
EVENTROUTER_13_IN	R/W	0x064	事件路由器输入 13 多路复用器（GIMA 输出 25）	0
EVENTROUTER_14_IN	R/W	0x068	事件路由器输入 14 多路复用器（GIMA 输出 26）	0
EVENTROUTER_16_IN	R/W	0x06C	事件路由器输入 16 多路复用器（GIMA 输出 27）	0
ADCSTART0_IN	R/W	0x070	ADC 启动 0 输入多路复用器（GIMA 输出 28）	0
ADCSTART1_IN	R/W	0x074	ADC 启动 1 输入多路复用器（GIMA 输出 29）	0

Cortex-M7 没有事件路由及 GIMA 的概念。

思考与习题

（1）简述 ARM9 的 I/O 端口寄存器作用（即控制寄存器、端口数据寄存器、上拉寄存器）。

（2）简述 Cortex-M4 的 GPIO 端口字节引脚寄存器、GPIO 端口字引脚寄存器原理与作用。

（3）Cortex-M4 的 GPIO 的方向寄存器、掩码寄存器端口的作用是什么？

（4）ARM9 的 GPIO 端口的每个引脚一般有几种功能选择？Cortex-M4 的 GPIO 的每个引脚有几种功能选择？

（5）事件路由器的作用是什么？

（6）全局输入多路复用器阵列（GIMA）的作用是什么？

（7）简述 Cortex-M7 的 I/O 原理。

（8）简述 Cortex-M4 与 Cortex-M7 的 GPIO 控制寄存器原理的相同点与不同点。

第 5 章
ARM9、Cortex-M4/M7 中断、LCD、A/D 与触摸屏

在计算机科学中，中断是指由于接收到外围硬件（相对于 CPU 与内存而言）的异步信号或者来自软件的同步信号而进行相应的硬件/软件处理。

显然，外围硬件发给 CPU 或者内存的异步信号就是硬中断信号，简言之，就是外设对 CPU 的中断。由软件本身发给操作系统内核的中断信号，称为软中断。通常，由硬中断处理程序或进程调度程序对操作系统内核的中断，也就是我们常说的系统调用（System Call）了。

CPU 中断系统的一般做法是：设有一个中断使能寄存器（ARM 中叫作中断屏蔽寄存器）、一个中断优先级寄存器、一个中断挂起（或叫作中断挂号）寄存器。如果是 8 bit 的 CPU，寄存器是 8 bit 的；如果是 16 bit 或 32 bit CPU，寄存器就是 16 bit 或 32 bit 的。

一般情况，寄存器每一位对应一个中断源。中断使能寄存器决定该中断是否是否允许响应，中断优先级寄存器决定中断排队响应的顺序，中断挂起寄存器是硬件提出中断申请后在相应的对应位置 1，再排队响应中断。如果中断源多于寄存器位数，一般采用分组的方法。例如，ARM9 采用的是分组，优先级组间排队，组内排队；Cortex 则采用增加优先级寄存器个数的方法来解决。

5.1 ARM9 中断系统原理

ARM9 共有 60 多个中断源，中断源如表 5-1 所示。

中断次级源到中断源的映射如表 5-2 所示，将这 60 多个中断源进行分组，使其适应 32 位的寄存器。

表 5-1 中断源/中断偏移/中断源对应位

源	描述	仲裁组	中断偏移	位
INT_ADC	ADCEOC 和触屏中断（INT_ADC_S/INT_TC）	ARB5	31	[31]
INT_RTC	RTC 闹钟中断	ARB5	30	[30]
INT_SPI1	SPI1 中断	ARB5	29	[29]
INT_UART0	UART0 中断（ERR、RXD 和 TXD）	ARB5	28	[28]
INT_IIC	I2C 中断	ARB4	27	[27]
INT_USBH	USB 主机中断	ARB4	26	[26]
INT_USBD	USB 设备中断	ARB4	25	[25]
INT_NFCON	NAND Flash 控制中断	ARB4	24	[24]
INT_UART1	UART1 中断（ERR、RXD 和 TXD）	ARB4	23	[23]
INT_SPI0	SPI0 中断	ARB4	22	[22]
INT_SDI	SDI 中断	ARB3	21	[21]
INT_DMA3	DMA 通道 3 中断	ARB3	20	[20]
INT_DMA2	DMA 通道 2 中断	ARB3	19	[19]
INT_DMA1	DMA 通道 1 中断	ARB3	18	[18]
INT_DMA0	DMA 通道 0 中断	ARB3	17	[17]
INT_LCD	LCD 中断（INT_FrSyn 和 INT_FiCnt）	ARB3	16	[16]
INT_UART2	UART2 中断（ERR、RXD 和 TXD）	ARB2	15	[15]
INT_TIMER4	定时器 4 中断	ARB2	14	[14]
INT_TIMER3	定时器 3 中断	ARB2	13	[13]
INT_TIMER2	定时器 2 中断	ARB2	12	[12]
INT_TIMER1	定时器 1 中断	ARB2	11	[11]
INT_TIMER0	定时器 0 中断	ARB2	10	[10]
INT_WDT_AC97	看门狗定时器中断（INT_WDT、INT_AC97）	ARB1	9	[9]
INT_TICK	RTC 时钟滴答中断	ARB1	8	[8]
nBATT_FLT	电池故障中断	ARB1	7	[7]
INT_CAM	摄像头接口（INT_CAM_C、INT_CAM_P）	ARB1	6	[6]
EINT8_23	外部中断 8 至 23	ARB1	5	[5]
EINT4_7	外部中断 4 至 7	ARB1	4	[4]
EINT3	外部中断 3	ARB0	3	[3]
EINT2	外部中断 2	ARB0	2	[2]
EINT1	外部中断 1	ARB0	1	[1]
EINT0	外部中断 0	ARB0	0	[0]

第5章 ARM9、Cortex-M4/M7中断、LCD、A/D与触摸屏

表 5-2 中断次级源映射到中断源

SRCPND	SUBSRCPND（次级源挂起寄存器）	备 注
INT_UART0	INT_RXD0, INT_TXD0, INT_ERR0	
INT_UART1	INT_RXD1, INT_TXD1, INT_ERR1	
INT_UART2	INT_RXD2, INT_TXD2, INT_ERR2	
INT_ADC	INT_ADC_S, INT_TC	
INT_CAM	INT_CAM_C, INT_CAM_P	
INT_WDT_AC97	INT_WDT, INT_AC97	

ARM9 中断分为快速中断（FIQ）和 IRQ 中断，ARM9 的中断处理如图 5-1 所示。

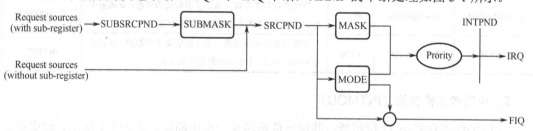

图 5-1 ARM9 中断处理框图

如果 ARM920T CPU 中的 PSR 的 F 位被置位为 1，CPU 不会接收来自中断控制器的快中断请求（FIQ）；同样，如果 PSR 的 I 位被置位为 1，CPU 不会接收来自中断控制器的中断请求（IRQ）。因此，中断控制器可以通过清除 PSR 的 F 位和 I 位为 0 并且设置 INTMSK 的相应位为 0 来接收中断。

1. 中断挂起寄存器（SRCPND、INTPND）

S3C2440A 有两个中断挂起寄存器：源挂起寄存器（SRCPND）和中断挂起寄存器（INTPND），如表 5-3 所示。这些挂起寄存器表明一个中断请求是否为挂起。当中断源请求中断服务，SRCPND 寄存器的相应位被置位为 1，并且同时在仲裁步骤后 INTPND 寄存器仅有 1 位自动置位为 1。如果屏蔽了某一事件的中断，事件会使得 SRCPND 寄存器的相应位被置位为 1，但该事件并不会引起中断，即不会引起 INTPND 寄存器的位的改变。当 INTPND 寄存器的挂起位为置位，中断服务程序将开始。SRCPND 和 INTPND 寄存器可以被读取和写入。中断服务程序必须首先通过写 1 到 SRCPND 寄存器的相应位来清除挂起状态，并且通过相同方法来清除 INTPND 寄存器中挂起状态。此寄存器在中断服务程序中对相应的中断挂起位清 0，清 0 的方式是对该位写 1，写 0 的位不影响。

表 5-3 中断控制器特殊功能寄存器

寄存器	地址	读/写	描述	复位值
SRCPND	0x4A000000	读/写	源挂起寄存器，指示中断请求状态。0 表示中断未被请求，1 表示中断源已请求中断	0x00000000
INTMOD	0x4A000004	读/写	中断模式寄存器。0 表示 IRQ 模式，1 表示 FIQ 模式	0x00000000
INTMSK	0x4A000008	读/写	中断屏蔽寄存器，决定屏蔽哪个中断源。0 表示中断服务可用，1 表示中断服务被屏蔽	0xFFFFFFFF
PRIORITY	0x4A00000C	读/写	IRQ 优先级寄存器，位描述见表 5-4	0x7F
INTPND	0x4A000010	读/写	中断挂起寄存器，只对 IRQ 中断有效。0 表示中断未被请求，1 表示中断源请求了中断	0x00000000
INTOFFSET	0x4A000014	只读	中断偏移寄存器，显示 IRQ 中断请求源	0x00000000
SUBSRCPND	0x4A000018	读/写	次级源挂起寄存器，指示子中断请求状态。0 表示中断未被请求，1 表示中断源已请求中断	0x00000000
INTSUBMSK	0x4A00001C	读/写	中断次级屏蔽寄存器，决定屏蔽哪个中断源。0 表示中断服务可用，1 表示中断服务被屏蔽	0xFFFF

2．中断模式寄存器（INTMOD）

INTMOD 寄存器由 32 位组成，其每一位都涉及一个中断源，如表 5-1 所示。如果指定某位为 0 则表示为 IRQ 模式中处理；如果某个指定为被设置为 1，则在 FIQ（快中断）模式中处理相应中断。因此，该寄存器只能有一位为 1。

3．中断屏蔽寄存器（INTMSK）

INTMSK 寄存器表明如果中断相应的屏蔽位被置位为 1 则禁止该中断；如果某个 INTMSK 的中断屏蔽位为 0，将正常服务中断；如果 INTMSK 的中断屏蔽位为 1 并且产生了中断，将置位源挂起位。中断屏蔽寄存器初始值为全"1"，屏蔽所有中断源。

4．中断优先级产生模块与中断优先级寄存器（PRIORITY）

ARM9 中断优先级模块如图 5-2 所示。

每个仲裁器可以处理基于 1 位仲裁器模式控制（ARB_MODE）和选择控制信号（ARB_SEL）的 2 位的 6 个中断请求，如下。

- 如果 ARB_SEL 位为 00b，优先级顺序为 REQ0、REQ1、REQ2、REQ3、REQ4 和 REQ5。
- 如果 ARB_SEL 位为 01b，优先级顺序为 REQ0、REQ2、REQ3、REQ4、REQ1 和 REQ5。

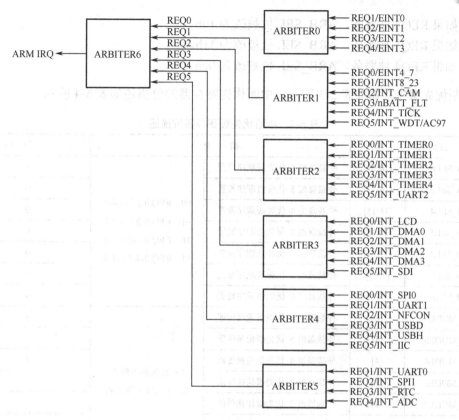

图 5-2　ARM9 中断优先级模块

- 如果 ARB_SEL 位为 10b，优先级顺序为 REQ0、REQ3、REQ4、REQ1、REQ2 和 REQ5。
- 如果 ARB_SEL 位为 11b，优先级顺序为 REQ0、REQ4、REQ1、REQ2、REQ3 和 REQ5。

请注意仲裁器的 REQ0 的优先级总是最高的并且 REQ5 的优先级总是最低的，通过改变 ARB_SEL 位，可以轮换 REQ1～REQ4 的顺序。

此处，如果 ARB_MODE 位被设置为 0，ARB_SEL 位不能自动改变，这使得仲裁器操作在固定优先级模式（注意即使在此模式中，也不能通过手动改变 ARB_SEL 位来重新配制优先级）；另一方面，如果 ARB_MODE 为 1，ARB_SEL 位会被轮换方式而改变，例如如果 REQ1 被服务，ARB_SEL 位被自动改为 01b 以便 REQ1 进入到最低的优先级。ARB_SEL 改变的详细结果如下。

- 如果 REQ0 或 REQ5 被服务，ARB_SEL 位不会改变。
- 如果 REQ1 被服务，ARB_SEL 位被改为 01b。

- 如果 REQ2 被服务，ARB_SEL 位被改为 10b。
- 如果 REQ3 被服务，ARB_SEL 位被改为 11b。
- 如果 REQ4 被服务，ARB_SEL 位被改为 00b。

中断优先级寄存器如表 5-3 所示，中断优先寄存器的位描述如表 5-4 所示。

表 5-4　中断优先级寄存器位描述

PRIORITY	位	描述		复位值
ARB_SEL6	[20:19]	仲裁器组 6 优先级顺序设置		0
ARB_SEL5	[18:17]	仲裁器组 5 优先级顺序设置		0
ARB_SEL4	[16:15]	仲裁器组 4 优先级顺序设置	00：REQ 0-1-2-3-4-5	0
ARB_SEL3	[14:13]	仲裁器组 3 优先级顺序设置	01：REQ 0-2-3-4-1-5 10：REQ 0-3-4-1-2-5	0
ARB_SEL2	[12:11]	仲裁器组 2 优先级顺序设置	11：REQ 0-4-1-2-3-5	0
ARB_SEL1	[10:9]	仲裁器组 1 优先级顺序设置		0
ARB_SEL0	[8:7]	仲裁器组 0 优先级顺序设置		0
ARB_MODE6	[6]	仲裁器组 6 优先级轮换使能		1
ARB_MODE5	[5]	仲裁器组 5 优先级轮换使能		1
ARB_MODE4	[4]	仲裁器组 4 优先级轮换使能	0：优先级不轮换 1：优先级轮换使能	1
ARB_MODE3	[3]	仲裁器组 3 优先级轮换使能		1
ARB_MODE2	[2]	仲裁器组 2 优先级轮换使能		1
ARB_MODE1	[1]	仲裁器组 1 优先级轮换使能		1
ARB_MODE0	[0]	仲裁器组 0 优先级轮换使能		1

5．中断偏移寄存器（INTOFFSET）

中断偏移寄存器中的值表明是哪个 IRQ 模式的中断请求在 INTPND 寄存器中，此位可以通过清除 SRCPND 和 INTPND 自动清除。

6．次级源挂起寄存器（SUBSRCPND）

次级源挂起寄存器可以通过写入数据到此寄存器来清除 SUBSRCPND 寄存器的指定位。只有数据中那些被设置为 1 的相应 SUBSRCPND 寄存器的位才能被清除，数据中那些被设置为 0 的位则保持不变，如表 5-5 所示。

表 5-5　次级源挂起寄存器说明

SUBSRCPND	位	源	复位值
保留	[31:15]	保留	0
INT_AC97	[14]	INT_WDT_AC97	0

续表

SUBSRCPND	位	源	复位值
INT_WDT	[13]	INT_WDT_AC97	0
INT_CAM_P	[12]	INT_CAM	0
INT_CAM_C	[11]	INT_CAM	0
INT_ADC_S	[10]	INT_ADC	0
INT_TC	[9]	INT_ADC	0
INT_ERR2	[8]	INT_UART2	0
INT_TXD2	[7]	INT_UART2	0
INT_RXD2	[6]	INT_UART2	0
INT_ERR1	[5]	INT_UART1	0
INT_TXD1	[4]	INT_UART1	0
INT_RXD1	[3]	INT_UART1	0
INT_ERR0	[2]	INT_UART0	0
INT_TXD0	[1]	INT_UART0	0
INT_RXD0	[0]	INT_UART0	0

7．中断次级屏蔽寄存器（INTSUBMSK）

此寄存器有 15 位，其每一位都与一个中断源相联系。如果某个指定位被设置为 1，则相应中断源的中断请求不会被 CPU 所服务（请注意即使在这种情况中，SRCPND 寄存器的相应位也设置为 1）；如果屏蔽位为 0，则可以服务中断请求，如表 5-6 所示。

表 5-6 中断次级屏蔽寄存器说明

INTSUBMSK	位	描述	复位值
保留	[31:15]	保留	0
INT_AC97	[14]	0：可服务 1：屏蔽	1
INT_WDT	[13]		1
INT_CAM_P	[12]		1
INT_CAM_C	[11]		1
INT_ADC_S	[10]		1
INT_TC	[9]		1
INT_ERR2	[8]		1
INT_TXD2	[7]		1
INT_RXD2	[6]		1

续表

INTSUBMSK	位	描述	复位值
INT_ERR1	[5]		1
INT_TXD1	[4]		1
INT_RXD1	[3]	0：可服务	1
INT_ERR0	[2]	1：屏蔽	1
INT_TXD0	[1]		1
INT_RXD0	[0]		1

8. ARM9 异常和中断入口地址

注意这与 MCS-51 是一样的，即大类的中断入口地址固定，但与大多数 CPU 的中断向量地址表的概念是不一样的，这一点需要特别注意。

```
    b   Reset_Handler       ;0x0    复位处理入口
    b   Undef_Handler       ;0x4    未定义指令处理入口
    b   SWI_Handler         ;0x8    SWI 指令处理入口
    b   PreAbort_Handler    ;0xC    预取指令终止处理入口
    b   DataAbort_Handler   ;0x10   数据异常处理入口
    b   .                   ;0x14   保留
    b   IRQ_Handler         ;0x18 IRQ 中断处理入口，由软件根据中断偏移计算 IRQ 各中断向量地址入口
    b   FIQ_Handler         ;0x1C FIQ 中断处理入口
```

9. IRQ 中断处理过程

ARM9 的 IRQ 中断入口地址是 0x18，IRQ 的中断向量地址表首地址为 32 bit，本次 IRQ 中断具体是由哪个中断源引起的，需要由程序根据 INTOFFSET 寄存器来查找，这一点是与大多数 CPU 有所不同的，要特别注意。引起本次 IRQ 中断的中断源在中断偏移地址寄存器（INTOFFSET）中，其查找其程序如下。

```
IRQ_Handler:
    sub     sp,sp,#4            ;预留一个值来保存 PC
    stmfd   sp!,{r8-r9}         ;r8、r9 进栈
    ldr     r9,=INTOFFSET       ;将 INTOFFSET 寄存器地址送 r9
    ldr     r9,[r9]             ;将中断偏移值送 r9
    ldr     r8,=HandleEINT0     ;将二级中断向量地址表首地址送 r8
    add     r8,r8,r9,lsl #2     ;计算 IRQ 二级入口向量
    ldr     r8,[r8]             ;取二级 IRQ 入口向量
    str     r8,[sp,#8]          ;保存了 2 个寄存器 r8、r9，所以 SP 下移 8 位
    ldmfd   sp!,{r8-r9,pc}      ;恢复寄存器，弹出到 PC，进入 IRQ 二级中断
```

第5章
ARM9、Cortex-M4/M7中断、LCD、A/D与触摸屏

计算偏移量的原理其实很简单，首先 INTOFFSET 保存着当前是哪个 IRQ 引起的中断，例如，0 代表着 HandleEINT0，1 代表 HandleEINT1 等。然后得到中断处理函数的向量表，这个表的首地址就是 HandleEINT0，HandleEINT0 + INTOFFSET，即基地址加偏移量就得到表中某项了，当然，因为这里是中断处理向量每一项占用 4 个字节，所以用"lsl #2"处理一下，左移 2 位相当于乘以 4，偏移量乘以 4，这应该是很好理解的。

10．外部中断主要寄存器

（1）外部中断控制寄存器 EXTINTn。EXTINTn 设置外部中断请求信号是电平触发还是边沿触发，EXTINTn 如表 5-7 所示。

表 5-7　外部中断控制寄存器

寄存器	地　址	读/写	描　述	复位值
EXTINT0	0x56000088	R/W	外部中断控制寄存器 0	0x000000
EXTINT1	0x5600008c	R/W	外部中断控制寄存器 1	0x000000
EXTINT2	0x56000090	R/W	外部中断控制寄存器 2	0x000000

注：000 表示低电平触发，001 表示高电平触发，01x 表示上升沿触发，10x 表示下降沿触发，11x 表示上升沿、下降沿均触发。

EXTINT0 对应外部中断 EINT0～7；EXTINT1 对应外部中断 EINT8～15；EXTINT2 对应外部中断 EINT16～23。EXTINT0 与外部中断 EINT0～7 的对应关系是：EINT0 bit[2:0]、EINT1 bit[6:4]、EINT2 bit[10:8]、EINT3 bit[14:12]、EINT4 bit[18:16]、EINT5 bit[22:20]、EINT6 bit[26:24]、EINT7 bit[30:28]。

（2）外部中断屏蔽寄存器 EINTMASK。设置开放或屏蔽对应的外部中断，与 INTMASK 类似。外部中断 EINT23～4 对应 EINTMASK[23:4]。EINTMASK 的复位值为 0x000F FFFF，即复位时外部中断源是被屏蔽的。

（3）外部中断挂起寄存器 EINTPEND。外部中断挂起寄存器，与 INTPEND 类似。外部中断 EINT23～4 对应 EINTPEND[23:4]。EINTPEND 的复位值为 0x0。

例 5-1　下面给出的是一个外部中断初始化的示例，示例中有 6 个按键接到了外部中断。

```
/*按键中断的中断处理函数，中断中只清除中断的相关寄存器，未做中断的相关处理*/
void key_isp()                      /* 中断服务函数示例 */
{
    /* do something */
    rEINTPEND |= rEINTPEND;    /*Clear External Interrupt Pending Register */
    rSRCPND |= (1<<INT_EINT8_23);    /*清源挂起相应位*/
    rINTPND |= rINTPND;              /*清中断挂起寄存器相应位*/
```

```
/* 按键的初始化 */
void key_init()
{
    /* 设置按键对应的引脚为EINT方式 */
    /*G11,7,6,5,3,0*/
    rGPGCON &= ~((3<<22)|(3<<14)|(3<<12)|(3<<10)|(3<<6)|(3<<0));
    rGPGCON |= (2<<22)|(2<<14)|(2<<12)|(2<<10)|(2<<6)|(2<<0);   /*输出*/
    /* 设置外部中断触发方式 EINT8、EINT11、EINT13、EINT14、EINT15、EINT19*/
    /*外部中断控制寄存器*/
    rEXTINT1 &= ~((7<<28)|(7<<24)|(7<<20)|(7<<12)|(7<<0));
    rEXTINT2 &= ~(7<<12);
    rEXTINT1 |= ((2<<28)|(2<<24)|(2<<20)|(2<<12)|(2<<0));
    rEXTINT2 |= (2<<12);                    /*上升沿触发*/
    /*清外部中断挂起,写1的位清零,写0的位不受影响*/
    rEINTPEND |= (1<<8)|(1<<11)|(1<<13)|(1<<14)|(1<<15)|(1<<19);
    //外部中断屏蔽
    rEINTMASK &= ~((1<<19)|(1<<15)|(1<<14)|(1<<13)|(1<<11)|(1<<8));
    rSRCPND |= (1<<5);                      /*清源挂起对应位,EINT8_23*/
    rINTPND |= (1<<5);                      /*清对应的中断挂起位*/
    rINTMSK &= ~(1<<5);                     /*开放EINT8_23中断*/
    isr_handle_array[INT_EINT8_23] = key_isp;       /*填写中断矢量*/
}
```

5.2 Cortex-M4 NVIC 中断原理

5.2.1 中断原理

向量中断控制器（Nested Vectored Interrupt Controller，NVIC）是 ARM Cortex 的重要组成部分，Cortex-M4 与 Cortex-M7 的中断方式类似，这里以介绍 Cortex-M4 为主。紧耦合方式使中断延迟大大缩短；NVIC 可控制系统的异常及外设中断；支持软件中断生成。

Cortex-M4 内核：

- 最多 53 个中断源；
- 可重定位向量表；
- 非屏蔽中断；
- 8 个可编程的中断优先级（LPC43xx 系列），带硬件优先级屏蔽。

Cortex-M0 内核：

- 最多 32 个中断；
- 4 个可编程的中断优先级（带硬件优先级屏蔽功能）。

Cortex-M 与 ARM9 不同的地方有：中断服务程序的入口方式采用以往的中断向量地址表的方式，向量地址表首地址固定；没有中断模式寄存器（INTMOD），即没有 FIQ 中断；中断优先级没有进行分组了，将 ARM9 中的中断屏蔽寄存器（INTMSK）改为中断使能寄存器（Interrupt Set-Enable Register，ISER0~ISER7，共有 8 个 32 位的中断使能寄存器，管理 256 个中断源。Cortex-M4 只有 2 个中断使能寄存器 ISER0、ISER1，以下只以 Cortex-M4 为例）；增加了 2 个中断除能寄存器（Interrupt Clear-Enable Register，ICER）ICER0、ICER1；中断挂起设置寄存器 2 个（Interrupt Set-Pending Register，ISPR）ISPR0、ISPR1；增加了 2 个中断挂起清除寄存器（Interrupt Clear-Pending Register，ICPR）ICPR0、ICPR1；增加了 2 个中断激活寄存器（IABR0、IABR1）；Cortex-M 中断优先级寄存器（Interrupt Priority Registers，IPR）全集为 IPR0~IPR59，每个中断优先级寄存器管理 4 个中断源的优先级。LPC43XX 每个中断源的优先级对应于 8 bit 中的高 3 bit，即 Cortex-M4 只有 8 个优先级；增加了一个软件触发中断寄存器（Software Trigger Interrupt Register，STIR），可以由软件触发中断。表 5-8 为中断源与 Cortex-M4 NVIC 的连接。

表 5-8　中断源与 Cortex-M4 NVIC 的连接

中断 ID	异常编号	向量偏移	函　　数	标　　志
0	16	0x40	DAC	
1	17	0x44	M0CORE	Cortex-M0；锁存 TXEV；用于 M4-M0 通信
2	18	0x48	DMA	
3	19	0x4C	—	保留
4	20	0x50	—	保留
5	21	0x54	以太网	以太网中断
6	22	0x58	SDIO	SD/MMC 中断
7	23	0x5C	LCD	
8	24	0x60	USB0	OTG 中断
9	25	0x64	USB1	<待定>
10	26	0x68	SCT	SCT 共用中断
11	27	0x6C	RITIMER	
12	28	0x70	定时器 0	
13	29	0x74	定时器 1	
14	30	0x78	定时器 2	

续表

中断 ID	异常编号	向量偏移	函 数	标 志
15	31	0x7C	定时器 3	
16	32	0x80	MCPWM	电机控制 PWM
17	33	0x84	ADC0	
18	34	0x88	I2C0	
19	35	0x8C	I2C1	
20	36	0x90	SPI	
21	37	0x94	ADC1	
22	38	0x98	SSP0	
23	39	0x9C	SSP1	
24	40	0xA0	USART0	
25	41	0xA4	UART1	UART 和调制解调器共用中断
26	42	0xA8	USART2	
27	43	0xAC	USART3	UART 和调制解调器共用中断
28	44	0xB0	I2S0	
29	45	0xB4	I2S1	
30	46	0xB8	SPIFI	
31	47	0xBC	SGPIO	
32	48	0xC0	PIN_INT0	GPIO 引脚中断 0
33	49	0xC4	PIN_INT1	GPIO 引脚中断 1
34	50	0xC8	PIN_INT2	GPIO 引脚中断 2
35	51	0xCC	PIN_INT3	GPIO 引脚中断 3
36	52	0xD0	PIN_INT4	GPIO 引脚中断 4
37	53	0xD4	PIN_INT5	GPIO 引脚中断 5
38	54	0xD8	PIN_INT6	GPIO 引脚中断 6
39	55	0xDC	PIN_INT7	GPIO 引脚中断 7
40	56	0xE0	GINT0	GPIO 全局中断 0
41	57	0xE4	GINT1	GPIO 全局中断 1
42	58	0xE8	EVENTROUTER	事件路由器中断
43	59	0xEC	C_CAN1	
44	60	0xF0	保留	
45	61	0xF4	保留	

续表

中断 ID	异常编号	向量偏移	函数	标志
46	62	0xF8	ATIMER	报警定时器中断
47	63	0xFC	RTC	
48	64	0x100	保留	
49	65	0x104	WWDT	
50	66	0x108	保留	
51	67	0x10C	C_CAN0	
52	68	0x110	QEI	

5.2.2 与中断有关的寄存器

1. 中断使能寄存器 NVIC_ISER0～7

NVIC 的中断使能寄存器共有 8 个，ISER[0]设置 0～31 号中断的使能，ISER[1]设置 32～63 号中断的使能，如此类推。以下以 ISER[0]为例。

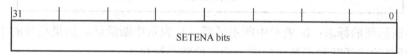

[31:0] SETENA 中断设置使能位。写：0 表示无影响；1 表示使能中断。读：0 表示中断是禁止的；1 表示中断已经被使能。

如果要使能 0 号中断，就向该寄存器的 0 位写 1，如果要使能 38 号中断，就向 NVIC_ISER[1]的 6 位写 1，如此类推，至于哪个中断对应哪个中断号，请参见参考手册《RM0090 Reference manual》。NVIC 是 8 个中断使能寄存器，可管理 240 个中断源；Cortex-M4 只有 53 个中断源，中断使能寄存器只需要 2 个（ISER0、ISER1）。以下针对 Cortex-M4 的其他寄存器，不再特别说明了。

2. 中断除能寄存器 NVIC_ICER[8]

中断除能寄存器共有 8 个，Cortex-M4 为 2 个寄存器。ICER[0]设置 0～31 号中断除能，ICER[1]设置 32～63 号中断的使能，如此类推。以下以 ICER[0]为例。

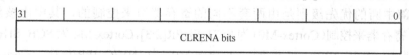

[31:0] CLRENA 中断除能位。写：0 表示无影响；1 表示除能中断。读：0 表示中断是禁止的；1 表示中断已经被使能。

3. 中断挂起设置寄存器 NVIC_ISPR[8]

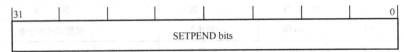

[31:0]SETPEND 中断挂起设置位。写：0 表示无影响；1 表示改变中断状态为挂起。读：0 表示中断没有挂起；1 表示中断正在等待处理。

4. 解除中断挂起寄存器 NVIC_ICPR[8]

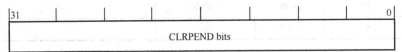

[31:0] CLRPEND 中断清除挂起位。写：0 表示无影响；1 表示删除中断的挂起状态。读：0 表示没有挂起的中断；1 表示中断正在等待处理。

5. 中断激活位寄存器 NVIC_IABR[8]

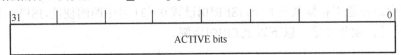

[31:0]中断活跃的标志：0 表示中断不活跃；1 表示中断活跃。如果相应的中断的状态是作为一个活跃的或活跃和正被挂起的，读该位将会读出 1。

6. 中断优先级寄存器 NVIC_IPR[60]

Cortex-M4 的中断优先级寄存器共有 60 个，对应 240 个中断源；Cortex-M0 中断优先级寄存器有 8 个。NVIC 的核心工作原理是对一张中断向量表的维护上，其中 Cortex-M4 最多支持 240+16 个中断向量，Cortex-M0+则最多支持 32+16 个中断向量，而这些中断向量默认的优先级则是向量号越小的优先级越高，即从小到大，优先级是递减的。但是我们肯定不会满足于默认的状态（人往往不满足于约束，换句俗话说就是不喜欢按套路出牌），而 NVIC 则恰恰提供了这种灵活性，即支持动态优先级调整，无论是 Cortex-M0+还是 Cortex-M4，除了 3 个中断向量之外（复位、NMI 和 HardFault，它们的中断优先级为负数，它们 3 个的优先级是最高的且不可更改），其他中断向量都是可以动态调整的。

不过需要注意的是，中断向量表的前 16 个为内核级中断，之后的为外部中断，而内核级中断和外部中断的优先级则是由两套不同的寄存器组来控制的，其中内核级中断由 SCB_SHPRx 寄存器来控制（Cortex-M0+为 SCB_SHPR[2:3]，Cortex-M4 为 SCB_SHPR[1:3]），外部中断则由 NVIC_IPRx 来控制，Cortex-M0+为 NVIC_IPR[0:7]，Cortex-M4 为 NVIC_IPR[0:59]，如图 5-3 所示。

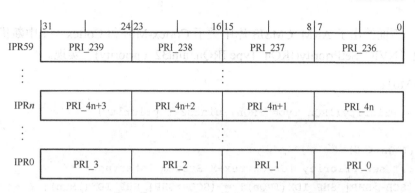

图 5-3　Cortex-M4 中断优先级寄存器

中断优先级寄存器为 60 个 32 位寄存器，st 的结构体中用了 240 个 8 位的字节数组 NVIC→IP[240] 来映射，每一个对应一个中断的优先级。

ARM 的中断优先级分两种，抢占优先级和响应优先级。

具有高抢占式优先级的中断可以在具有低抢占式优先级的中断处理过程中被响应，即中断嵌套，或者说高抢占式优先级的中断可以嵌套低抢占式优先级的中断。

当两个中断源的抢占式优先级相同时，这两个中断将没有嵌套关系，当一个中断到来后，如果正在处理另一个中断，这个后到来的中断就要等到前一个中断处理完之后才能被处理。如果这两个中断同时到达，则中断控制器根据它们的响应优先级高低来决定先处理哪一个；如果它们的抢占式优先级和响应优先级都相等，则根据它们在中断表中的排位顺序决定先处理哪一个。

中断优先级分组就是把优先级寄存器分割，分开哪几位是响应优先级，哪几位是抢占优先级。至于怎样设置分组，就要看一个不属于 NVIC 的寄存器 SCB_AIRCR 了。

每一个 Cortex-M4 中断源的中断优先级都设计为可编程的 8 位，具体到 STM32F4 就只留给用户 4 位范围是 0～15 的可编程优先级（8 位中只有高 4 位有效）；NXP 公司的 Cortex-M4 留给用户的高 3 位范围是 0～7 的可编程优先级（8 位中只有高 3 位有效）；Cortex-M0 支持优先级范围是 0～3（8 位中只有高 2 位有效）。

7. 软件触发中断寄存器 NVIC_STIR

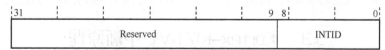

当 SCB_CCR 的 USERSETMPEND 位为 1 时，无特权的用户程序才能写此寄存器。

[31:9]保留。[8:0]为 INTID 号中断触发，范围为 0～239。例如，0x03 的指定中断 IRQ3 触发。

例 5-2 下面给出了 ARM CMSIS 库中关于 Cortex-M0+和 Cortex-M4 中断优先级设置的 API 函数"NVIC_SetPriority(IRQn_Type IRQn, uint32_t priority)"实现。

Cortex-M0+：

```
NVIC_SetPriority(IRQn_Type IRQn, uint32_t priority)
{
    if(IRQn < 0) {
        /* set Priority for Cortex-M System Interrupts */
        SCB->SHP[_SHP_IDX(IRQn)] = (SCB->SHP[_SHP_IDX(IRQn)] & ~(0xFF <<
            _BIT_SHIFT(IRQn))) | (((priority << (8 - __NVIC_PRIO_BITS))
            & 0xFF) << _BIT_SHIFT(IRQn)); }
    else {
        /* set Priority for device specific Interrupts */
        NVIC->IP[_IP_IDX(IRQn)] = (NVIC->IP[_IP_IDX(IRQn)] & ~(0xFF
            << _BIT_SHIFT(IRQn))) |(((priority <<
            (8 - __NVIC_PRIO_BITS)) & 0xFF) << _BIT_SHIFT(IRQn));
    }
}
```

Cortex-M4：

```
void NVIC_SetPriority(IRQn_Type IRQn, uint32_t priority)
{
    if(IRQn < 0) {
        /* set Priority for Cortex-M System Interrupts */
        SCB->SHP[((uint32_t)(IRQn) & 0xF)-4] = ((priority <<
                        (8 - __NVIC_PRIO_BITS)) & 0xff); }
    else {
        /* set Priority for device specific Interrupts */
        NVIC->IP[(uint32_t)(IRQn)] = ((priority << (8 - __NVIC_PRIO_BITS))
                                        & 0xff);
    }
}
```

5.3 Cortex-M7 NVIC 中断原理

这里介绍意法半导体 STM32F75xxx 嵌套向量中断控制器 NVIC，包含以下特性。

- STM32F75xxx 和 STM32F74xxx 具有多达 98 个可屏蔽中断通道（不包括带 FPU 的

第5章 ARM9、Cortex-M4/M7中断、LCD、A/D与触摸屏

Cortex-M7 的 16 根中断线)。
- 0~15 个可编程优先级（Cortex-M 系列使用 8 bit 中断优先级位，在 STM32 中的高 4 bit 位为抢占式优先级 0~15，低 4 bit 为响应优先级 0~15)。
- 低延迟异常和中断处理。
- 电源管理控制。
- 系统控制寄存器的实现。
- 嵌套向量中断控制器（NVIC）和处理器内核接口紧密配合，可以实现低延迟的中断处理和晚到中断的高效处理。

STM32 中有 3 个中断方面的概念：抢占式优先级（Preemptive Priority）、响应优先级（Subpriority）和中断优先级分组（Prioritygroup）。这样做的目的是为了避免中断嵌套太多。

当两个中断源的抢占式优先级相同时，这两个中断将没有嵌套关系，当一个中断到来后，如果正在处理另一个中断，这个后到来的中断就要等到前一个中断处理完之后才能被处理。如果这两个中断同时到达，则中断控制器根据它们的响应优先级高低来决定先处理哪一个；如果它们的抢占式优先级和响应优先级都相等，则根据它们在中断表中的排位顺序决定先处理哪一个。

既然每个中断源都需要被指定这两种优先级，就需要有相应的寄存器位记录每个中断的优先级。在 Cortex-M 中定义了 8 比特，用于设置中断源的优先级，这 8 比特可以有 8 种分配方式，如下。

- 所有 8 位用于指定响应优先级；
- 最高 1 位用于指定抢占式优先级，最低 7 位用于指定响应优先级；
- 最高 2 位用于指定抢占式优先级，最低 6 位用于指定响应优先级；
- 最高 3 位用于指定抢占式优先级，最低 5 位用于指定响应优先级；
- 最高 4 位用于指定抢占式优先级，最低 4 位用于指定响应优先级；
- 最高 5 位用于指定抢占式优先级，最低 3 位用于指定响应优先级；
- 最高 6 位用于指定抢占式优先级，最低 2 位用于指定响应优先级；
- 最高 7 位用于指定抢占式优先级，最低 1 位用于指定响应优先级。

这就是优先级分组的概念。

Cortex-M3 允许具有较少中断源时使用较少的寄存器位指定中断源的优先级，因此 STM32 把指定中断优先级的寄存器位减少到 4 位，这 4 个寄存器位的分组方式如下。

- 第 0 组：所有 4 位用于指定响应优先级。
- 第 1 组：最高 1 位用于指定抢占式优先级，最低 3 位用于指定响应优先级。
- 第 2 组：最高 2 位用于指定抢占式优先级，最低 2 位用于指定响应优先级。

- 第3组:最高3位用于指定抢占式优先级,最低1位用于指定响应优先级。
- 第4组:所有4位用于指定抢占式优先级。

可以通过调用 STM32 的固件库中的函数 NVIC_PriorityGroupConfig()来选择使用哪种优先级分组方式,这个函数的参数有下列5种。

- NVIC_PriorityGroup_0 选择第0组;
- NVIC_PriorityGroup_1 选择第1组;
- NVIC_PriorityGroup_2 选择第2组;
- NVIC_PriorityGroup_3 选择第3组;
- NVIC_PriorityGroup_4 选择第4组。

如:

```
//选择使用优先级分组第1组
NVIC_PriorityGroupConfig(NVIC_PriorityGroup_1);
//使能EXTI0中断
NVIC_InitStructure.NVIC_IRQChannel = EXTI0_IRQChannel;
//指定抢占式优先级别1
NVIC_InitStructure.NVIC_IRQChannelPreemptionPriority=1;
```

包括内核异常在内的所有中断均通过 NVIC 进行管理,更多关于异常和 NVIC 编程的说明,请参见编程手册 PMxxxx。

Cortex-M7 与 NVIC 有关的寄存器有中断使能寄存器(Interrupt Set-Enable Registers)、中断清使能寄存器(Interrupt Clear-Enable Registers)、中断挂号寄存器(Interrupt Set-Pending Registers)、中断清挂号寄存器(Interrupt Clear-Pending Registers)、中断活动位寄存器(Interrupt Active Bit Registers),分别8个;中断优先级寄存器(Interrupt Priority Registers)60个;软件触发中断寄存器(Software Trigger Interrupt Register)1个,如表 5-9 所示,该表是 Cortex-M7 的中断寄存器全集,实际一个公司的 CPU 中断控制寄存器是这表的子集。

表 5-9 NVIC 寄存器

地 址	名 称	读 写	特 权	复 位 值	描 述
0xE000E100~ 0xE000E11C	NVIC_ISER0~ NVIC_ISER7	RW	特权	0x00000000	中断使能寄存器
0XE000E180~ 0xE000E19C	NVIC_ICER0~ NVIC_ICER7	RW	特权	0x00000000	中断清使能寄存器
0XE000E200~ 0xE000E21C	NVIC_ISPR0~ NVIC_ISPR7	RW	特权	0x00000000	中断挂号寄存器

第5章 ARM9、Cortex-M4/M7中断、LCD、A/D与触摸屏

续表

地址	名称	读写	特权	复位值	描述
0XE000E280~ 0xE000E29C	NVIC_ICPR0~ NVIC_ICPR7	RW	特权	0x00000000	中断清挂号寄存器
0xE000E300~ 0xE000E31C	NVIC_IABR0~ NVIC_IABR7	RW	特权	0x00000000	中断活动位寄存器
0xE000E400~ 0xE000E4EF	NVIC_IPR0~ NVIC_IPR59	RW	特权	0x00000000	中断优先级寄存器
0xE000EF00	STIR	WO	可配置	0x00000000	软件触发中断寄存器

由于同一功能寄存器有很多个，因此表 5-9 中的 NVIC 寄存器在程序中使用数组表示如下。

```
/** \brief  Structure type to access the Nested Vectored Interrupt Controller
(NVIC). */
typedef struct
{
    /*!< Offset: 0x000 (R/W)  Interrupt Set Enable Register */
    __IO uint32_t ISER[8];
    uint32_t RESERVED0[24];
    /*由于后面偏移地址空了一段*/
    /*!< Offset: 0x080 (R/W)  Interrupt Clear Enable Register */
    __IO uint32_t ICER[8];
    uint32_t RSERVED1[24];
    /*!< Offset: 0x100 (R/W)  Interrupt Set Pending Register */
    __IO uint32_t ISPR[8];
    uint32_t RESERVED2[24];
    /*!< Offset: 0x180 (R/W)  Interrupt Clear Pending Register */
    __IO uint32_t ICPR[8];
    uint32_t RESERVED3[24];
    /*!< Offset: 0x200 (R/W)  Interrupt Active bit Register */
    __IO uint32_t IABR[8];
    uint32_t RESERVED4[56];
    /*!< Offset: 0x300 (R/W)  Interrupt Priority Register (8Bit wide) */
    __IO uint8_t IP[240];
    uint32_t RESERVED5[644];
    /*!< Offset: 0xE00 ( /W)  Software Trigger Interrupt Register */
    __O  uint32_t STIR;
```

} NVIC_Type;
```

设置优先级寄存器程序如下。

```c
__STATIC_INLINE void NVIC_EnableIRQ(IRQn_Type IRQn)
{
   /* >> 5UL 相当于除 32 取整，  >> 5UL 相当于除 32 取余*/
   NVIC->ISER[(((uint32_t)(int32_t)IRQn) >> 5UL)] = (uint32_t)(1UL
                    << (((uint32_t)(int32_t)IRQn) & 0x1FUL));
}
```

CMSIS 核心寄存器的系统控制块如下。

```c
/** \ingroup CMSIS_core_register
   \defgroup CMSIS_SCB     System Control Block (SCB)
   \brief      Type definitions for the System Control Block Registers */
/** \brief  Structure type to access the System Control Block (SCB). */
typedef struct
{
   __I  uint32_t CPUID;
   /*!< Offset: 0x000 (R/ )  CPUID Base Register    */
   __IO uint32_t ICSR;
   /*!< Offset: 0x004 (R/W)  Interrupt Control and State Register */
   __IO uint32_t VTOR;
   /*!< Offset: 0x008 (R/W)  Vector Table Offset Register */
   __IO uint32_t AIRCR;
   /*!< Offset: 0x00C (R/W)  Application Interrupt and Reset Control Register*/
   __IO uint32_t SCR;
   /*!< Offset: 0x010 (R/W)  System Control Register   */
   __IO uint32_t CCR;
   /*!< Offset: 0x014 (R/W)  Configuration Control Register    */
   __IO uint8_t  SHPR[12];
   /*!< Offset: 0x018 (R/W) System Handlers Priority Registers (4-7, 8-11, 12-15) */
   __IO uint32_t SHCSR;
   /*!< Offset: 0x024 (R/W)  System Handler Control and State Register */
   __IO uint32_t CFSR;
   /*!< Offset: 0x028 (R/W)  Configurable Fault Status Register*/
   __IO uint32_t HFSR;
```
```

```c
    /*!< Offset: 0x02C (R/W)  HardFault Status Register     */
    __IO uint32_t DFSR;
    /*!< Offset: 0x030 (R/W)  Debug Fault Status Register   */
    __IO uint32_t MMFAR;
    /*!< Offset: 0x034 (R/W)  MemManage Fault Address Register */
    __IO uint32_t BFAR;
    /*!< Offset: 0x038 (R/W)  BusFault Address Register */
    __IO uint32_t AFSR;
    /*!< Offset: 0x03C (R/W)  Auxiliary Fault Status Register  */
    __I  uint32_t ID_PFR[2];
    /*!< Offset: 0x040 (R/ )  Processor Feature Register    */
    __I  uint32_t ID_DFR;
    /*!< Offset: 0x048 (R/ )  Debug Feature Register */
    __I  uint32_t ID_AFR;
    /*!< Offset: 0x04C (R/ )  Auxiliary Feature Register    */
    __I  uint32_t ID_MFR[4];
    /*!< Offset: 0x050 (R/ )  Memory Model Feature Register */
    __I  uint32_t ID_ISAR[5];
    /*!< Offset: 0x060 (R/ )  Instruction Set Attributes Register  */
    uint32_t RESERVED0[1];
    __I  uint32_t CLIDR;
    /*!< Offset: 0x078 (R/ )  Cache Level ID register */
    __I  uint32_t CTR;
    /*!< Offset: 0x07C (R/ )  Cache Type register  */
    __I  uint32_t CCSIDR;
    /*!< Offset: 0x080 (R/ )  Cache Size ID Register */
    __IO uint32_t CSSELR;
    /*!< Offset: 0x084 (R/W)  Cache Size Selection Register */
    __IO uint32_t CPACR;
    /*!< Offset: 0x088 (R/W)  Coprocessor Access Control Register */
    uint32_t RESERVED3[93];
    __O  uint32_t STIR;
    /*!< Offset: 0x200 ( /W)  Software Triggered Interrupt Register */
    uint32_t RESERVED4[15];
    __I  uint32_t MVFR0;
    /*!< Offset: 0x240 (R/ )  Media and VFP Feature Register 0 */
    __I  uint32_t MVFR1;
    /*!< Offset: 0x244 (R/ )  Media and VFP Feature Register 1 */
    __I  uint32_t MVFR2;
```

```c
    /*!< Offset: 0x248 (R/ )  Media and VFP Feature Register 1  */
    uint32_t RESERVED5[1];
    __O uint32_t ICIALLU;
    /*!< Offset: 0x250 ( /W)  I-Cache Invalidate All to PoU */
    uint32_t RESERVED6[1];
    __O uint32_t ICIMVAU;
    /*!< Offset: 0x258 ( /W)  I-Cache Invalidate by MVA to PoU */
    __O uint32_t DCIMVAC;
    /*!< Offset: 0x25C ( /W)  D-Cache Invalidate by MVA to PoC */
    __O uint32_t DCISW;
    /*!< Offset: 0x260 ( /W)  D-Cache Invalidate by Set-way */
    __O uint32_t DCCMVAU;
    /*!< Offset: 0x264 ( /W)  D-Cache Clean by MVA to PoU */
    __O uint32_t DCCMVAC;
    /*!< Offset: 0x268 ( /W)  D-Cache Clean by MVA to PoC  */
    __O uint32_t DCCSW;
    /*!< Offset: 0x26C ( /W)  D-Cache Clean by Set-way  */
    __O uint32_t DCCIMVAC;
    /*!< Offset: 0x270 ( /W)  D-Cache Clean and Invalidate by MVA to PoC */
    __O uint32_t DCCISW;
    /*!< Offset: 0x274 ( /W)  D-Cache Clean and Invalidate by Set-way */
    uint32_t RESERVED7[6];
    __IO uint32_t ITCMCR;
    /*!< Offset: 0x290 (R/W)  Instruction Tightly-Coupled Memory Control Register  */
    __IO uint32_t DTCMCR;
    /*!< Offset: 0x294 (R/W)  Data Tightly-Coupled Memory Control Registers*/
    __IO uint32_t AHBPCR;
    /*!< Offset: 0x298 (R/W)  AHBP Control Register    */
    __IO uint32_t CACR;
    /*!< Offset: 0x29C (R/W)  L1 Cache Control Register */
    __IO uint32_t AHBSCR;
    /*!< Offset: 0x2A0 (R/W)  AHB Slave Control Register  */
    uint32_t RESERVED8[1];
    __IO uint32_t ABFSR;
    /*!< Offset: 0x2A8 (R/W)  Auxiliary Bus Fault Status Register */
} SCB_Type;
```

外部中断与事件控制寄存器 EXTI 如图 5-4 所示，其主要特性如下。

- 每个中断/事件线上都具有独立的触发和屏蔽；
- 每个中断线都具有专用的状态位；
- 支持多达 24 个软件事件/中断请求；
- 检测脉冲宽度低于 APB2 时钟宽度的外部信号。有关此参数的详细信息，请参见 STM32F75xxx 和 STM32F74xxx 数据手册的电气特性部分。

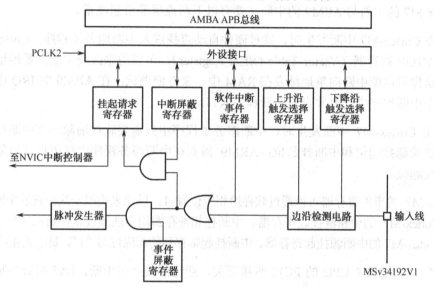

图 5-4 外部中断与事件控制框图

外部中断和事件控制器如表 5-10 所示。

表 5-10 EXTI 寄存器

名 称	偏移地址	读写	描 述[1]	复位值
EXTI_IMR	0x00	RW	中断屏蔽寄存器[2]	0x0000 0000
EXTI_EMR	0x04	RW	事件屏蔽寄存器[2]	0x0000 0000
EXTI_RSTR	0x08	RW	上升沿触发选择寄存器[2]	0x0000 0000
EXTI_FSTR	0x0C	RW	下降沿触发选择寄存器[2]	0x0000 0000
EXTI_SWIER	0x10	RW	软件中断事件寄存器[3]	0x0000 0000
EXTI_PR	0x14	RW	挂起寄存器[4]	未定义

注：

[1] 位 23～0 有效。

[2] 0 表示屏蔽，1 表示允许。

[3] 当 SWIERx 位设置为 "0" 时,将 "1" 写入该位会将 EXTI_PR 寄存器中相应挂起位置 1。如果在 EXTI_IMR 寄存器中允许在 x 线上产生该中断,则产生中断请求。通过清除 EXTI_PR 的对应位(写入 "1"),可以清除该位为 "0"。

[4] 0 表示未发生触发请求,1 表示发生了选择的触发请求。

Cortex-M7 的中断与 ARM9 的中断主要有以下两点需要引起注意。

(1)在 Cortex-M7 中断发生时,通过硬件自动查找进入中断服务子程序,Cortex M7 新设了一个 VTOR 寄存器(Vector Table Offset Register),可以用来改变中断向量地址表的入口地址,这样可以使中断向量地址表在 RAM 中,来方便调试;在 ARM9 的 IRQ 中断发生时,需要在中断程序中计算并查表中断程序入口地址。

(2)在 Cortex-M7 中断发生时,中断服务子程序中只需要软件清除外部中断挂起位,硬件自动清除源挂起位和中断挂起位;ARM9 需要在中断服务程序中使用指令清除源挂起位、中断挂起位。

Cortex-M7 的事件寄存器可以通过软件给相应位置 1,以此来模拟一次外设的中断请求;ARM9、Cortex-M7 的中断源挂起寄存器、中断挂起寄存器均不能通过软件给相应位置 1。给 ARM9、Cortex-M7 的中断源挂起寄存器、中断挂起寄存器的相应位写 "1",是给其相应位清 0。

例 5-3 STM32F7 CPU 的 PC13 脚接开关,通过开关产生中断,PA8 引脚控制发光二极管亮与灭。

```
/*外部中断 EXTI15_10 配置*/
void EXTI15_10_IRQHandler_Config(void)
{
    GPIO_InitTypeDef   GPIO_InitStructure;          //定义一个 GPIO 的结构
    /* Enable GPIOC clock */
    __HAL_RCC_GPIOC_CLK_ENABLE();
    /* Configure PC.13 pin as input floating */
    GPIO_InitStructure.Mode=GPIO_MODE_IT_FALLING;//设置中断触发方式下降沿触发
    GPIO_InitStructure.Pull = GPIO_NOPULL;          //设置下拉方式,设置为无下拉
    GPIO_InitStructure.Pin = GPIO_PIN_13;           //引脚号为 13
    //按上面 GPIO 结构对 C 口初始化,该函数省略
    HAL_GPIO_Init(GPIOC, &GPIO_InitStructure);
    /*Enable and set EXTI lines 15 to 10 Interrupt to the lowest priority*/
    HAL_NVIC_SetPriority(EXTI15_10_IRQn, 2, 0);
    HAL_NVIC_EnableIRQ(EXTI15_10_IRQn);             //中断使能
}
/* This function handles external lines 15 to 10 interrupt request */
```

```c
void EXTI15_10_IRQHandler(void)
{
    HAL_GPIO_EXTI_IRQHandler(TAMPER_BUTTON_PIN);
}
/* HAL_GPIO_EXTI_IRQHandler(TAMPER_BUTTON_PIN)函数 */
void HAL_GPIO_EXTI_IRQHandler(uint16_t GPIO_Pin)
{
    /* EXTI line interrupt detected */
    if(__HAL_GPIO_EXTI_GET_IT(GPIO_Pin) != RESET)
    {
        __HAL_GPIO_EXTI_CLEAR_IT(GPIO_Pin);
        HAL_GPIO_EXTI_Callback(GPIO_Pin);
    }
}
/*External Interrupt/Event Controller*/
typedef struct
{
    __IO uint32_t IMR;/*!<EXTI Interrupt mask register,Address offset:0x00*/
    __IO uint32_t EMR;/*!<EXTI Event mask register, Address offset:0x04*/
    __IO uint32_t RTSR;/*!< EXTI Rising trigger selection register,Address offset: 0x08 */
    __IO uint32_t FTSR;/*!< EXTI Falling trigger selection register,Address offset: 0x0C*/
    __IO uint32_t SWIER;/*!< EXTI Software interrupt event register, Address offset: 0x10 */
    __IO uint32_t PR;/*!< EXTI Pending register, Address offset:0x14*/
} EXTI_TypeDef;
/*stm32f7xx_hal_gpio.h 文件中定义宏，清外部中断挂起位 Clears the EXTI's line pending bits*/
/*M7 在发生中断时，源挂起、中断挂起位由硬件自动清除，但外部中断挂起位还是需要软件清除*/
#define __HAL_GPIO_EXTI_CLEAR_IT(__EXTI_LINE__) (EXTI->PR = (__EXTI_LINE__))
/*外部中断回调函数*/
/* EXTI line detection callbacks, GPIO_Pin: Specifies the pins connected EXTI line */
void HAL_GPIO_EXTI_Callback(uint16_t GPIO_Pin)
{
    if (GPIO_Pin == GPIO_PIN_13)
    {
```

```
            BSP_LED_Toggle(LED1);              //发光二极管亮与灭触发
            printf("\n\rLED1 switched\n\r");//在超级终端上打印输出"LED1 switched"
    }
}

/*发光二极管亮与灭函数*/
void BSP_LED_Toggle(Led_TypeDef Led)
{
    GPIO_TypeDef*    gpio_led;
    //Actualy only one LED
    switch(Led)
    {
        case LED1:
            gpio_led = LED1_GPIO_PORT;
            break;
        case LED2:
            gpio_led = LED2_GPIO_PORT;
            break;
        case LED3:
            gpio_led = LED3_GPIO_PORT;
            break;
        case LED4:
            gpio_led = LED4_GPIO_PORT;
            break;
        default:
            break;
    }
    HAL_GPIO_TogglePin(gpio_led, GPIO_PIN[Led]);
}
/*实现二极管的亮灭触发的函数*/
void HAL_GPIO_TogglePin(GPIO_TypeDef* GPIOx, uint16_t GPIO_Pin)
{
    /* Check the parameters */
    assert_param(IS_GPIO_PIN(GPIO_Pin));
    GPIOx->ODR ^= GPIO_Pin;
}
/*主函数*/
#include "main.h"
#include "system_init.h"
```

第5章 ARM9、Cortex-M4/M7中断、LCD、A/D与触摸屏

```
void System_Init(void);
void EXTI15_10_IRQHandler_Config(void);
/* main */
int main(void)
{
    System_Init();                          //系统初始化，此处省略
    BSP_LED_Init(LED1);                     //板上LED1初始化，此处省略
    /* Configure EXTI15_10 (connected to PC.13 pin) in interrupt mode */
    EXTI15_10_IRQHandler_Config();
    while (1)                               //等待中断
    {
    }
}
```

5.4 LCD

5.4.1 LCD原理

  LCD 是 Liquid Crystal Display（液晶显示器）的简称，其构造是在两片平行的玻璃当中放置液态的晶体，两片玻璃中间有许多垂直和水平的细小电线，通过通电与否来控制杆状水晶分子改变方向，将光线折射出来产生画面。

  在 LCD 中，显示面板薄膜是由很多个小栅格组成的，每个栅格由一个电极控制，通过改变栅格上电极的电压状态，就能控制栅格内液晶分子的排列，从而控制光路的通断。彩色的 LCD 是利用三原色混合可以显示不同颜色的原理，在彩色的 LCD 中，每个像素由三个这样的栅格构成，这三个栅格前面分别有红、绿、蓝的过滤片。这样，通过控制栅格的电极，来控制栅格光路的通断，再通过颜色过滤片，过滤出红色、绿色、蓝色，通过这三种颜色组合出不同的色彩。这就是 LCD 的基本显示原理。

  那么照射这些栅格的光源是从哪来的呢？有透射式、反射式两种。透射式 LCD 在屏幕的后面有一个光源。在平常应用液晶时，总是说液晶要接背光，那么这个背光就是透射式 LCD 的光源，透射式的 LCD 就可以不需要外部光源，如笔记本的 LCD 液晶显示器。另外一种是反射式 LCD，它需要外部提供光源，靠这种反射光来工作。

  还有一个名词，叫作电致发光（EL），它是将电能直接转换为光能的一种发光现象。电致发光片就是利用这种原理做成的一种发光薄片，它具有超薄、高亮、高效、功耗低、抗冲击、寿命长、多种颜色可选择等优点。这种薄膜片也可作为 LCD 液晶屏提供光源的一种方式。光源分为点光源、线光源和面光源，EL 是面光源。

LCD 分为段码式和点阵式，点阵式又分为被动矩阵式 LCD 及主动矩阵式 LCD 两种。

被动矩阵式 LCD 在亮度及可视角方面受到较大的限制，反应速度也较慢。由于画面质量方面的问题，使得这种显示设备不利于发展为桌面型显示器，但由于成本低廉的因素，市场上仍有部分的显示器采用被动矩阵式 LCD。被动矩阵式 LCD 又可分为 TN-LCD（Twisted Nematic-LCD，扭曲向列 LCD）、STN-LCD（Super TN-LCD，超扭曲向列 LCD）和 DSTN-LCD（Double layer STN-LCD，双层超扭曲向列 LCD）。

目前应用比较广泛的主动矩阵式 LCD，也称为 TFT-LCD（Thin Film Transistor-LCD，薄膜晶体管 LCD）。TFT-LCD 是在画面中的每个像素内建晶体管，可使亮度更明亮、色彩更丰富、可视面积更宽广。与 CRT 显示器相比，LCD 显示器的平面显示技术体现为较少的零件、占据较少的桌面及耗电量较小。

LCD 特点：低压微功耗；平板型结构；被动显示型（无眩光，不刺激人眼，不会引起眼睛疲劳）；显示信息量大（因为像素可以做得很小）；易于彩色化（在色谱上可以非常准确的复现）；无电磁辐射（对人体安全，利于信息保密）；长寿命（这种器件几乎没有什么劣化问题，因此寿命极长，但是液晶背光寿命有限，不过背光部分可以更换）。

5.4.2 OLED

有机发光二极管又称为有机电激光显示（Organic Light-Emitting Diode，OLED），由美籍华裔教授邓青云在实验室中发现，由此展开了对 OLED 的研究。OLED 显示技术具有自发光的特性，采用非常薄的有机材料涂层和玻璃基板，当有电流通过时，这些有机材料就会发光，而且 OLED 显示屏幕可视角度大，并且能够节省电能。

1. OLED 发展史

1947 年出生于香港的美籍华裔教授邓青云在实验室中发现了有机发光二极体，也就是 OLED，由此展开了对 OLED 的研究。1987 年，邓青云教授和 Van Slyke 采用了超薄膜技术，用透明导电膜作阳极，Al_2O_3 作发光层，三芳胺作空穴传输层，Mg/Ag 合金作阴极，制成了双层有机电致发光器件。1990 年，Burroughes 等人发现了以共轭高分子 PPV 为发光层的 OLED，从此在全世界范围内掀起了 OLED 研究的热潮。邓教授也因此被称为 "OLED 之父"。

在 OLED 的两大技术体系中，低分子 OLED 技术主要集中于日本、韩国、中国台湾这三个国家和地区，而高分子的 PLED 主要为欧洲厂家发展。另外，之前 LG 手机的 OEL 也是利用的 PLED 技术，PLED 技术及专利由英国的科技公司 CDT 掌握。两大技术体系相比，PLED 产品的彩色化上仍有困难，而低分子 OLED 则较易彩色化。

不过，虽然将来技术更优秀的 OLED 会取代 TFT 等 LCD，但有机发光显示技术还存在使用寿命短、屏幕难以大型化等缺陷。

为了形象说明 OLED 构造，可以将每个 OLED 单元比做一块汉堡包，发光材料就是夹在中间的蔬菜。每个 OLED 的显示单元都能受控制地产生三种不同颜色的光。OLED 与 LCD 一样，也有主动式和被动式之分，被动方式下由行列地址选中的单元主动发光；主动方式下，OLED 单元后有一个薄膜晶体管（TFT），发光单元在 TFT 驱动下点亮。主动式 OLED 比被动式 OLED 省电，且显示性能更佳。

2．OLED 结构

OLED 的基本结构是由一薄而透明具半导体特性之铟锡氧化物（ITO），与电力之阴极相连，再加上另一个金属阳极，包成如三明治的结构，如图 5-5 所示。

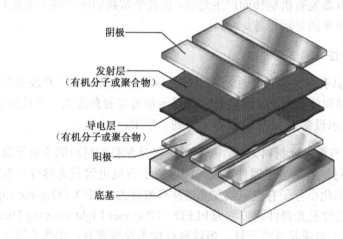

图 5-5　OLED 结构

整个结构层中包括空穴传输层（HTL）、发光层（EL）与电子传输层（ETL）。当电力供应至适当电压时，正极空穴与阴极电荷就会在发光层中结合，产生光亮，依其配方不同产生红、绿和蓝 RGB 三原色，构成基本色彩。OLED 的特性是自己发光，不像 TFT-LCD 需要背光，因此可视度和亮度均高；其次是电压需求低且省电效率高，加上反应快、重量轻、厚度薄、构造简单、成本低等优点，被视为 21 世纪最具前途的产品之一。

OLED 是指有机半导体材料和发光材料在电场驱动下，通过载流子注入和复合导致发光的现象。其原理是用 ITO 透明电极和金属电极分别作为器件的阳极和阴极，在一定电压驱动下，电子和空穴分别从阴极和阳极注入到电子和空穴传输层，电子和空穴分别经过电子和空穴传输层迁移到发光层，并在发光层中相遇，形成激子并使发光分子激发，后者经过辐射弛豫而发出可见光。

辐射光可从 ITO 一侧观察到，金属电极膜同时也起了反射层的作用。根据这种发光原理而制成显示器被称为有机发光显示器,也叫 OLED 显示器。

构成的 OLED 关键部件实际上就是铟锡氧化物(ITO),也就是我们经常提到的透明导电薄膜。它与电力之正极相连,再加上另一个金属阴极,还包括了电洞传输层(HTL)、发光层(EL)与电子传输层(ETL)等。当电力供应至适当电压时,正极电洞与阴极电荷就会在发光层中结合,产生光亮,依其配方不同产生红、绿和蓝 RGB 三原色,构成基本色彩。

OLED 电视可实现的方案还是很多,最著名的就是有源矩阵有机光发射二极管,简称 AMOLED,它由阴极、有机有源层、TFT 阵列等部分组成,有机聚合物堆中包括有发射层和导电层,沉积在有薄膜晶体管的基板上。实施有机材料的技术也可以是多种多样的,其中常用的有将像素阵列直接打印在 TFT 上的喷墨法,将电荷通过底部电极和显示器表面附加透明层之间的空间以激发有机层转而产生光线,也就平常我们所说的主动式 OLED,主要应用于大屏幕、高分辨率的显示设备。

3. OLED 产品特性

OLED 显示技术具有自发光的特性,采用非常薄的有机材料涂层和玻璃基板,当有电流通过时,这些有机材料就会发光,而且 OLED 显示屏幕可视角度大,并且能够节省电能,从 2003 年开始这种显示设备在 MP3 播放器上得到了应用。

以 OLED 使用的有机发光材料来看,一是以染料及颜料为材料的小分子器件系统,二则以共轭性高分子为材料的高分子器件系统。同时由于有机电致发光器件具有发光二极管整流与发光的特性,因此小分子有机电致发光器件亦被称为 OLED(Organic Light Emitting Diode),高分子有机电致发光器件则被称为 PLED (Polymer Light-emitting Diode)。OLED 及 PLED 在材料特性上可说是各有千秋,但以现有技术发展来看,如作为监视器,从信赖性、电气特性、生产安定性上来看,OLED 处于领先地位,当前投入量产的 OLED 组件,全是使用小分子有机发光材料。

4. LCD 与 OLED

OLED 的优势如下。

- 厚度可以小于 1 mm,仅为 LCD 屏幕的 1/3,并且重量也更小;
- 固态机构,没有液体物质,因此抗震性能更好,不怕摔;
- 几乎没有可视角度的问题,即使在很大的视角下观看,画面仍然不失真;
- 响应时间是 LCD 的千分之一,显示运动画面不会有拖影的现象;
- 低温特性好,在零下 40 ℃时仍能正常显示,而 LCD 则无法做到;
- 制造工艺简单,成本更低;
- 发光效率更高,能耗比 LCD 要低。

5.4.3 ARM9 LCD 接口

1. ARM LCD 驱动控制

S3C2440A 中的 LCD 控制器由从位于系统存储器的视频缓冲区到外部 LCD 驱动器的转移 LCD 图像数据逻辑组成。LCD 控制器支持单色 LCD 的单色、2 位每像素（4 阶灰度）或 4 位每像素（16 阶灰度）模式，通过使用基于时间的抖动算法和帧频控制（FRC）方法，其可以连接到 8 位每像素（256 色）的彩色 LCD 面板和连接到 12 位每像素（4096 色）的 STN LCD。

其支持 1 位每像素、2 位每像素、4 位每像素和 8 位每像素的调色 TFT 彩色 LCD 面板连接，以及 16 位每像素和 24 位每像素的无调色真彩显示。

可以编程 LCD 控制器来支持不同的屏幕水平和垂直像素数、数据接口的数据线宽度、接口时序和刷新率的需要。

内置的 LCD 控制器提供了下列外部接口信号。

- VSYNC/VFRAME/STV：垂直同步信号（TFT）/帧同步信号（STN）/SEC TFT 信号。
- HSYNC/VLINE/CPV：水平同步信号（TFT）/行同步脉冲信号（STN）/SEC TFT 信号。
- VCLK/LCD_HCLK：像素时钟信号（TFT/STN）/SEC TFT 信号。
- VD[23:0]：LCD 像素数据输出端口（TFT/STN/SEC TFT）。
- VDEN/VM/TP：数据使能信号（TFT）/LCD 驱动交流偏置信号（STN）/SEC TFT 信号。
- LEND/STH：行结束信号（TFT）/SEC TFT 信号。
- LCD_LPCOE：SEC TFT OE 信号。
- LCD_LPCREV：SEC TFT REV 信号。
- LCD_LPCREVB：SEC TFT REVB 信号。

S3C2440A LCD 控制器用于传输视频数据和产生必要的控制信号，如 VFRAME、VLINE、VCLK、VM 等。除控制信号外，S3C2440A 还有视频数据的数据端口，如图 5-6 所示的 VD[23:0]。LCD 控制器包括 REGBANK、LCDCDMA、VIDPRCS、TIMEGEN 和 LPC360。REGBANK 有 17 个可编程寄存器集和用于配制 LCD 控制器的 256×16 个调色存储器。LCDCDMA 专用于 DMA，它可以自动从帧存储器到 LCD 驱动器传输视频数据。通过使用专用 DMA，可以在屏幕上显示视频数据而不需要 CPU 的介入。VIDPRCS 接收来自 LCDCDMA 的视频数据并且在将其变换为适当格式为后通过 VD[23:0]数据端口发送视频数据到 LCD 驱动器。例如，4/8 位信号信号扫描或 4 位双扫描显示模式。TIMEGEN 由可编程逻辑组成，用来支持发现不同 LCD 驱动器的一般接口时序和速率的变化需要。TIMEGEN 模块产生 VFRAME、VLINE、VCLK、VM 等。

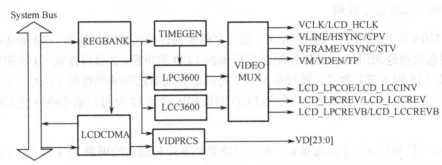

图 5-6 ARM2440 LCD 控制器逻辑框图

2. LCD 控制器特殊寄存器

LCD 驱动控制器端口与 ARM 的端口 D 是共用的，端口 D 的相应寄存器设置，见 4.1 节 ARM I/O 原理。

（1）LCD 控制寄存器。LCD 控制寄存器共有 5 个，见表 5-11 所示。

表 5-11 LCD 控制寄存器

寄存器	地 址	读/写	描 述	复 位 值
LCDCON1	0x4D000000	读/写	LCD 控制寄存器 1	0x00000000
LCDCON2	0x4D000004	读/写	LCD 控制寄存器 2	0x00000000
LCDCON3	0x4D000008	读/写	LCD 控制寄存器 3	0x00000000
LCDCON4	0x4D00000C	读/写	LCD 控制寄存器 4	0x00000000
LCDCON5	0x4D000010	读/写	LCD 控制寄存器 5	0x00000000

① LCD 控制寄存器 1（LCDCON1）位描述如表 5-12 所示。

表 5-12 LCD 控制寄存器 1（LCDCON1）位描述

LCDCON1	位	描 述	复 位 值
LINECNT（只读）	[27:18]	提供行计数器的状态，从 LINEVAL 递减计数到 0	0000000000
CLKVAL	[17:8]	决定 VCLK 的频率和 CLKVAL[9:0]。 STN：VCLK = HCLK / (CLKVAL × 2) （CLKVAL≥2） TFT：VCLK = HCLK / [(CLKVAL + 1) × 2] （CLKVAL≥0）	0000000000

续表

LCDCON1	位	描述	复位值
MMODE	[7]	决定 VM 的触发频率：0 表示每帧；1 表示由 MVAL 定义此频率	0
PNRMODE	[6:5]	选择显示模式：00 表示 4 位双扫描显示模式（STN）；01 表示 4 位单扫描显示模式（STN）；10 表示 8 位单扫描显示模式（STN）；11 表示 TFT LCD 面板	
BPPMODE	[4:1]	选择 BPP（位每像素）模式：0000 表示 STN 的 1 bpp，单色模式；0001 表示 STN 的 2 bpp，4 阶灰度模式；0010 表示 STN 的 4 bpp，16 阶灰度模式；0011 表示 STN 的 8 bpp，彩色模式（256 色）；0100 表示 STN 的封装 12 bpp，彩色模式（4096 色）；0101 表示 STN 的未封装 12 bpp，彩色模式（4096 色）0110 表示 STN 的封装 16 bpp，彩色模式（4096 色）；1000 表示 TFT 的 1 bpp；1001 表示 TFT 的 2 bpp；1010 表示 TFT 的 4 bpp；1011 表示 TFT 的 8 bpp；1100 表示 TFT 的 16 bpp；1101 表示 TFT 的 24 bpp	0000
ENVID	[0]	LCD 视频输出和逻辑使能/禁止：0 表示禁止视频输出和 LCD 控制信号；1 表示允许视频输出和 LCD 控制信号	0

② LCD 控制寄存器 2（LCDCON2）位描述如表 5-13 所示。

表 5-13　LCD 控制寄存器 2（LCDCON2）位描述

LCDCON2	位	描述	复位值
VBPD	[31:24]	TFT：垂直后沿为帧开始时，垂直同步周期后的无效行数。STN：STN LCD 时应该设置此位为 0	0x00
LINEVAL	[23:14]	TFT/STN：此位决定了 LCD 面板的垂直尺寸	0000000000
VFPD	[13:6]	TFT：垂直前沿为帧结束时，垂直同步周期前的无效行数。STN：STN LCD 时应该设置此位为 0	00000000
VSPW	[5:0]	TFT：通过计算无效行数垂直同步脉冲宽度决定 VSYNC 脉冲的高电平宽度。STN：STN LCD 时应该设置此位为 0	000000

③ LCD 控制寄存器 3（LCDCON3）位描述如表 5-14 所示。

表 5-14　LCD 控制寄存器 3（LCDCON3）位描述

LCDCON3	位	描述	复位值
HBPD（TFT） WDLY（STN）	[25:19]	TFT：水平后沿为 HSYNC 的下降沿与有效数据的开始之间的 VCLK 周期数 STN：WDLY[1:0]位通过计数 HCLK 数来决定 VLINE 与 VCLK 之间的延迟，00 表示 16 HCLK；01 表示 32 HCLK；10 表示 48 HCLK；11 表示 64 HCLK。保留 WDLY[7:2]	00000

续表

LCDCON3	位	描述	复位值
HOZVAL	[18:8]	TFT/STN：此位决定了 LCD 面板的水平尺寸。必须决定 HOZVAL 来满足 1 行的总字节为 4n 字节。如果单色模式中 LCD 的 x 尺寸为 120 个点，但不能支持 x=120，因为 1 行是由 16 字节（2n）所组成。LCD 面板驱动器将舍弃额外的 8 个点	00000000000
HFPD（TFT）	[7:0]	TFT：水平后沿为有效数据的结束与 HSYNC 的上升沿之间的 VCLK 周期数	0x00
LINEBLANK（STN）		STN：此位表明一次水平行持续时间中的空时间。此位微调 VLINE 的频率。LINEBLANK 的单位为 HCLK×8。例如，如果 LINEBLANK 的值为 10，则在 80 个 HCLK 期间插入空时间到 VCLK	

④ LCD 控制寄存器 4（LCDCON4）位描述如表 5-15 所示。

表 5-15 LCD 控制寄存器 4（LCDCON4）位描述

LCDCON4	位	描述	复位值
MVAL	[15:8]	STN：此位定义如果 MMODE 位被置位为逻辑"1"的 VM 信号将要触发的频率	0x00
HSPW（TFT）	[7:0]	TFT：通过计算 VCLK 的数水平同步脉冲宽度决定 HSYNC 脉冲的高电平宽度	0x00
WLH（STN）		STN：通过计算 HCLK 的数 WLH[1:0]位决定 VLINE 脉冲的高电平宽度，00 表示 16 HCLK；01 表示 32 HCLK；10 表示 48 HCLK；11 表示 64 HCLK。保留 WLH[7:2]	

⑤ LCD 控制寄存器 5（LCDCON5）位描述如表 5-16 所示。

表 5-16 LCD 控制寄存器 5（LCDCON5）位描述

LCDCON5	位	描述	复位值
保留	[31:17]	保留此位并且应该为 0	0
VSTATUS	[16:15]	TFT：垂直状态（只读）。00 表示 VSYNC；01 表示后沿；10 表示 ACTIVE；11 表示前沿	00
HSTATUS	[14:13]	TFT：水平状态（只读）。00 表示 VSYNC；01 表示后沿；10 表示 ACTIVE；11 表示前沿	00
BPP24BL	[12]	TFT：此位决定 24 bpp 视频存储器的顺序。0 表示 LSB 有效；1 表示 MSB 有效	0
FRM565	[11]	TFT：此位选择 16 bpp 输出视频数据的格式。0 表示 5:5:5:1 格式；0 表示 5:6:5 格式	0

续表

LCDCON5	位	描 述	复位值
INVVCLK	[10]	STN/TFT：此位控制 VCLK 有效沿的极性。0 表示 VCLK 下降沿取视频数据；1 表示 VCLK 上升沿取视频数据	0
INVVLINE	[9]	STN/TFT：此位表明 VLINE/HSYNC 脉冲极性。0 表示正常；1 表示反转	0
INVVFRAME	[8]	STN/TFT：此位表明 VFRAME/VSYNC 脉冲极性。0 表示正常；1 表示反转	0
INVVD	[7]	STN/TFT：此位表明 VD（视频数据）脉冲极性。0 表示正常；1 表示反转 VD	0
INVVDEN	[6]	TFT：此位表明 VDEN 信号极性性。0 表示正常；1 表示反转	0
INVPWREN	[5]	STN/TFT：此位表明 PWREN 信号极性性。0 表示正常；1 表示反转	0
INVLEND	[4]	TFT：此位表明 LEND 信号极性性。0 表示正常；1 表示反转	0
PWREN	[3]	STN/TFT：LCD_PWREN 输出信号使能/禁止。0 表示禁止 PWREN 信号；1 表示允许 PWREN 信号	0
ENLEND	[2]	TFT：LEND 输出信号使能/禁止。0 表示禁止 LEND 信号；1 表示允许 LEND 信号	0
BSWP	[1]	STN/TFT：字节交换控制位。0 表示交换禁止；1 表示交换使能	0
HWSWP	[0]	STN/TFT：半字节交换控制位。0 表示交换禁止；1 表示交换使能	0

（2）帧缓冲器开始地址寄存器如表 5-17 所示。

表 5-17 帧缓冲器开始地址寄存器

寄存器	地 址	读/写	描 述	复位值
LCDSADDR1	0x4D000014	读/写	STN/TFT：帧缓冲器开始地址 1 寄存器	0x00000000
LCDSADDR2	0x4D000018	读/写	STN/TFT：帧缓冲器开始地址 2 寄存器	0x00000000
LCDSADDR3	0x4D00001C	读/写	STN/TFT：虚拟屏地址设置	0x00000000

① 帧缓冲器开始地址 1 寄存器位描述如表 5-18 所示。

表 5-18 帧缓冲器开始地址 1 寄存器位描述

LCDSADDR1	位	描 述	复位值
LCDBANK	[29:21]	这些位表明系统存储器中视频缓冲器的 Bank 位置的 A[30:22]。即使当作移动视口时也不能改变 LCDBANK 的值。LCD 帧缓冲器应该在 4 MB 连续区域内，以保证当作移动视口时不会改变 LCDBANK 的值。因此应该谨慎使用 malloc()函数	0x00
LCDBASEU	[20:0]	对于双扫描 LCD：这些位表明递增地址计数器的开始地址的 A[21:1]，它是用于双扫描 LCD 的递增帧存储器或单扫描 LCD 的帧存储器。对于单扫描 LCD：这些位表明 LCD 帧缓冲器的开始地址的 A[21:1]	0x000000

② 帧缓冲器开始地址 2 寄存器位描述如表 5-19 所示。

表 5-19　帧缓冲器开始地址 2 寄存器位描述

LCDSADDR2	位	描　　　述	复　位　值
LCDBASEL	[20:0]	对于双扫描 LCD，这些位表明递减地址计数器的开始地址的 A[21:1]，它是用于双扫描 LCD 的递减帧存储器。对于单扫描 LCD，这些位表明 LCD 帧缓冲器的结束地址的 A[21:1]。 LCDBASEL = ((帧结束地址) >> 1) + 1 　　　　　 = LCDBASEU+(PAGEWIDTH+OFFSIZE)×(LINEVAL+1)	0x0000

注意：当 LCD 控制器为打开时用户可以改变 LCDBASEU 和 LCDBASEL 的值来实现滚屏，但是用户一定不要在帧中改变前为了 LCD FIFO 取得下一帧数据，而在帧的结束时通过有关 LCDCON1 寄存器中 LINECNT 字段来改变 LCDBASEU 和 LCDBASEL 寄存器的值。

因此如果改变了帧，预取 FIFO 数据将为过时的并且 LCD 控制器将显示一个错误屏幕，为了检查 LINECNT 应该屏蔽中断。如果正好在读取 LINECNT 之后执行了任何中断，因为中断服务程序（ISR）的执行时间则读取到的 LINECNT 值可能为过时的。

③ 帧缓冲器开始地址 3 寄存器位描述如表 5-20 所示。

表 5-20　帧缓冲器开始地址 3 寄存器位描述

LCDSADDR3	位	描　　　述	复　位　值
OFFSIZE	[21:11]	虚拟屏偏移尺寸（半字数）。此值定义了显示在之前 LCD 行的最后半字的地址与要在新 LCD 行中显示的第一半字的地址之间的差	00000000000
PAGEWIDTH	[10:0]	虚拟屏页宽度（半字数）。此值定义了帧中视口的宽度	000000000

注意：当 ENVID 位为 0 时必须改变 PAGEWIDTH 和 OFFSIZE 的值。

例 5-4　LCD 面板=320×240，16 阶灰度，单扫描。

$$帧开始地址=0x0C500000$$

$$偏移点数=2048\ 个点（512\ 半字）$$

$$LINEVAL=240-1=0xEF$$

$$PAGEWIDTH=320×4/16=0x50$$

$$OFFSIZE=512=0x200$$

$$LCDBANK=0x0C500000>>22=0x31$$

$$LCDBASEU=0x100000>>1=0x80000$$

LCDBASEL=0x80000+(0x50+0x200)×(0xEF+1)=0xA2B00

例 5-5 LCD 面板=320×240，16 阶灰度，双扫描。

帧开始地址=0x0C500000

偏移点数=2048 个点（512 半字）

LINEVAL=120－1=0x77

PAGEWIDTH=320×4/16=0x50

OFFSIZE=512=0x200

LCDBANK=0x0C500000>>22=0x31

LCDBASEU=0x100000>>1=0x80000

LCDBASEL=0x80000+(0x50+0x200)×(0x77+1)=0x91580

例 5-6 LCD 面板=320×240，彩色，单扫描。

帧开始地址=0x0C500000

偏移点数=1024 个点（512 半字）

LINEVAL=240-1=0xEF

PAGEWIDTH=320×8/16=0xA0

OFFSIZE=512=0x200

LCDBANK=0x0C500000>>22=0x31

LCDBASEU=0x100000>>1=0x80000

LCDBASEL=0x80000+(0xA0+0x200)×(0xEF+1)=0xA7600

（3）调色板寄存器。调色板寄存器分为红色查找表寄存器、绿色查找表寄存器和蓝色查找表寄存器，见表 5-21 所示。

表 5-21 调色板寄存器

寄 存 器	地　　址	读/写	描　　述	复 位 值
REDLUT	0X4D000020	读/写	STN：红色查找表寄存器	0x00000000
GREENLUT	0X4D000024	读/写	STN：绿色查找表寄存器	0x00000000
BLUELUT	0X4D000028	读/写	STN：蓝色查找表寄存器	0x0000

① 红色查找表寄存器（REDLUT）位描述如表 5-22 所示。

表 5-22 红色查找表寄存器（REDLUT）位描述

REDLUT	位	描 述	复 位 值
REDVAL	[31:0]	这些位定义了 16 个阴影中哪一个将被 8 个可能的红色联合中的某个所选择。000 表示 REDVAL[3:0]；001 表示 REDVAL[7:4]；010 表示 REDVAL[11:8]；011 表示 REDVAL[15:12]；100 表示 REDVAL[19:16]；101 表示 REDVAL[23:20]；110 表示 REDVAL[27:24]；111 表示 REDVAL[31:28]	0x00000000

② 绿色查找表寄存器（GREENLUT）位描述如表 5-23 所示。

表 5-23 绿色查找表寄存器（GREENLUT）位描述

GREENLUT	位	描 述	复 位 值
GREENVAL	[31:0]	这些位定义了 16 个阴影中哪一个将被 8 个可能的绿色联合中的某个所选择。000 表示 GREENVAL[3:0]；001 表示 GREENVAL[7:4]；010 表示 GREENVAL[11:8]；011 表示 GREENVAL[15:12]；100 表示 GREENVAL[19:16]；101 表示 GREENVAL[23:20]；110 表示 GREENVAL[27:24]；111 表示 GREENVAL[31:28]	0x00000000

③ 蓝色查找表寄存器（BLUELUT）位描述如表 5-24 所示。

表 5-24 蓝色查找表寄存器（BLUELUT）位描述

BLUELUT	位	描 述	复 位 值
BLUEVAL	[31:0]	这些位定义了 16 个阴影中哪一个将被 8 个可能的蓝色联合中的某个所选择。000 表示 BLUEVAL [3:0]；001 表示 BLUEVAL [7:4]；010 表示 BLUEVAL [11:8]；011 表示 BLUEVAL [15:12]；100 表示 BLUEVAL [19:16]；101 表示 BLUEVAL [23:20]；110 表示 BLUEVAL [27:24]；111 表示 BLUEVAL [31:28]	0x00000000

（4）抖动模式寄存器及其位描述如表 5-25 和表 5-26 所示。

表 5-25 抖动模式寄存器（DITHMODE）

寄存器	地址	读/写	描 述	复 位 值
DITHMODE	0X4D00004C	读/写	STN：抖动模式寄存器。此寄存器复位值为 0x00000，但是用户可以改变此值为 0x12210(此寄存器的最后值参考样本源程序)	0x00000

表 5-26 抖动模式寄存器（DITHMODE）位描述

DITHMODE	位	描 述	复 位 值
DITHMODE	[18:0]	使用以下值给 LCD: 0x00000 或 0x12210	0x00000

（5）临时调色板寄存器及其位描述如表5-27和表5-28所示。

表5-27 临时调色板寄存器（TPAL）

寄存器	地址	读/写	描述	复位值
TPAL	0X4D000050	读/写	TFT：临时调色板寄存器。此寄存器的值将为下帧的视频数据	0x00000000

表5-28 临时调色板寄存器（TPAL）位描述

TPAL	位	描述	复位值
TPALEN	[24]	临时调色板寄存器使能位。0表示禁止；1表示使能	0
TPALVAL	[23:0]	临时调色板值寄存器。TPALVAL[23:16]：红色；TPALVAL[15:8]：绿色；TPALVAL[7:0]：蓝色	0x000000

（6）与中断有关的寄存器如表5-29所示。

表5-29 与中断有关的寄存器

寄存器	地址	读/写	描述	复位值
LCDINTPND	0X4D000054	读/写	LCD中断挂起寄存器：表明LCD中断挂起寄存器	0x0
LCDSRCPND	0X4D000058	读/写	LCD源挂起寄存器：表明LCD中断源挂起寄存器	0x0
LCDINTMSK	0X4D00005C	读/写	中断屏蔽寄存器：决定屏蔽哪个中断源。被屏蔽的中断源将不会被服务	0x3

① LCD中断挂起寄存器（LCDINTPND）位描述如表5-30所示。

表5-30 LCD中断挂起寄存器（LCDINTPND）位描述

LCDINTPND	位	描述	复位值
INT_FrSyn	[1]	LCD帧同步中断挂起位。0表示未请求中断；1表示帧发出中断请求	0
INT_FiCnt	[0]	LCD FIFO中断挂起位。0表示未请求中断；1表示当LCD FIFO到达触发深度时请求LCD FIFO中断	0

② LCD源挂起寄存器（LCDSRCPND）位描述如表5-31所示。

表5-31 LCD源挂起寄存器（LCDSRCPND）位描述

LCDSRCPND	位	描述	复位值
INT_FrSyn	[1]	LCD帧同步中断挂起位。0表示未请求中断；1表示帧发出中断请求	0
INT_FiCnt	[0]	LCD FIFO中断挂起位。0表示未请求中断；1表示当LCD FIFO到达触发深度时请求LCD FIFO中断	0

③ LCD中断屏蔽寄存器（LCDINTMSK）位描述如表5-32所示。

表 5-32 LCD 中断屏蔽寄存器（LCDINTMSK）位描述

LCDINTMSK	位	描述	复位值
FIWSEL	[2]	决定 LCD FIFO 的触发深度。0 表示 4 字；1 表示 8 字	
INT_FrSyn	[1]	屏蔽 LCD 帧同步中断。0 表示中断服务可用；1 表示屏蔽中断服务	1
INT_FiCnt	[0]	屏蔽 LCD FIFO 中断。0 表示中断服务可用；1 表示屏蔽中断服务	1

（7）TCON 控制寄存器及其位描述如表 5-33 和表 5-34 所示。

表 5-33 TCON 控制寄存器

寄存器	地址	读/写	描述	复位值
TCONSEL	0X4D000060	读/写	此寄存器控制 LPC3600/LCC3600 模式	0xF84

表 5-34 TCON 控制寄存器位描述

TCONSEL	位	描述	复位值
LCC_TEST2	[11]	LCC3600 测试模式 2（只读）	1
LCC_TEST1	[10]	LCC3600 测试模式 1（只读）	1
LCC_SEL5	[9]	选择 STV 极性	1
LCC_SEL4	[8]	选择 CPV 信号引脚 0	1
LCC_SEL3	[7]	选择 CPV 信号引脚 1	1
LCC_SEL2	[6]	选择行/点反转	0
LCC_SEL1	[5]	选择 DG/普通模式	0
LCC_EN	[4]	决定 LCC3600 使能/禁止。0 表示 LCC3600 禁止；1 表示 LCC3600 使能	0
CPV_SEL	[3]	选择 CPV 脉冲低电平宽度	0
MODE_SEL	[2]	选择 DE/同步模式。0 表示同步模式；1 表示 DE 模式	1
RES_SEL	[1]	选择输出分辨率类型。0 表示 320×240；1 表示 240×320	0
LPC_EN	[0]	决定 LPC3600 使能/禁止。0 表示 LPC3600 禁止；1 表示 LPC3600 使能	0

例 5-7 下面给出 s3c2440 的 LCD 初始化和绘制矩形的函数示例。

```
#include "s3c2440.h"
/* LCDCON1 */
#define CLKVAL      7
#define PNRMODE     3
#define BPPMODE     12
#define ENVID       0
/* LCDCON2 */
#define VBPD        (2-1)
```

```c
#define LINEVAL       (LCD_HEIGHT-1)
#define VFPD          (2-1)
#define VSPW          (2-1)
/* LCDCON3 */
#define HBPD          (20-1)
#define HOZVAL        (LCD_WIDTH-1)
#define HFPD          (10-1)
/* LCDCON4 */
#define HSPW          (10-1)
/* LCDCON5 */
#define FRAM565       1
#define INVVCLK       0
#define INVVLINE      1
#define INVVFRAME     1
#define INVVD         0
#define INVVDEN       0
#define PWREN         1
#define BSWP          0
#define HWSWP         1
volatile u16 framebuffer[LCD_HEIGHT][LCD_WIDTH];
/* LCD 初始化,这里采用了 RGB565 格式初始化了 LCD */
void lcd_init(void)
{
    rGPCUP = 0x00000000;
    rGPCCON = 0xaaaa02a9;
    rGPDUP = 0x00000000;
    rGPDCON = 0xaaaaaaaa;
    rLCDCON1 = (CLKVAL<<8) | (PNRMODE<<5) | (BPPMODE<<1);
    rLCDCON2 = (VBPD<<24) | (LINEVAL<<14) | (VFPD<<6) | (VSPW);
    rLCDCON3 = (HBPD<<19) | (HOZVAL<<8) | (HFPD);
    rLCDCON4 = (HSPW);
    rLCDCON5 = (FRAM565<<11) | (INVVCLK<<10) | (INVVLINE<<9) | (INVVFRAME<<8)
               | (INVVDEN<<6) | (PWREN<<3) |(BSWP<<1) | (HWSWP);
    rLCDSADDR1=(((unsigned int)framebuffer >> 22) << 21) | (((unsigned
                            int)framebuffer & 0x1fffff) >> 1);
    rLCDSADDR2 = (((unsigned int)framebuffer + LCD_WIDTH * LCD_HEIGHT * 2)
                 >>1) & 0x1fffff;
    rLCDSADDR3 = LCD_WIDTH;
    rLCDINTMSK |= 3;                    /* 禁止 LCD 中断 */
```

```
    rTCONSEL = 0;                    /* 禁止 LPC3600 */
    rGPGUP   &= ~(1<<4);
    rGPGCON  |= 3<<8;
    rGPGDAT  |= 1<<4;                /* LCD_PWRDN = 1*/
    rLCDCON5 |= 1<<3;                /* 允许 PWRDN */
    rLCDCON5 &= ~(1<<5);             /* PWRDN 极性正常 */
    rLCDCON1 |= 1;                   /* 开始 LCD 输出,并使能 LCD 控制信号 */
}
/* 在 LCD 上画一个矩形的函数 */
void draw_rect(u32 x, u32 y, u32 width, u32 height, u16 color)
{
    int i;
    for (i=0; i<width; i++) {
        framebuffer[y][x+i] = color;
        framebuffer[y+height-1][x+i] = color;
    }
    for (i=0; i<height; i++) {
        framebuffer[y+i][x] = color;
        framebuffer[y+i][x+width-1] = color;
    }
}
```

Cortex-M4/M7 的 LCD 接口与 ARM9 类似,这里不再讲述。

5.5 A/D 与触摸屏

5.5.1 A/D 转换

模拟量可以是电压、电流等电信号,也可以是压力、温度、湿度、位移、声音等非电信号。但在 A/D 转换前,输入到 A/D 转换器的输入信号必须经各种传感器把各种物理量转换成电压信号。A/D 转换器将模拟信号转换成数字信号,便于计算机处理。

A/D 转换器的指标有精度(即位数)、转换时间、功能等。A/D 转换器按原理分为:双积分型、逐次逼近型、电压频率转换型等。

1. 双积分型 A/D 转换器

采用双积分法的 A/D 转换器由电子开关、积分器、比较器和控制逻辑等部件组成,如图 5-7 所示。基本原理是将输入电压变换成与其平均值成正比的时间间隔,再把此时间间隔转换成数字量,属于间接转换。

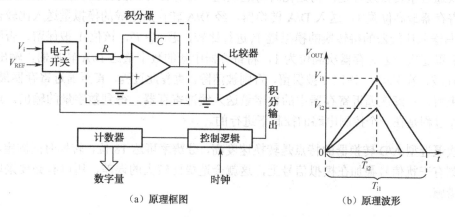

(a) 原理框图　　　　　　　　　　(b) 原理波形

图 5-7　双积分式 A/D 转换的原理框图

双积分法 A/D 转换的过程是:先将开关接通待转换的模拟量 V_i,V_i 采样输入到积分器,积分器从零开始进行固定时间 T 的正向积分,时间 T 到后,开关再接通与 V_i 极性相反的基准电压 V_{REF},将 V_{REF} 输入到积分器,进行反向积分,直到输出为 0 V 时停止积分。V_i 越大,积分器输出电压越大,反向积分时间也越长。计数器在反向积分时间内所计的数值,就是输入模拟电压 V_i 所对应的数字量,实现了 A/D 转换。

双积分型 A/D 转换器的特点是转换精度高(分辨率可达 24 位),抗干扰性好,转换速度慢,是一种低速 A/D 转换器。

2. 逐次逼近型 A/D 转换器

采用逐次逼近法的 A/D 转换器由一个比较器、D/A 转换器、缓冲寄存器及控制逻辑电路组成,如图 5-8 所示,基本原理是从高位到低位逐位试探比较,好像用天平称物体,从重到轻逐级增减砝码进行试探。

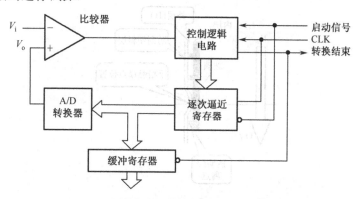

图 5-8　逐次逼近式 A/D 转换器原理框图

逐次逼近型转换过程是：初始化时将逐次逼近寄存器各位清零；转换开始时，先将逐次逼近寄存器最高位置 1，送入 D/A 转换器，经 D/A 转换后生成的模拟量送入比较器，称为 V_o，与送入比较器的待转换的模拟量 V_i 进行比较，若 $V_o<V_i$，该位 1 被保留，否则被清除。然后置逐次逼近寄存器次高位为 1，将寄存器中新的数字量送 D/A 转换器，输出的 V_o 再与 V_i 比较，若 $V_o<V_i$，该位 1 被保留，否则被清除。重复此过程，直至逼近寄存器最低位。转换结束后，将逐次逼近寄存器中的数字量送入缓冲寄存器，得到数字量的输出。逐次逼近的操作过程是在一个控制电路的控制下进行的。

逐次逼近型 A/D 转换器的特点是转换速度高，分辨率可达 18 位，转换时间固定，若在采用时刻有干扰信号叠加在模拟信号上，这就会造成比较大的误差，所以有必要采取适当的滤波措施。

5.5.2 触摸屏工作原理及种类

触摸屏作为一种特殊的计算机外设，它是目前最简单、方便、自然的一种人机交互方式。触摸显示屏分为两个部分：触摸屏和显示屏。触摸屏显示器主要组件是触摸屏和显示器集成设备，而且具有输入/输出设备的功能，可分为 4 线触摸屏、6 线触摸屏、8 线触摸屏、红外线式触摸屏、表面声波触摸屏、电容式触摸屏。触摸显示器也分有 CRT 触摸显示器和 LCD 触摸显示器两种基本的触摸显示器。

触摸屏又分为上下两块触摸板，为了便于说明，这里称它 A 板和 B 板。A 板一般以有机玻璃作为基层，表面盖有一层经过硬化处理、光滑防刮的塑料层；背面涂有一层透明的 OTI（氧化铟）导电涂层，并由两侧两条导电银胶至 A 板底部的接口线引出，与主板通信。B 板一般采用强化玻璃为材料，表面经过精密的网络格式附上横竖两个方向的 OTI 导电涂层，并由上下两条边的两条银胶连接到 B 板底部的接口。每个网络点到接口引出线的阻值都是递增或递减的。电阻式触摸屏的工作原理见图 5-9 所示。

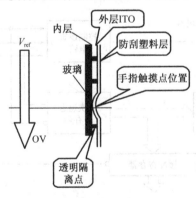

图 5-9 电阻式触摸屏工作原理

A、B两板OTI导电涂层之间距离仅为2.5 μm，并以细小的透明隔离点隔开。我们把A板的两条引出线命名为X1和Y1，主B板的两条引出线命名为X2和Y2。触摸显示屏工作时，X1和Y1分别为X轴和Y轴的基准工作电压输入端（这个基准电压各种机型不尽相同，例如MOT0388C采用2 V电压；波导E858、868采用2.75 V，CEC2800采用3 V电压等）。

当手指接触屏幕，X1通过A板导电层和B板上的网络点形成回路，从X2输出一个触摸点的X轴坐标电压；同理，Y1也同时经过Y2输出Y轴的坐标电压，CPU通过这两个电压准确计算出触摸点的位置并执行操作，实现用户的触摸功能，这就是触摸显示屏的基本工作原理。由以上原理得知，我们可以通过测量接口引出线X1、X2、Y1、Y2之间的阻值来判断触摸显示屏的物理性能。

触摸屏的种类有：

（1）表面声波触摸屏。适用于任何非露天的未知使用对象的场合，尤其适合于环境较干净、灰尘少的场合。表面声波触摸屏的感应介质是手指（非指甲、戴手套也可）、橡皮等较软的能与玻璃完全吻合的物品。

（2）电阻压力触摸屏。电阻压力触摸屏的缺陷是怕划伤，因此该触摸屏适合已知对象的固定人员操作使用。电阻压力触摸屏只要给它压力就行，不管是手指、笔杆和其他物品均可触摸，但不能用尖锐和锋利的物品操作。

（3）电容感应触摸屏。不适合在有电磁场干扰和要求精密的场合使用，该触摸屏仅能用手指（非指甲）和肉体接触操作。

（4）红外感应触摸屏。适合于多种非露天的未知使用对象的场合，红外触摸屏的感应介质是任何可阻挡光线的物品，如手指、笔杆、小棍棒等。

5.5.3 ARM9 ADC转换器和触摸屏接口

ARM S3C2440A自带一个8路10位CMOS ADC（模/数转换器），其转换模拟输入信号为10位二进制数字编码，最大转换率为2.5 MHz A/D转换器时钟下的500 KSPS。A/D转换器支持片上采样-保持功能和掉电模式的操作，如图5-10所示。

触摸屏接口可以控制/选择触摸屏 X、Y 方向的引脚（XP、XM、YP、YM）的变换，触摸屏接口包括触摸屏引脚控制逻辑和带中断发生逻辑的ADC接口逻辑。

当PCLK频率在50 MHz并且预分频器的值为49时，共10位的转换时间为

A/D 转换器频率=50 MHz/(49+1)=1 MHz

转换时间=1/(1 MHz/5 周期)=1/200 kHz=5 μs

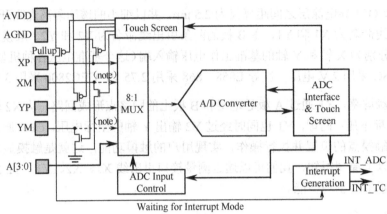

图 5-10 ADC 和触摸屏接口功能方框图

1. 编程注意事项

A/D 转换的数据可以通过中断或查询方式访问。中断方式的总体转换时间为从 A/D 转换器开始到转换数据的读取,可能由于中断服务程序的返回时间和数据访问时间而延迟。查询方式是通过检查转换结束标志位的 ADCCON[15],可以确定读取 ADCDAT 寄存器的时间。

还提供了其他启动 A/D 转换的方法。在转换的读启动模式 ADCCON[1]设置为 1 后,A/D 转换启动同时读取数据。

2. ADC 和触摸屏接口的特殊功能寄存器

(1) ADC 控制寄存器(ADCCON)见表 5-35,其位描述见表 5-36 所示。

表 5-35 A/D 采样控制寄存器(ADCCON)

寄存器	地 址	读/写	描 述	复 位 值
ADCCON	0x5800000	读/写	ADC 采样控制寄存器	0x3FC4

表 5-36 A/D 采样控制寄存器(ADCCON)的位描述

ADCCON	位	描 述	复 位 值
ECFLG	[15]	转换结束标志位(只读)。0 表示 A/D 正在转换;1 表示 A/D 转换已结束	0
PRSCEN	[14]	A/D 转换器预分频器使能。0 表示禁止;1 表示使能	0
PRSCVL	[13:6]	A/D 转换器预分频值,数值为 0~255	0xFF
SEL_MUX	[5:3]	模拟输入通道选择。000 表示 AIN0;001 表示 AIN1;010 表示 AIN2;011 表示 AIN3;100 表示 YM;101 表示 YP;110 表示 XM;111 表示 XP	0
STDBM	[2]	待机模式选择。0 表示正常工作模式;1 表示待机模式	1

续表

ADCCON	位	描述	复位值
READ_START	[1]	读启动 A/D 转换。0 表示禁止读启动操作;1 表示使能读启动操作	0
ENABLE_START	[0]	使能 A/D 转换启动。如果 READ_START 为使能,则此值无效。0 表示无操作;1 表示 A/D 转换启动且此位在启动后被清零	0

当触摸屏引脚(YM、YP、XM 和 XP)为禁止时,这些端口可以被用于 ADC 的模拟输入端口(AIN4、AIN5、AIN6 和 AIN7)。当从待机模式中变换到正常工作模式时,ADC 的预分频器必须在最后的 3 个 ADC 时钟前使能。

(2) ADC 触摸屏控制寄存器(ADCTSC)及其位描述如表 5-37 和表 5-38 所示。

表 5-37 触摸屏控制寄存器(ADCTSC)

寄存器	地址	读/写	描述	复位值
ADCTSC	0x5800004	读/写	ADC 触摸屏控制寄存器	0x58

表 5-38 触摸屏控制寄存器(ADCTSC)的位描述

ADCTSC	位	描述	复位值
UD_SEN	[8]	检测笔尖起落状态。0 表示检测笔尖落下中断信号;1 表示检测笔尖抬起中断信号	0
YM_SEN	[7]	YM 开关使能。0 表示 YM 输出驱动器禁止;1 表示 YM 输出驱动器使能	0
YP_SEN	[6]	YP 开关使能。0 表示 YP 输出驱动器使能;1 表示 YP 输出驱动器禁止	1
XM_SEN	[5]	XM 开关使能。0 表示 XM 输出驱动器禁止;1 表示 XM 输出驱动器使能	0
XP_SEN	[4]	XP 开关使能。0 表示 XP 输出驱动器使能;1 表示 XP 输出驱动器禁止	1
PULL_UP	[3]	上拉开关使能。0 表示 XP 上拉使能;1 表示 XP 上拉禁止	1
AUTO_PST	[2]	自动顺序 X 方向和 Y 方向转换。0 表示正常 ADC 转换;1 表示自动顺序 X 方向和 Y 方向测量	0
XY_PST	[1:0]	手动测量 X 方向或 Y 方向。00 表示无操作模式;01 表示 X 方向测量;10 表示 Y 方向测量;11 表示等待中断模式	0

当等待触摸屏中断时,XP_SEN 位应该被设置为 1(XP 输出禁止)并且 PULL_UP 位应该被设置为 0(XP 上拉使能)。只有在自动顺序 X/Y 方向转换时 AUTO_PST 位应该被设置为 1。在睡眠模式期间应该分离 XP、YP 与 GND 源以避免漏电电流。因为 XP、YP 将在睡眠模式中保持为高电平状态。

(3) ADC 转换数据寄存器(ADCDAT0)及其位描述如表 5-39 和表 5-40 所示。

表 5-39 ADC 转换数据寄存器（ADCDAT0）

寄存器	地址	读/写	描述	复位值
ADCDAT0	0x580000C	读	ADC 转换数据寄存器/X 方向	—
ADCDAT1	0x5800010	读	ADC 转换数据寄存器/Y 方向	—

表 5-40 ADC 转换数据寄存器（ADCDAT0）的位描述

ADCDAT0	位	描述	复位值
UPDOWN	[15]	等待中断模式中笔尖的起落状态。0 表示笔尖落下态；1 表示笔尖抬起态	—
AUTO_PST	[14]	自动顺序 X 方向和 Y 方向转换 0 表示正常 ADC 转换；1 表示顺序 X 方向、Y 方向测量	—
XY_PST	[13:12]	手动 X 方向或 Y 方向测量。00 表示无操作模式；01 表示 X 方向测量；10 表示 Y 方向测量；11 表示等待中断模式	—
保留	[11:10]	保留	—
XPDATA（正常 ADC）	[9:0]	X 方向转换数值（包括正常 ADC 转换数值）。数值范围：0 至 3FF	—

ADC 转换满量程位一般为 3.3 V。在上表中，ADCDATA0 可工作在普通 ADC 转换模式，也可工作在触摸屏 ADC 模式，在触摸屏 ADC 模式时，ADCDATA0 是 X 方向的 ADC 转换数据。ADCDATA1 与 ADCDATA0 基本相同。位[9:0]是 Y 方向的 ADC 转换数据。

（4）ADC 启动延时寄存器（ADCDLY）及其位描述如表 5-41 和表 5-42 所示。

表 5-41 ADC 启动延时寄存器（ADCDLY）

寄存器	地址	读/写	描述	复位值
ADCDLY	0x5800008	读/写	ADC 启动或初始化延时寄存器	0x00ff

表 5-42 ADC 启动延时寄存器（ADCDLY）位描述

ADCDLY	位	描述	复位值
DELAY	[15:0]	正常转换模式、XY 方向模式、自动方向模式。ADC 转换启动延时值。注意：不要使用 0 这个值（0x0000）	0x00ff

例 5-8 下面给出 A/D 转换的示例程序。

```
#include "s3c2440.h"
/* 启动 A/D 转换并读取 A/D 转换的值 */
u32 adc_read(void)
{
    rADCCON = (1<<14)|(49<<6);      /* 设置预分频器和 A/D 通道 */
    rADCCON |= 0x1;                  /* 启动 A/D 转换 */
```

第5章 ARM9、Cortex-M4/M7中断、LCD、A/D与触摸屏

```
    while(rADCCON & 0x1)              /* 等待 A/D 转换开始 */
        ;
    while(!(rADCCON & 0x8000))        /* 等待 A/D 转换的结束 */
        ;
    return ((u32)rADCDAT0 & 0x3ff);   /* 读取 A/D 转换的数据*/
}
```

5.5.4 Cortex-M4/M7 A/D

LPC4357 的 A/D 转换器具有如下功能。

- 10 位逐次逼近型模/数转换器。
- 输入在 8 个引脚中多路复用。
- 掉电模式。
- 测量范围为 0～3.3 V。
- 10 位转换时间为 2.45 μs。
- 用于单个或多个输入的连发转换模式。
- 输入引脚或定时器匹配信号跳变的选择性转换。
- 每个 A/D 通道的独立结果寄存器可减少中断开销。
- 连接至带隙基准。

Cortex-M4/M7 的 A/D 与 ARM9 类似，此处省略。

思考与习题

（1）中断系统应解决哪几个主要问题？
（2）简述 ARM9 的中断的分类与优先级实现原理，怎样计算 ARM9 的 IRQ 中断入口？
（3）简述 Cortex-M4/M7 的中断优先级与 ARM9 的异同。
（4）ARM9 能否由软件设置中断挂起寄存器的某一位为 1 来模拟一次外设中断？
（5）ARM9 与 Cortex-M7 在中断发生时对中断挂起寄存器的处理上有什么不同？
（6）Cortex-M7 的外部中断触发方式设置上与 ARM9 有什么不同？
（7）简述 STM32 中抢占式优先级（Preemptive priority）、响应优先级（Subpriority）和中断优先级分组的概念。

第 6 章
ARM9、Cortex-M4/M7 DMA 与定时器

6.1 ARM9 DMA 原理

S3C2440A 支持 4 通道的、处于系统总线和外设总线间的 DMA 控制器，DMA 控制器的每个通道都可以无限制地执行系统总线与/或外设总线之间设备的数据移动。换句话说，每个通道都可以处理以下 4 种情况。

- 源和目标都在系统总线上。
- 目标在外设总线上，源在系统总线上。
- 目标在系统总线上，源在外设总线上。
- 源和目标都在外设总线上。

DMA 的主要优点是在无 CPU 干预的情况下能进行数据传输，DMA 的运行可以由软件开始，也可以是来自内部外设或外部请求引脚的请求。

6.1.1 DMA 请求源

如果通过设置 DCON 寄存器选择了硬件 DMA 请求模式，则 DMA 控制器的每个通道都可以在 4 个 DMA 源中选择其中之一作为 DMA 请求源（注意如果选择了软件请求模式，此 DMA 请求源没有一点意义）。表 6-1 展示了每个通道的 DMA 请求源。

表 6-1 每个通道 DMA 请求源

	Source0	Source1	Source2	Source3	Source4	Source5	Source6
Ch-0	nXDREQ0	UART0	SDI	Timer	USB device EP1	I2SSDO	PCMIN
Ch-1	nXDREQ1	UART1	I2SSDI	SPI0	USB device EP2	PCMOUT	SDI
Ch-2	I2SSDO	I2SSDI	SDI	Timer	USB device EP3	PCMIN	MICIN
Ch-3	UART2	SDI	SPI1	Timer	USB device EP4	MICIN	PCMOUT

第6章

ARM9、Cortex-M4/M7 DMA与定时器

此处的 nXDREQ0 和 nXDREQ1 代表两个外部源（外部设备），IISSDO 和 IISSDI 分别代表 I2S 的传送和接收。

6.1.2　DMA 工作过程

DMA 为其运行使用 3 态 FSM（有限状态机），三个阶段描述如下。

状态 1：初始状态，DMA 等待 DMA 请求，一旦请求到达则跳到状态 2。在状态一下 DMA ACK 和 INT REQ 为 0。

状态 2：在状态 2，DMA ACK 变为 1 而且计数器（CURR_TC）从 DCON[19:0]寄存器中加载。注意：DMA ACK 保持为 1 直到之后将其清除。

状态 3：在状态 3，处理 DMA 的原子操作的子 FSM 启动。子 FSM 从源地址读取数据，接着写入目标地址。在此操作中考虑数据大小和传输大小（单次或突发）。此操作在全服务模式中一直重复直到计数器(CURR_TC)变为 0 为止,在单服务模式只执行一次。当 sub-FSM 完成每个原子操作时，主 FSM（此 FSM）倒计数 CURR_TC。此外当 CURR_TC 变为 0 并且 DCON[29]寄存器的中断设置置位为 1 时，主 FSM 发出 INT REQ 信号。另外，如果遇到以下状况之一则清除了 DMA ACK。

- 在全服务模式中 CURR_TC 变为 0；
- 在单服务模式中完成原子操作。

注意：在单服务模式中有三个主 FSM 的状态要执行，并且接着要停止和等待其他 DMA REQ。如果 DMA REQ 出现了要重复所有的三个状态，则发出 DMA ACK 并接着取消原子传输。与之对比，在全服务模式中，主 FSM 在状态 3 中等待直到 CURR_TC 变为 0，所以在所有传输期间发出 DMA ACK 并接着在当 TC 到达 0 时取消。

总之，当且仅当在 CURR_TC 变为 0 时才发出 INT REQ，与服务模式（单顾服务模式或全顾服务模式）无关。

6.1.3　基本 DMA 时序

DMA 服务意味着在 DMA 运行期间执行成对的读取和写入周期，形成单次 DMA 操作。图 6-1 显示了 S3C2440A 的 DMA 操作的基本时序。

- XnXDREQ 和 XnXDACK 的建立时间和延迟时间在所有模式中都相同。
- 如果 XnXDREQ 的完成遇到其建立时间，它将同步两次并接着发出 XnXDACK。
- 发出 XnXDACK 后，DMA 请求总线并且其如果得到总线将执行其的操作。

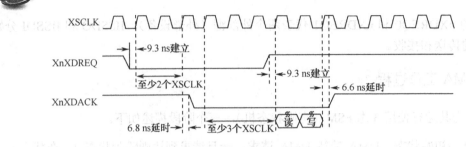

图 6-1 DMA 基本操作时序

查询/握手模式：查询和握手模式是描述 XnXDREQ 和 XnXDACK 之间的协议。在每次传输（单次/突发传输）的最后，DMA 将检查双同步 XnXDREQ 的状态。

查询模式：如果保持 XnXDREQ 的发出，立即开始下次的传输；否则将等待 XnXDREQ 的发出。

握手模式：如果发出 XnXDREQ，DMA 将在 2 个周期内取消 XnXDACK；否则在取消 XnXDREQ 前一直等待。

在取消 XnXDACK（高电平）后就必须发出 XnXDREQ（低电平）。

6.1.4 DMA 传输大小

DMA 有两种不同的传输大小：单元（Unit）和突发 4（Burst 4）。DMA 在传输大块数据期间将牢牢地掌握总线，其他总线主机得不到总线。

单元（Unit）传输大小：执行一次读操作和一次写操作。

突发 4 传输大小：在突发 4 传输中，分别可以执行 4 种连续读取和写入。

6.1.5 DMA 专用寄存器

每个 DMA 通道都有 9 个控制寄存器（总计 36 个，DMA 控制器有 4 个通道），其中 6 个控制寄存器用于控制 DMA 的传输，另外 3 个用于监视 DMA 控制器的状态。这些寄存器的详情如下。

1. DMA 初始源地址寄存器

DMA 初始源地址寄存器 DISRC0～3 分别对应 DMA 的 4 个通道，用于存储要传输的源数据起始地址，DISR 及其位描述如表 6-2 和表 6-3 所示。

第6章 ARM9、Cortex-M4/M7 DMA与定时器

表 6-2 DMA 初始源地址寄存器（DISRC）

寄存器	地址	读/写	描述	复位值
DISRC0	0x4B000000	读/写	DMA0 初始地址寄存器	0x00000000
DISRC1	0x4B000040		DMA1 初始地址寄存器	
DISRC2	0x4B000080		DMA2 初始地址寄存器	
DISRC3	0x4B0000C0		DMA3 初始地址寄存器	

表 6-3 DMA 初始源地址寄存器（DISRC）的位描述

DISRCn	位	描述	初始状态
S_ADDR	[30:0]	要传输的源数据基本地址（开始地址）。当且仅当 CURR_SRC 为 0 并且 DMA ACK 为 1 时将此位的值锁存到 CURR_SRC 中	0x00000000

2．DMA 初始源控制（DISRCC）寄存器

DMA 初始源控制（DISRCC）寄存器用于选择源数据位于系统总线（AHB）上，还是位于外总线（APB）上，以及源地址的增量方式。DISRCC 及其位描述如表 6-4 和表 6-5 所示。

表 6-4 DMA 初始源控制寄存器（DISRCC）

寄存器	地址	读/写	描述	复位值
DISRCC0	0x4B000004	读/写	DMA0 初始源控制寄存器	0x00000000
DISRCC1	0x4B000044		DMA1 初始源控制寄存器	
DISRCC2	0x4B000084		DMA2 初始源控制寄存器	
DISRCC3	0x4B0000C4		DMA3 初始源控制寄存器	

表 6-5 DMA 初始源控制寄存器（DISRCC）的位描述

DISRCCn	位	描述	初始状态
LOC	[1]	bit[1]用于源位置的选择。0 表示源在系统总线（AHB）上；1 表示源在外设总线（APB）上	0
INC	[0]	bit[0]是用于地址增加的选择。0 表示增加；1 表示固定。如果为 0，地址将根据单次和突发模式中每次传输后其数据大小而增加；如果为 1，在传输后地址不改变（突发模式中，地址只在突发传输期间增加，但在传输后又回到其第一个值）	0

3．DMA 初始目标（DIDST）寄存器

DMA 初始目标寄存器 DIDST0～3 分别对应 DMA 的 4 个通道的初始目标地址，用于存储要传输的目标数据地址，DIDST 及其位描述如表 6-6 和表 6-7 所示。

157

表 6-6 DMA 初始目标地址寄存器（DIDST）

寄存器	地址	读/写	描述	复位值
DIDST0	0x4B000008	读/写	DMA0 初始目标地址寄存器	0x00000000
DIDST1	0x4B000048		DMA1 初始目标地址寄存器	
DIDST2	0x4B000088		DMA2 初始目标地址寄存器	
DIDST3	0x4B0000C8		DMA3 初始目标地址寄存器	

表 6-7 DMA 初始目标地址寄存器（DIDST）的位描述

DIDSTn	位	描述	初始状态
D_ADDR	[30:0]	要传输的目标数据基本地址（开始地址），当且仅当 CURR_DST 为 0 并且 DMA ACK 为 1 时将此位的值锁存到 CURR_DST 中	0x00000000

4. DMA 初始目标控制（DIDSTC）寄存器

DMA 初始目标控制（DIDSTC）寄存器及其位描述如表 6-8 和表 6-9 所示。

表 6-8 DMA 初始目标控制寄存器（DIDSTC）

寄存器	地址	读/写	描述	复位值
DIDSTC0	0x4B00000C	读/写	DMA0 初始目标控制寄存器	0x00000000
DIDSTC1	0x4B00004C		DMA1 初始目标控制寄存器	
DIDSTC2	0x4B00008C		DMA2 初始目标控制寄存器	
DIDSTC3	0x4B0000CC		DMA3 初始目标控制寄存器	

表 6-9 DMA 初始目标控制寄存器（DIDSTC）的位描述

DIDSTCn	位	描述	初始状态
CHK_INT	[2]	当设置了自动再加载时发生中断的时间选择。0 表示在 TC 到达 0 时发生中断；1 表示在执行完自动再加载后发生中断	0
LOC	[1]	bit[1]用于目标位置的选择。0 表示目标在系统总线（AHB）上；1 表示目标在外设总线（APB）上	0
INC	[0]	bit[0]用于地址增加的选择。0 表示增加；1 表示固定。如果为 0，地址将根据单次和突发模式中每次传输后其数据大小而增加；如果为 1，在传输后地址不改变（突发模式中，地址只在突发传输期间增加，但在传输后又回到其第一个值。）	0

5. DMA 控制（DCON）寄存器

DMA 控制（DCON）寄存器及其位描述如表 6-10 和表 6-11 所示。

第6章 ARM9、Cortex-M4/M7 DMA与定时器

表 6-10 DMA 控制寄存器（DCON）

寄存器	地址	读/写	描述	复位值
DCON0	0x4B000010	读/写	DMA0 控制寄存器	0x00000000
DCON1	0x4B000050	读/写	DMA1 控制寄存器	
DCON2	0x4B000090	读/写	DMA2 控制寄存器	
DCON3	0x4B0000D0	读/写	DMA3 控制寄存器	

表 6-11 DMA 控制寄存器（DCON）的位描述

DCONn	位	描述	初始状态
DMD_HS	[31]	选择查询模式和握手模式。0 表示选择查询模式；1 表示选择握手模式。 两种模式下 DMA 控制器开始其传输并为发出的 DREQ 而发出 DACK，两种模式之间的差异为是否需要等待取消 DACK。握手模式中，DMA 控制器在开始新的传输前等待取消 DREQ，如果其发现了取消 DREQ，其取消 DACK 并等待另一个 DREQ 的发出。与之相比，查询模式中 DMA 控制器不等待直到取消 DREQ，其只取消 DACK 并且如果发出 DACK 接着开始另一个传输。建议外部 DMA 请求源使用握手模式以预防新传输的非预定开始	0
SYNC	[30]	DREQ/DACK 的同步化选择。0 表示 DREQ 和 DACK 同步于 PCLK（APB 时钟）；1 表示 DREQ 和 DACK 同步于 HCLK（AHB 时钟）。 因此如果有设备附加在 AHB 系统总线上时必须将此位设置为 1，当这些设备附加在 APB 系统上它将被设置为 0。设备附加在外部系统时用户应当按外部系统是同步于 AHB 系统还是 APB 系统来选择此位	0
INT	[29]	CURR_TC（终点计数）的中断使能/禁止设置。0 表示禁止 CURR_TC 中断，用户必须观察状态寄存器的传输计数（即定时查询）；1 表示当所有传输完成产生中断请求（即 CURR_TC 变为 0）	0
TSZ	[28]	一个原子传输的传输大小选择（即释放总线前每次 DMA 拥有总线执行传输）。0 表示执行一个单元传输；1 表示执行一个长度为 4 的突发传输	0
SERVMODE	[27]	单服务模式和全服务模式之间的服务模式选择。0 表示选择每次原子传输（单次或突发 4）后 DMA 停止和等待其他 DMA 请求的单服务模式；1 表示选择传输计数达到 0 前重复请求得到原子传输的全服务模式，此模式不需要额外请求。 注意即使在全服务模式中，在每个原子传输后 DMA 释放总线并为了预防其他总线主机的渴望得到总线而接着试图重新得到总线	0
HWSRCSEL	[26:24]	每个 DMA 的 DMA 请求源的选择。 对于 DCON0，　　000 表示 nXDREQ0, 001 表示 UART0, 010 表示 SDI, 011 表示 Timer, 100 表示 USB device EP1, 101 表示 IISSDO, 110 表示 PCMIN； 对于 DCON1，　　000 表示 nXDREQ1, 001 表示 UART1, 010 表示 IISSDI, 011 表示 SPI, 100 表示 USB device EP2, 101 表示 PCMOUT, 110 表示 SDI；	000

续表

DCONn	位	描述	初始状态
HWSRCSEL	[26:24]	对于DCON2, 000 表示 IISSDO, 001 表示 IISSDI, 010 表示 SDI, 011 表示 Timer, 100 表示 USB device EP3, 101 表示 PCMIN, 110 表示 MICIN; 对于DCON3, 000 表示 UART2, 001 表示 SDI, 010 表示 SPI, 011 表示 Timer, 100 表示 USB device EP4, 101 表示 MICIN, 110 表示 PCMOUT。 这些位控制4选1多路选择器（4-1 MUX）选择每个 DMA 的 DMA 请求源，当且仅当由DCONn[23]选择了硬件请求模式时这些位才有意义	000
SWHW_SEL	[23]	DMA 源为软件（软件请求模式）或硬件（硬件请求模式）选择。 0 表示选择软件请求模式并且 DMA 由 DMASKTRIG 控制寄存器的 SW_TRIG 位的置位触发; 1 表示由位[26:24]选择 DMA 源触发 DMA 操作	0
RELOAD	[22]	设置再加载开/关选项。0 表示当传输计数的当前值变为 0 时（即执行了所有请求的传输）执行自动再加载; 1 表示当传输计数的当前值变为 0 时 DMA 通道（DMA REQ）关闭，设置通道开/关位（DMASKTRIGn[1]）为 0（DREQ 关闭）来预防非预定的新 DMA 操作的进一步开始	0
DSZ	[21:20]	要传输的数据大小。 00 表示字节，01 表示半字，10 表示字，11 表示保留	00
TC	[19:0]	初始传输计数（或传输节拍）。 注意其实际传输的字节数由 SZ×TSZ×TC 计算得到。此处 DSZ、TSZ（1 或 4）和 TC 分别代表数据大小 DCONn[21:20]、传输大小 DCONn[28]和初始传输计数。当且仅当 CURR_TC 为 0 并且 DMAACK 为 1 时该值将被加载到 CURR_TC	0x00000

例 6-1 下面给出使用 DMA 将内存中的一块数据复制到另一个地址的程序示例。

```
#include "s3c2440.h"
#include "interrupt.h"
volatile static int flag = 0;        /*标志是否传输完所有的块数*/
volatile static int finish = 0;      /*标志 dma 传输是否完成*/
volatile static int blocks = 0;      /*记录还需要传输的块数*/
volatile static int remainder = 0;   /*记录剩余的不足一块的字数*/
/*DMA 中断处理程序，主要用于判断是否传输完成，若未完成则软件启动下一次 DMA 传输*/
void dma_irp()
{
    rSRCPND |= 1<<INT_DMA2;          /*清源挂起相应位*/
    rINTPND |= 1<<INT_DMA2;          /*清中断挂起相应位*/
    if(flag == 0) {                  /*块传送完标志*/
        finish = 1;                  /*置 DMA 传送完标志*/
```

```c
        rDMASKTRIG2 = 1<<2;              /*Stop DMA*/
    }
    else {                               /*未传送完*/
        blocks--;
        rDISRC2 += 0xFFFFF << 2;         /*按字传输,故增加的值为字的个数*/
        rDIDST2 += 0xFFFFF << 2;
        if (blocks == 0) {
            rDCON2 = (rDCON2 & ~0xFFFFF) | remainder;
            flag = 0;
        }
        rDMASKTRIG2 = (1<<1) | 1;        /*打开DMA请求,并软件启动下一次DMA*/
    }
}
/*DMA初始化,主要用于配置DMA中断,以及对一些标志的初始化*/
void dma_init()
{
    rSRCPND |= 1<<INT_DMA2;              /*清源挂起相应位*/
    rINTPND |= 1<<INT_DMA2;              /*清中断挂起相应位*/
    rINTMSK &= ~(1<<INT_DMA2);           /*开启相应位中断*/
    isr_handle_array[INT_DMA2] = dma_irp; /*填写中断矢量*/
    flag = 1;
    finish = 0;
}
/*将内存的一块复制到另一块,按字传输,size为字数*/
void dma_m2m(unsigned int *src, unsigned int *dst, unsigned int size)
{
    remainder = size % 0xFFFFF;
    blocks = size / 0xFFFFF;
    rDISRC2 = (unsigned int)src;
    rDISRCC2 = 0;
    rDIDST2 = (unsigned int)dst;
    rDIDSTC2 = 0;
    if (blocks == 0) {
        flag = 0;
        rDCON2 = (0x7<<29) | (1<<27) | (1<<22) | (2<<20) | remainder;
    }
    else {
        flag = 1;
        rDCON2 = (0x7<<29) | (1<<27) | (1<<22) | (2<<20) | 0xFFFFF;
```

```
    }
    rDMASKTRIG2 = (1<<1) | 1;              /*打开 DMA 请求，并软件启动 DMA*/
}
```

6.2 Cortex-M4/M7 DMA 原理

6.2.1 Cortex-M4 DMA 主要功能特点

本节以 LPC4357 为例讲述 Cortex-M4 DMA，LPC4357 主要功能特点有：

- 8 个 DMA 通道，每个通道可支持一个单向传输。
- 16 条 DMA 请求线。
- 单发 DMA 和连发 DMA 请求信号。每个连接到 DMA 控制器的外围设备可以发出一个连发 DMA 请求或一个单发 DMA 请求，DMA 连发大小通过编程 DMA 控制器进行设置。
- 支持存储器到存储器、存储器到外围设备、外围设备到存储器，以及外围设备到外围设备的传输。
- GPIO 模块、WWDT 和定时器可由 GPDMA 作为存储器到存储器传输访问。
- 通过使用链表可支持分散或收集 DMA，这意味着源区和目标区不一定要占用连续的存储区。
- 硬件 DMA 通道的优先级。
- AHB 从机 DMA 编程接口，通过 AHB 从机接口对 DMA 控制寄存器写入，从而对 DMA 控制器进行编程。
- 两个用于传输数据的 AHB 总线主机。这些接口在 DMA 请求有效时传输数据，主机 1 可以访问存储器和外围设备，主机 0 仅可访问存储器。
- 32 位 AHB 主机总线宽度。
- 来源和目标的递增或非递增寻址。
- 可编程的 DMA 连发大小，编程 DMA 连发大小可以提高传输数据的效率。
- 每个通道的内部 4 字 FIFO。
- 支持 8、16 和 32 位宽的传送。
- 支持大端和小端，复位时，DMA 控制器默认为小端模式。
- 在 DMA 完成后或当 DMA 发生错误时，可中断处理器。
- 原始中断状态，掩码前可以读取 DMA 错误和 DMA 计数的原始中断状态。

DMA 控制器允许外围设备到存储器、存储器到外围设备、外围设备到外围设备，以及存储器到存储器之间的传输，如图 6-2 所示。每个 DMA 流都可以为单个源和目标提供单向串行 DMA 传输。例如，一个双向端口就需要一个发送流和一个接收流。对主机 1 而言，源和目标区既可以是存储区，也可以是外设；主机 0 仅可访问存储器。

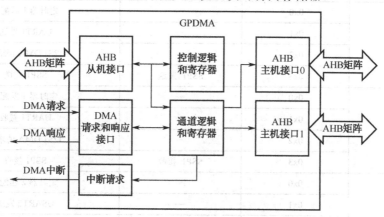

图 6-2 DMA 控制器框图

6.2.2 DMA 系统连接

DMA 控制器与所支持外围设备的连接如表 6-12 中所示。对于将外围设备连接至 DMA 的每个通道，LPC43xx 支持多种复用选项。CREG 模块的 DMAMUX 寄存器控制所要使用的选项见表 6-13 所示。

表 6-12 DMA 控制器与所支持外围设备的连接以及匹配流控制信号

外围设备编号	DMA 复用选项	SREQ	BREQ
0	0x0	SPIFI	SPIFI
0	0x1	—	SCT 匹配 2
0	0x2	—	SGPIO14
0	0x3	—	定时器 3 匹配 1
1	0x0	—	定时器 0 匹配 0
1	0x1	—	USART0 发送
1	0x2	保留	保留
1	0x3	保留	保留
2	0x0	—	定时器 0 匹配 1
2	0x1	—	USART0 接收
2	0x2	保留	保留
2	0x3	保留	保留

续表

外围设备编号	DMA 复用选项	SREQ	BREQ
3	0x0	—	定时器 1 匹配 0
	0x1	—	UART1 发送
	0x2	—	I2S1 DMA 请求 0
	0x3	SSP1 发送	SSP1 发送
4	0x0	—	定时器 1 匹配 1
	0x1	—	UART1 接收
	0x2	—	I2S1 DMA 请求 1
	0x3	SSP1 接收	SSP1 接收
5	0x0	—	定时器 2 匹配 0
	0x1	—	USART2 发送
	0x2	SSP1 发送	SSP1 发送
	0x3	—	SGPIO15
6	0x0	—	定时器 2 匹配 1
	0x1	—	USART2 接收
	0x2	SSP1 接收	SSP1 接收
	0x3	—	SGPIO14
7	0x0	—	定时器 3 匹配 0
	0x1	—	USART3 发送
	0x2	—	SCT DMA 请求 0
	0x3	保留	VADC 写
8	0x0	—	定时器 3 匹配 1
	0x1	—	USART3 接收
	0x2	—	SCT DMA 请求 1
	0x3	保留	VADC 读
9	0x0	SSP0 接收	SSP0 接收
	0x1	—	I2S0 DMA 请求 0
	0x2	—	SCT DMA 请求 1
	0x3	保留	保留
10	0x0	SSP0 发送	SSP0 发送
	0x1	—	I2S0 DMA 请求 1
	0x2	—	SCT 匹配 0
	0x3	保留	保留

第6章 ARM9、Cortex-M4/M7 DMA与定时器

续表

外围设备编号	DMA 复用选项	SREQ	BREQ
11	0x0	SSP1 接收	SSP1 接收
	0x1	—	SGPIO14
	0x2	—	USART0 发送
	0x3	保留	保留
12	0x0	SSP1 发送	SSP1 发送
	0x1	—	SGPIO15
	0x2	—	USART0 接收
	0x3	保留	保留
13	0x0	—	ADC0
	0x1	保留	保留
	0x2	SSP1 接收	SSP1 接收
	0x3	—	USART3 接收
14	0x0	—	ADC1
	0x1	保留	保留
	0x2	SSP1 发送	SSP1 发送
	0x3	—	USART3 发送
15	0x0		DAC
	0x1		SCT 匹配 3
	0x2		SGPIO15
	0x3		定时器 3 匹配 0

注意：除表 6-12 中列出的外设之外，GPIO、WWDT 和定时器还可以由 GPDMA 作为无流控制的存储器到存储器事务来访问。表中 BREQ 为连发请求信号，SREQ 为单一传输请求信号。

表 6-13 DMA 复用寄存器（DMAMUX，地址 0x4004 311C）位描述

位	符号	值	描 述	复位值	访问类型
1:0	DMAMUXCH0		选择外围设备连接的 DMA，用于 DMA 外围设备 0	0	R/W
		0x0	SPIFI		
		0x1	SCT 匹配 2		
		0x2	保留		
		0x3	T3 匹配 1		

续表

位	符号	值	描述	复位值	访问类型
3:2	DMAMUXCH1		选择外围设备连接的 DMA，用于 DMA 外围设备 1	0	R/W
		0x0	定时器 0 匹配 0		
		0x1	USART0 发送		
		0x2	保留		
		0x3	保留		
5:4	DMAMUXCH2		选择外围设备连接的 DMA，用于 DMA 外围设备 2	0	R/W
		0x0	定时器 0 匹配 1		
		0x1	USART0 接收		
		0x2	保留		
		0x3	保留		
7:6	DMAMUXCH3		选择外围设备连接的 DMA，用于 DMA 外围设备 3	0	R/W
		0x0	定时器 1 匹配 0		
		0x1	UART1 发送		
		0x2	I2S1 通道 0		
		0x3	SSP1 发送		
9:8	DMAMUXCH4		选择外围设备连接的 DMA，用于 DMA 外围设备 4	0	R/W
		0x0	定时器 1 匹配 1		
		0x1	UART1 接收		
		0x2	I2S1 通道 1		
		0x3	SSP1 接收		
11:10	DMAMUXCH5		选择外围设备连接的 DMA，用于 DMA 外围设备 5	0	R/W
		0x0	定时器 2 匹配 0		
		0x1	USART2 发送		
		0x2	SSP1 发送		
		0x3	保留		
13:12	DMAMUXCH6		选择外围设备连接的 DMA，用于 DMA 外围设备 6	0	R/W
		0x0	定时器 2 匹配 1		
		0x1	USART2 接收		
		0x2	SSP1 接收		
		0x3	保留		

续表

位	符 号	值	描 述	复位值	访问类型
15:14	DMAMUXCH7		选择外围设备连接的 DMA，用于 DMA 外围设备 7	0	R/W
		0x0	定时器 3 匹配 10		
		0x1	USART3 发送		
		0x2	SCT 匹配输出 0		
		0x3	保留		
17:16	DMAMUXCH8		选择外围设备连接的 DMA，用于 DMA 外围设备 8	0	R/W
		0x0	定时器 3 匹配 1		
		0x1	USART3 接收		
		0x2	SCT 匹配输出 1		
		0x3	保留		
19:18	DMAMUXCH9		选择外围设备连接的 DMA，用于 DMA 外围设备 9	0	R/W
		0x0	SSP0 接收		
		0x1	I2S0 通道 0		
		0x2	SCT 匹配输出 1		
		0x3	保留		
21:20	DMAMUXCH10		选择外围设备连接的 DMA，用于 DMA 外围设备 10	0	R/W
		0x0	SSP0 发送		
		0x1	I2S0 通道 1		
		0x2	SCT 匹配输出 0		
		0x3	保留		
23:22	DMAMUXCH11		选择外围设备连接的 DMA，用于 DMA 外围设备 11	0	R/W
		0x0	SSP1 接收		
		0x1	保留		
		0x2	USART0 发送		
		0x3	保留		
25:24	DMAMUXCH12		选择外围设备连接的 DMA，用于 DMA 外围设备 12	0	R/W
		0x0	SSP1 发送		
		0x1	保留		
		0x2	USART0 接收		
		0x3	保留		

续表

位	符号	值	描述	复位值	访问类型
27:26	DMAMUXCH13		选择外围设备连接的DMA,用于DMA外围设备13	0	R/W
		0x0	ADC0		
		0x1	保留		
		0x2	SSP1 接收		
		0x3	USART3 接收		
29:28	DMAMUXCH14		选择外围设备连接的DMA,用于DMA外围设备14	0	R/W
		0x0	ADC1		
		0x1	保留		
		0x2	SSP1 发送		
		0x3	USART3 发送		
31:30	DMAMUXCH15		选择外围设备连接的DMA,用于DMA外围设备15	0	R/W
		0x0	DAC		
		0x1	SCT 匹配输出 3		
		0x2	保留		
		0x3	定时器 3 匹配 0		

1. DMA 请求信号

外围设备可利用 DMA 请求信号进行数据传输请求。DMA 请求信号表明需要的是一个单次数据传输还是连发数据传输,以及该传输是否是数据包中的最后一次。可用的 DMA 请求信号如下。

- BREQ[15:0]:连发请求信号,这些信号可以让已编程连发数量的数据传输。
- SREQ[15:0]:单一传输请求信号,这些信号可以让单次数据传输,DMA 控制器实现与外围设备之间的单次传输。
- LBREQ[15:0]:最后一个连发请求信号。
- LSREQ[15:0]:最后一个单次传输请求信号。

请注意,大多数外围设备不支持所有的请求类型。

2. DMA 响应信号

DMA 响应信号指示 DMA 请求信号启动的传输是否已经结束,响应信号也可以用来指示一个完整的数据包是否已经完成传输。DMA 控制器的响应信号如下。

- CLR[15:0]:DMA 清除或应答信号,DMA 控制器利用 CLR 信号来响应外围设备的

DMA 请求。
- TC[15:0]：DMA 终结计数信号，DMA 控制器使用 TC 信号指示外围设备 DMA 传输已经结束。

6.2.3 DMA 寄存器描述

DMA 控制器支持 8 个通道，每个通道都有通道操作所对应的寄存器，其他寄存器控制源外围设备与 DMA 控制器的关联，还有全局 DMA 控制和状态寄存器。GPDMA 通用寄存器简介见表 6-14 所示，GPDMA 通用寄存器基地址是 0x4000 2000。

表 6-14　GPDMA 通用寄存器简介

名　　称	访问类	地址偏移	描　　述	复　位　值	参　　考
通用寄存器					
INTSTAT	RO	0x000	DMA 中断状态寄存器	0x0000 0000	
INTTCSTAT	RO	0x004	DMA 中断终结计数请求状态寄存器	0x0000 0000	
INTTCCLEAR	WO	0x008	DMA 中断终结计数请求清除寄存器	—	
INTERRSTAT	RO	0x00C	DMA 中断错误状态寄存器	0x0000 0000	[7:0]对应 8 个 DMA 通道；1 表示有效
INTERRCLR	WO	0x010	DMA 中断错误清除寄存器	—	
RAWINTTCSTAT	RO	0x014	DMA 原始中断终结计数状态寄存器	0x0000 0000	
RAWINTERR STAT	RO	0x018	DMA 原始错误中断状态寄存器	0x0000 0000	
ENBLDCHNS	RO	0x01C	DMA 使能通道寄存器	0x0000 0000	
SOFTBREQ	R/W	0x020	DMA 软件连发传送请求寄存器	0x0000 0000	[15:0]每个位代表 1 个 DMA 请求线或外围设备功能
SOFTSREQ	R/W	0x024	DMA 软件单次请求寄存器	0x0000 0000	
SOFTLBREQ	R/W	0x028	DMA 软件最后一个连发请求寄存器	0x0000 0000	
SOFTLSREQ	R/W	0x02C	DMA 软件最后一个单次请求寄存器	0x0000 0000	
CONFIG	R/W	0x030	DMA 配置寄存器	0x0000 0000	
SYNC	R/W	0x034	DMA 同步寄存器	0x0000 0000	[15:0]请求线
通道 0 寄存器					
C0SRCADDR	R/W	0x100	DMA 通道 0 源地址寄存器	0x0000 0000	
C0DESTADDR	R/W	0x104	DMA 通道 0 目标地址寄存器	0x0000 0000	
C0LLI	R/W	0x108	DMA 通道 0 链接列表项寄存器	0x0000 0000	详见表 6-15
C0CONTROL	R/W	0x10C	DMA 通道 0 控制寄存器	0x0000 0000	详见表 6-16
C0CONFIG	R/W	0x110	DMA 通道 0 配置寄存器	0x0000 0000[1]	详见表 6-17
通道 1 寄存器					
C1SRCADDR	R/W	0x120	DMA 通道 1 源地址寄存器	0x0000 0000	

续表

名称	访问类	地址偏移	描述	复位值	参考
C1DESTADDR	R/W	0x124	DMA 通道 1 目标地址寄存器	0x0000 0000	
C1LLI	R/W	0x128	DMA 通道 1 链接列表项寄存器	0x0000 0000	详见表 6-15
C1CONTROL	R/W	0x12C	DMA 通道 1 控制寄存器	0x0000 0000	详见表 6-16
C1CONFIG	R/W	0x130	DMA 通道 1 配置寄存器	0x0000 0000 [1]	详见表 6-17
通道 2 寄存器					
C2SRCADDR	R/W	0x140	DMA 通道 2 源地址寄存器	0x0000 0000	
C2DESTADDR	R/W	0x144	DMA 通道 2 目标地址寄存器	0x0000 0000	
C2LLI	R/W	0x148	DMA 通道 2 链接列表项寄存器	0x0000 0000	详见表 6-15
C2CONTROL	R/W	0x14C	DMA 通道 2 控制寄存器	0x0000 0000	详见表 6-16
C2CONFIG	R/W	0x150	DMA 通道 2 配置寄存器	0x0000 0000 [1]	详见表 6-17
通道 3 寄存器					
C3SRCADDR	R/W	0x160	DMA 通道 3 源地址寄存器	0x0000 0000	
C3DESTADDR	R/W	0x164	DMA 通道 3 目标地址寄存器	0x0000 0000	
C3LLI	R/W	0x168	DMA 通道 3 链接列表项寄存器	0x0000 0000	详见表 6-15
C3CONTROL	R/W	0x16C	DMA 通道 3 控制寄存器	0x0000 0000	详见表 6-16
C3CONFIG	R/W	0x170	DMA 通道 3 配置寄存器	0x0000 0000 [1]	详见表 6-17
通道 4 寄存器					
C4SRCADDR	R/W	0x180	DMA 通道 4 源地址寄存器	0x0000 0000	
C4DESTADDR	R/W	0x184	DMA 通道 4 目标地址寄存器	0x0000 0000	
C4LLI	R/W	0x188	DMA 通道 4 链接列表项寄存器	0x0000 0000	详见表 6-15
C4CONTROL	R/W	0x18C	DMA 通道 4 控制寄存器	0x0000 0000	详见表 6-16
C4CONFIG	R/W	0x190	DMA 通道 4 配置寄存器	0x0000 0000 [1]	详见表 6-17
通道 5 寄存器					
C5SRCADDR	R/W	0x1A0	DMA 通道 5 源地址寄存器	0x0000 0000	
C5DESTADDR	R/W	0x1A4	DMA 通道 5 目标地址寄存器	0x0000 0000	
C5LLI	R/W	0x1A8	DMA 通道 5 链接列表项寄存器	0x0000 0000	详见表 6-15
C5CONTROL	R/W	0x1AC	DMA 通道 5 控制寄存器	0x0000 0000	详见表 6-16
C5CONFIG	R/W	0x1B0	DMA 通道 5 配置寄存器	0x0000 0000 [1]	详见表 6-17
通道 6 寄存器					
C6SRCADDR	R/W	0x1C0	DMA 通道 6 源地址寄存器	0x0000 0000	
C6DESTADDR	R/W	0x1C4	DMA 通道 6 目标地址寄存器	0x0000 0000	
C6LLI	R/W	0x1C8	DMA 通道 6 链接列表项寄存器	0x0000 0000	详见表 6-15

第6章 ARM9、Cortex-M4/M7 DMA与定时器

续表

名　称	访问类	地址偏移	描　述	复　位　值	参　考
C6CONTROL	R/W	01CC	DMA 通道 6 控制寄存器	0x0000 0000	详见表 6-16
C6CONFIG	R/W	0x1D0	DMA 通道 6 配置寄存器	0x0000 0000 [1]	详见表 6-17
通道 7 寄存器					
C7SRCADDR	R/W	0x1E0	DMA 通道 7 源地址寄存器	0x0000 0000	
C7DESTADDR	R/W	0x1E4	DMA 通道 7 目标地址寄存器	0x0000 0000	
C7LLI	R/W	0x1E8	DMA 通道 7 链接列表项寄存器	0x0000 0000	详见表 6-15
C7CONTROL	R/W	0x1EC	DMA 通道 7 控制寄存器	0x0000 0000	详见表 6-16
C7CONFIG	R/W	0x1F0	DMA 通道 7 配置寄存器	0x0000 0000 [1]	详见表 6-17

注：[1]该寄存器的位 17 是 1 个只读状态标志位。

1．DMA 通用寄存器

DMA 通用寄存器共有 14 个，前 8 个寄存器的[7:0]每位对应一个通道，其余位为保留；后 6 个为寄存器的[15:0]的每位代表 1 个 DMA 请求线或外围设备功能。

CONFIG 是一个可读/写寄存器，可以配置 DMA 控制器的操作。AHB 主机接口的字节顺序通过写该寄存器的 M 位来改变。复位时，AHB 主机接口被设置成小端模式。

Sync 是一个可读/写的寄存器，可以使能或禁用 DMA 请求信号的同步逻辑。DMA 请求信号由 BREQ[15:0]、SREQ[15:0]、LBREQ[15:0]和 LSREQ[15:0]组成。将某个位设为 0，可以使能特定组 DMA 请求的同步逻辑；将某个位设为 1，可以禁用特定组 DMA 请求的同步逻辑。该寄存器复位到 0，同步逻辑使能。这点要注意。

2．DMA 通道寄存器

通道寄存器用于编程 8 个 DMA 通道，这些寄存器的组成如下。

- 8 个 CnSRCADDR 寄存器。
- 8 个 CnDESTADDR 寄存器。
- 8 个 CnLLI 寄存器。
- 8 个 CnCONTROL 寄存器。
- 8 个 CnCONFIG 寄存器。

执行分散/聚集 DMA 时，其中前四个寄存器会自动更新。

下面重点讲述 CnLLI、CnCONTROL 和 CnCONFIG 三个寄存器。

（1）DMA 通道链接列表项寄存器。8 个可读/写的 CLLI 寄存器（C0LLI 至 C7LLI）包

含下一个链接列表项（LLI）的字对齐地址。如果 LLI 为 0，则当前的 LLI 是链的最后一项；当与之相关的所有 DMA 传输结束后，DMA 通道被禁用。DMA 通道使能时，编程该寄存器可能会有不可预知的副作用。DMA 通道链接列表项寄存器位描述如表 6-15 所示。

表 6-15　DMA 通道链接列表项寄存器
（CLLI，0x4000 2108（C0LLI）至 0x4000 21E8（C7LLI））位描述

位	符号	值	描述	复位值	访问类型
0	LM		加载下一个 LLI 的 AHB 主机选择。	0	R/W
		0	AHB 主机 0		
		1	AHB 主机 1		
1	R		保留，必须写入为 0，读取时掩码	0	R/W
31:2	LLI		链接列表项，下一个 LLI 地址的位[31:2]，地址位[1:0]为 0	0x0000 0000	R/W

（2）DMA 通道控制寄存器。8 个可读/写的 CCONTROL 寄存器（C0CONTROL 至 C7CONTROL）包含传输长度、连发大小和传输宽度等 DMA 通道的控制信息。每个寄存器通过软件进行直接编程后，DMA 通道才会使能。通道使能时，该寄存器会在一个完整的数据包传输结束后紧跟在链接列表之后更新。通道有效时，读该寄存器不能提供有用的信息。这是因为当软件处理了读回的值后，通道可能已进行更新。只有在停止通道后，才读该寄存器。该寄存器的位描述见表 6-16 所示。

表 6-16　DMA 通道控制寄存器
（CCONTROL，0x4000 210C（C0CONTROL）至 0x4000 21EC（C7CONTROL））位描述

位	符号	值	描述	复位值	访问类型
11:0	TRANSFERSIZE		传输长度，即传输的数量。当 DMA 控制器为流控制器时，写该字段可以设置传输的大小，传输长度值必须在使能通道前设置。数据传输结束时，传输长度进行更新。读该字段可获得在目标总线上已完成的传输数量。通道有效时，读该寄存器不能提供有用信息。这是因为当软件处理了读回的值后该通道可能已更新，应只有在通道先使能后禁用的情况下才使用。如果 DMA 控制器非流控制器，则传输长度值不可用	0x0	R/W
14:12	SBSIZE		源连发大小，表示形成源连发的传输数量。该值必须设为源外设的连发大小。如果源是存储器该值就设为存储器边界的大小。当源外设的 BREQ 信号有效时，连发大小为传输的数据量。	0x0	R/W
		0x0	源连发大小 = 1		

续表

位	符号	值	描述	复位值	访问类型
14:12	SBSIZE	0x1	源连发大小 = 4	0x0	
		0x2	源连发大小 = 8		
		0x3	源连发大小 = 16		
		0x4	源连发大小 = 32		
		0x5	源连发大小 = 64		
		0x6	源连发大小 = 128		
		0x7	源连发大小 = 256		
17:15	DBSIZE		目标连发大小，表示形成目标连发传输请求的传输数量，该值必须设为目标外围设备的连发大小，如果目标是存储器，该值就设为存储器边界大小。当目标外围设备的 BREQ 信号有效时，连发大小为传输的数据量。	0x0	R/W
		0x0	目标连发大小 = 1		
		0x1	目标连发大小 = 4		
		0x2	目标连发大小 = 8		
		0x3	目标连发大小 = 16		
		0x4	目标连发大小 = 32		
		0x5	目标连发大小 = 64		
		0x6	目标连发大小 = 128		
		0x7	目标连发大小 = 256		
20:18	SWIDTH		源传输宽度，不允许传输宽度大于 AHB 主机总线宽度的数据。源和目标宽度可以不同，硬件会根据需要自动打包和拆分数据。0x3 至 0x7 保留	0x0	R/W
		0x0	字节（8 位）		
		0x1	半字（16 位）		
		0x2	字（32 位）		
23:21	DWIDTH		目标传输宽度，不允许传输宽度大于 AHB 主机总线宽度的数据。源和目标宽度可以不同，硬件会根据需要自动打包和拆分数据。0x3 至 0x7 保留	0x0	R/W
		0x0	字节（8 位）		
		0x1	半字（16 位）		
		0x2	字（32 位）		
24	S		源 AHB 主机选择	0	R/W
		0	源传输选择 AHB 主机 0		

续表

位	符号	值	描述	复位值	访问类型
24	S	1	源传输选择 AHB 主机 1	0	R/W
25	D		目标 AHB 主机选择。注：仅主机 1 可以访问外设，主机 0 仅可访问存储器	0	R/W
		0	目标传输所选的 AHB 主机 0		
		1	目标传输所选的 AHB 主机 1		
26	SI		源自增	0	R/W
		0	每次传输后源地址不自增		
		1	每次传输后源地址自增		
27	DI		目标自增	0	R/W
		0	每次传输后目标地址不自增		
		1	每次传输后目标地址自增		
28	PROT1		指明是在用户模式下还是特权模式下访问	0	R/W
		0	用户模式下访问		
		1	特权模式下访问		
29	PROT2		指明访问是否可以缓冲	0	R/W
		0	访问不可以缓冲		
		1	访问可以缓冲		
30	PROT3		指明访问是否可以缓存	0	R/W
		0	访问不可以缓存		
		1	访问可以缓存		
31	I		终结计数中断使能位	0	R/W
		0	终结计数中断禁用		
		1	终结计数中断使能		

（3）通道配置寄存器。8 个 CCONFIG 寄存器（C0CONFIG 至 C7CONFIG）为可读/写，但位[17]除外，为只读。使用这些寄存器配置 DMA 通道。请求新的 LLI 时，寄存器不会更新。通道配置寄存器位描述如表 6-17 所示。

表6-17 DMA通道配置寄存器
(CCONFIG, 0x4000 2110 (C0CONFIG) 至 0x4000 21F0 (C7CONFIG)) 位描述

位	符号	值	描述	复位值	访问类型
0	E		通道使能。读该位可以获得当前通道的使能状态，通道使能位状态也可通过读取 ENBLDCHNS 寄存器找到。 清除使能位可以禁用通道，这可以让当前 AHB 传输（如果有一个传输正在进行）结束并禁用通道，相应通道 FIFO 中的所有数据都会丢失。如果通过置位通道使能位来重启通道，就会产生不可预知的影响，必须对通道重新进行完全初始化。 最后一个 LLI 到达时、DMA 传输结束时，或碰到一个通道错误时，通道也会被禁用，并且清除通道使能位。 如果某个通道必须被禁用且不丢失 FIFO 中的数据，则 Halt 位必须置位，以忽略后续的 DMA 请求，然后查询 Active 位直至其为 0，表明 FIFO 中没有留下数据。最后，清除通道使能位	0	R/W
		0	通道禁用		
		1	通道使能		
5:1	SRC 外围设备		源外围设备，该值选择 DMA 源请求外围设备。如果传输源是存储器，则忽略该字段。参见表 6-12 以了解详细信息		R/W
		0x0	SPIFI/SCT 匹配 3/SGPIO14/ 定时器 3 匹配 1		
		0x1	定时器 0 匹配 0/USART0 发送		
		0x2	定时器 0 匹配 1/USART0 接收		
		0x3	定时器 1 匹配 0/UART1 发送/ I2S1 DMA 请求 0/SSP1 发送		
		0x4	定时器 1 匹配 1/UART1 接收/ I2S1 DMA 请求 1/SSP1 接收		
		0x5	定时器 2 匹配 0/USART2 发送/SSP1 发送/SGPIO15		
		0x6	定时器 2 匹配 1/USART2 接收/SSP1 接收/SGPIO14		
		0x7	定时器 3 匹配 0/UART3 发送/SCT 匹配 0/VADC 写入		
		0x8	定时器 3 匹配 1/UART3 接收/SCT 匹配 1/VADC 读取		
		0x9	SSP0 接收/I2S0 DMA 请求 0/SCT 匹配 1		
		0xA	SSP0 发送/I2S DMA 请求 1/SCT 匹配 0		
		0xB	SSP1 接收/SGPIO14/USART0 发送		
		0xC	SSP1 发送/SGPIO15/USART0 接收		
		0xD	ADC0/SSP1 接收/USART3 接收		
		0xE	ADC1/SSP1 发送/USART3 发送		
		0xF	DAC/SCT 匹配 3/SGPIO15/ 定时器 3 匹配 0		

续表

位	符号	值	描述	复位值	访问类型
10:6	DEST 外围设备		目标外围设备，该值选择 DMA 目标请求外围设备，如果传输目标是存储器，则忽略该字段。参见表 6-12 以了解详细信息		R/W
		0x0	SPIFI/SCT 匹配 3/SGPIO14/ 定时器 3 匹配 1		
		0x1	定时器 0 匹配 0/USART0 发送		
		0x2	定时器 0 匹配 1/USART0 接收		
		0x3	定时器 1 匹配 0/UART1 发送/ I2S1 DMA 请求 0/SSP1 发送		
		0x4	定时器 1 匹配 1/UART1 接收/ I2S1 DMA 请求 1/SSP1 接收		
		0x5	定时器 2 匹配 0/USART2 发送/SSP1 发送/SGPIO15		
		0x6	定时器 2 匹配 1/USART2 接收/SSP1 接收/SGPIO14		
		0x7	定时器 3 匹配 0/UART3 发送/SCT 匹配 0/VADC 写入		
		0x8	定时器 3 匹配 1/UART3 接收/SCT 匹配 1/VADC 读取		
		0x9	SSP0 接收/I2S0 DMA 请求 0/SCT 匹配 1		
		0xA	SSP0 发送/I2S DMA 请求 1/SCT 匹配 0		
		0xB	SSP1 接收/SGPIO14/USART0 发送		
		0xC	SSP1 发送/SGPIO15/USART0 接收		
		0xD	ADC0/SSP1 接收/USART3 接收		
		0xE	ADC1/SSP1 发送/USART3 发送		
		0xF	DAC/SCT 匹配 3/SGPIO15/ 定时器 3 匹配 0		
13:11	FLOWCNTRL		流控制和传输类型，该值指明流控制器和传输类型。流控制器可以是 DMA 控制器、源外围设备或目标外围设备；传输类型可以是存储器到存储器、存储器到外围设备、外围设备到存储器或外围设备到外围设备		R/W
		0x0	存储器到存储器（DMA 控制）		
		0x1	存储器到外围设备（DMA 控制）		
		0x2	外围设备到存储器（DMA 控制）		
		0x3	源外围设备到目标外围设备（DMA 控制）		
		0x4	源外围设备到目标外围设备（目标控制）		
		0x5	存储器到外围设备（外围设备控制）		
		0x6	外围设备到存储器（外围设备控制）		
		0x7	源外围设备到目标外围设备（源控制）		
14	IE		中断错误掩码，清除时，该位会掩码相关通道的错误中断		R/W

续表

位	符号	值	描述	复位值	访问类型
15	ITC		终结计数中断掩码，清除时，该位会掩码相关通道的终结计数中断		R/W
16	L		锁定，置位时，该位会使能锁定的传输		R/W
17	A		活动：0 表示通道 FIFO 中没有数据；1 表示通道 FIFO 中有数据。该值可以和 Halt 以及通道使能位一起使用，彻底禁用一个 DMA 通道。这是一个只读位		RO
18	H		Halt，0 表示使能 DMA 请求；1 表示忽略后续的源 DMA 请求。通道 FIFO 的内容被输出。该值可以和 Active，以及通道使能位一起使用彻底禁用一个 DMA 通道		R/W
		0	使能 DMA 请求		
		1	忽略后续的源 DMA 请求		
31:19	—		保留，不修改，读取时掩码		

3. 编程 DMA 通道

- 选择一个具有所需优先级的空闲 DMA 通道，DMA 通道 0 的优先级最高，DMA 通道 7 的优先级最低。
- 通过写 IntTCClear 和 INTERRCLEAR 寄存器清除所使用通道上的任一挂起中断，之前的通道操作可能会使中断继续有效。
- 向 CSRCADDR 寄存器写入源地址。
- 向 CDESTADDR 寄存器写入目标地址。
- 向 CLLI 寄存器写入下一个 LLI 的地址，如果只传输单个数据包，则必须向该寄存器写 0。
- 向 CCONTROL 寄存器写入控制信息。
- 向 CCONFIG 寄存器写入通道配置信息，如果使能位被置位，则 DMA 通道将自动使能。

4. 分散与聚集

通过使用链接列表来支持分散/聚集。这意味着源区和目标区不一定要占用连续的存储区。不需要分散/聚集时，CLLI 寄存器必须设为 0。

源和目标数据区由一连串的链接列表来定义。每个链接列表项（LLI）控制着一个数据块的传输，然后可以选择并加载另一个 LLI 来继续 DMA 操作或停止 DMA 流。第一个 LLI 被编程到 DMA 控制器中。

LLI 描述的传输数据（指数据包）通常需要进行一次或多次 DMA 连发传输（到每个源和目标）。

（1）链接列表项。链接列表项（LLI）由 4 个字组成，这些字的排列顺序为 CSRCADDR→CDESTADDR→CLLI→CCONTROL。

注意：CCONFIG DMA 通道配置寄存器不属于链接列表项的一部分。

（2）编程分散与聚集 DMA。如需编程 DMA 控制器以分散/聚集 DMA。

- 向存储器中写入整个 DMA 传输的 LLI，每个链接列表项包含源地址、目标地址、指向下一个 LLI 的指针、控制字，最后一个 LLI 的链接列表项字指针需设为 0。
- 选择一个具有所需优先级的空闲 DMA 通道，DMA 通道 0 的优先级最高，DMA 通道 7 的优先级最低。
- 将第一个先前写入存储器的链接列表项写入 DMA 控制器的相关通道。
- 向通道配置寄存器写入通道配置信息，并置位通道使能位。随着每个链接列表项的加载，DMA 控制器会传输第一个，然后按顺序传输数据包。
- 每个 LLI 结束时可以产生中断，由 CCONTROL 寄存器的终结计数位决定。如果该位被置位，相关 LLI 结束时会产生中断，然后处理中断请求，INTTCCLEAR 寄存器中的相关位必须置位，以清除该中断。

（3）分散/聚集 DMA 示例。对于 LLI 的示例，请参见图 6-3，需要将某个存储区的内容传输到一个外围设备，图左侧为每个 LLI 的地址，以十六进制的形式表示；图的右侧显示了包含要传输的数据的存储器。

第一个 LLI 存储在 0x2000 0000，定义了要传输的第一个数据块，这个数据块是存储在地址 0x2000 A200 和 0x2000 AE00 之间的数据。

- 源起始地址 0x2000 A200。
- 目标地址设为目标外设地址。
- 传输宽度，字（32 位）。
- 传输长度，3072 字节（0xC00）。
- 源和目标连发大小，16 次传输。
- 下一个 LLI 地址为 0x2000 0010。

第二个 LLI 存储在 0x2000 0010 上，描述要传输的下一个数据块：

- 源起始地址 0x2000 B200。
- 目标地址设为目标外设地址。
- 传输宽度，字（32 位）。

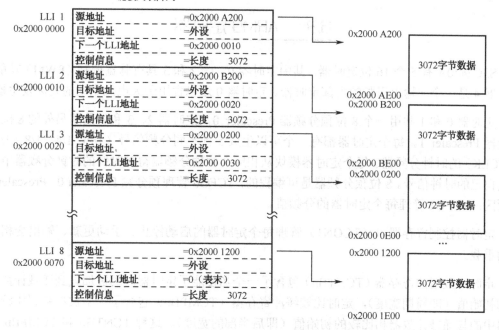

图 6-3 分散与聚集 DMA 示例

- 传输长度，3072 字节（0xC00）。
- 源和目标连发大小，16 次传输。
- 下一个 LLI 地址为 0x2000 0020。

这样，一个描述符链就形成了，其中每个描述符都指向链接列表中的下一项。为了初始化 DMA 流，第一个 LLI（0x2000 0000）编入到 DMA 控制器中。当第一个数据包被传输后，下一个 LLI 就自动加载。

最后一个 LLI 存储在 0x2000 0070 上，其中包含：

- 源起始地址 0x2000 1200。
- 目标地址设为目标外设地址。
- 传输宽度，字（32 位）。
- 传输长度，3072 字节（0xC00）。
- 源和目标连发大小，16 次传输。
- 下一个 LLI 地址为 0x0。

由于下一个 LLI 地址设为 0，因此这是最后一个描述符；而且 DMA 通道在传输完最后一个数据项后被禁用。此时，通道也可能设置成产生中断，以向 ARM 处理器指明通道可以重新编程。

6.3 ARM9 定时器

S3C2440A 有 5 个 16 位定时器，其中定时器 0、1、2 和 3 具有脉宽调制（PWM）功能；定时器 4 是一个无输出引脚的内部定时器。定时器 0 还包含用于大电流驱动的死区发生器。

定时器 0 和 1 共用一个 8 位预分频器 Prescaler 0，定时器 2、3 和 4 共用另外的 8 位预分频器 Prescaler 1。每个定时器都有一个可以生成 5 种不同分频信号（1/2、1/4、1/8、1/16 和 TCLK）的时钟分频器。每个定时器模块从相应 8 位预分频器得到时钟的时钟分频器中得到其自己的时钟信号。8 位预分频器是可编程的，TCFG0 管理预分频 Prescaler 0、Prescaler 1 和死区；TCFG1 管理每个定时器的分频值。

定时器控制寄存器 1（TCON1）管理每个定时器的启动停止、手动更新、输出变相等自动重载。

定时计数缓冲寄存器（TCNTBn）包含了一个当使能了定时器时的被加载到递减计数器中的初始值（即周期宽度），定时比较缓冲寄存器（TCMPBn）包含了一个被加载到比较寄存器中的与递减计数器相比较的初始值（即后半部的宽度）。这种 TCNTBn 和 TCMPBn 的双缓冲特征保证了在改变频率和占空比时定时器能产生稳定的输出。

每个定时器都有它自己的、由定时器时钟驱动的 16 位递减计数器，当递减计数器到达零时，产生定时器中断请求通知 CPU 定时器操作已经完成。当定时器计数器到达零时，相应的 TCNTBn 的值将自动被加载到递减计数器以继续下一次操作。然而，如果定时器停止了，例如，在定时器运行模式期间清除 TCONn 的定时器使能位，TCNTBn 的值将不会被重新加载到计数器中。

TCMPBn 的值用于脉宽调制（PWM），当递减计数器的值与定时器控制逻辑中的比较寄存器的值相匹配时定时器控制逻辑改变输出电平，因此，比较寄存器决定 PWM 输出的开启时间（或关闭时间）。S3C2440A 定时器的主要特性有：

- 5 个 16 位定时器。
- 2 个 8 位预分频器和两个 4 位分频器。
- 可编程输出波形的占空比控制（PWM）。
- 自动重载模式或单稳脉冲模式。
- 死区发生。

S3C2440A 的 16 位的 PWM 定时方块如图 6-4 所示，所用到控制寄存器见表 6-18 所示。

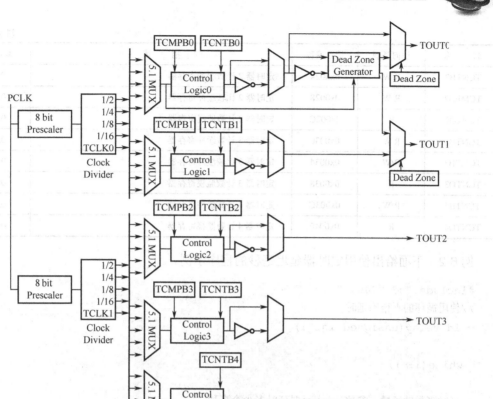

图 6-4　16 位 PWM 定时器方块图

表 6-18　ARM9 定时器控制寄存器（基地址 0x5100）

名　称	访问类型	地址偏移	描　　述	复位值
TCFG0	R/W	0x0000	定时器配置寄存器 0，配制两个 8 位预分频器，[7:0]预分 0，[15:8]预分 1，[23:16]死区段	0x0
TCFG1	R/W	0x0004	定时器配置寄存器 1，5 路多路选择器（每个占用 4 bit）和 DMA 模式选择寄存器（4 bit）	0x0
TCON	R/W	0x0008	定时器控制寄存器	0x0
TCNTB0	R/W	0x000C	定时器 0 计数缓冲寄存器（周期值）	0x0
TCMPB0	R/W	0x0010	定时器 0 比较缓冲寄存器（后半周期值）	0x0
TCNTO0	R	0x0014	定时器 0 计数监视寄存器	0x0
TCNTB1	R/W	0x0018	定时器 1 计数缓冲寄存器	0x0
TCMPB1	R/W	0x001C	定时器 1 比较缓冲寄存器	0x0
TCNTO1	R	0x0020	定时器 1 计数监视寄存器	0x0

续表

名称	访问类型	地址偏移	描述	复位值
TCNTB2	R/W	0x0024	定时器2计数缓冲寄存器	0x0
TCMPB2	R/W	0x0028	定时器2比较缓冲寄存器	0x0
TCNTO2	R	0x002C	定时器2计数监视寄存器	0x0
TCNTB3	R/W	0x0030	定时器3计数缓冲寄存器	0x0
TCMPB3	R/W	0x0034	定时器3比较缓冲寄存器	0x0
TCNTO3	R	0x0038	定时器3计数监视寄存器	0x0
TCNTB4	R/W	0x003C	定时器4计数缓冲寄存器	0x0
TCNTO4	R	0x0040	定时器4计数监视寄存器	0x0

例 6-2 下面给出使用定时器延迟毫秒的程序示例。

```
#include "s3c2440.h"
//使用循环的不精确延时
void delay(unsigned int i)
{
  while(i--);
}
//延时毫秒的函数，参数 ms 表示要延时多少个毫秒
void mdelay(volatile u32 ms)
{
    /* Timer4: f=50000000/250/4=50000 Hz,即节拍周期为1/50000=20 us */
    rTCFG0 = ~(0xFF<<8);
    rTCFG0 |= 249<<8;        //预分频值249
    rTCFG1 &= ~(0xF<<16);
    rTCFG1 |= 0x1<<16;       //分频值4
    while(ms--) {
        rTCNTB4 = 50;
        rTCON &= ~(7<<20);
        rTCON |= 7<<20;
        rTCON &= ~(1<<21);
        rTCON &= ~(1<<22);
        delay(100);
        while(rTCNTO4)
            delay(1);
    }
}
```

6.4 Cortex-M4/M7 定时器种类及功能原理

Cortex-M4 对定时器进行了功能分工，分为状态可配置定时器、定时器/计数器、电机控制 PWM、正交编码器接口、重复中断定时器、报警定时器、实时定时器和看门狗定时器。Cortex-M7 对定时器类型进行了简化，原理与此类似，这里省略。下面分类介绍原理。

6.4.1 状态可配置的定时器

状态可配置的定时器（State Configurable Timer，SCT）由"定时器"+"状态机"组成，其最独特优势是它可灵活地配置，可以利用状态机控制（如复杂电机控制）来配置高级定时操作。SCT 的原理如图 6-5 所示。

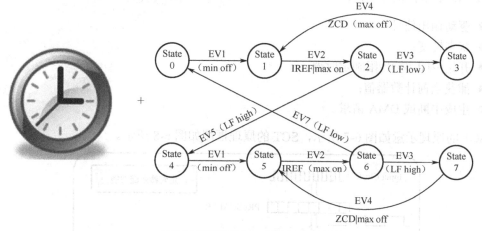

图 6-5　SCT 原理图

SCT 是一个与高灵活性、事件驱动状态机模块相结合的定时器或计数器单元，主要包含五个部分：定时器、状态、事件、输入、输出。SCT 的功能示意如图 6-6 所示。

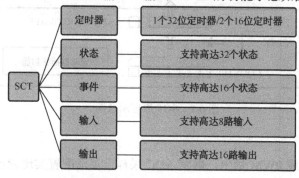

图 6-6　SCT 功能示意图

8路输入：CTIN_0～7。

16路输出：CTOUT_0～15。

有16（0～15）个匹配寄存器、16个匹配捕获寄存器、16个匹配重新装入寄存器、16个捕获控制寄存器、16个事件状态掩码寄存器、16个事件控制寄存器、16个输出设置寄存器、16个输出清除寄存器。

（1）SCT事件触发条件。

- 基于时间值（定时器匹配）；
- 输入和输出信号的电平（高/低）或边沿（上升沿/下降沿）；
- 基于时间值[and] / [or]信号的电平或边沿。

（2）SCT事件执行动作。

- 驱动输出信号；
- 状态转变；
- 开始/中止/停止/限制定时器；
- 捕获当前计数器值；
- 生成中断或DMA请求。

SCT的原理示意如图6-7所示，SCT的原理框图如图6-8所示。

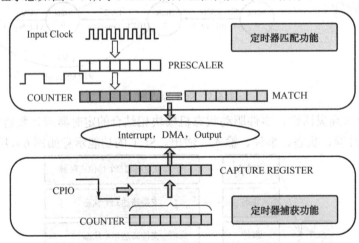

图6-7　SCT原理示意图

（3）SCT应用。

- 电机控制：生成PWM输出，触发ADC采样，灵活配置实现死区保护。
- 照明控制：调制PWM输出，灯传感器反馈信号的处理。

- 纯硬件生成自定义的控制信号：如时钟或信号选通、复杂的调制输出、脉冲序列。
- 自定义输入信号的采样：如频率检测、脉冲宽度检测、相位检测。

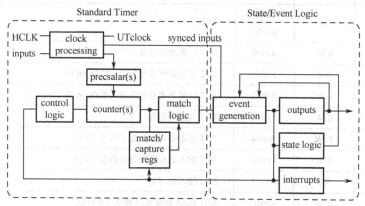

图 6-8　SCT 原理框图

STC 寄存器简介如表 6-19 所示。

表 6-19　状态可配置定时器寄存器简介（基址 0x4000 0000）

名　称	访问类型	地址偏移	描　述	复位值
CONFIG	R/W	0x000	SCT 配置寄存器	0x0000 7E00
CTRL	R/W	0x004	SCT 控制寄存器	0x0004 0004
CTRL_L	R/W	0x004	SCT 控制寄存器低速计数器 16 位	0x0004 0004
CTRL_H	R/W	0x006	SCT 控制寄存器高速计数器 16 位	0x0004 0004
LIMIT	R/W	0x008	SCT 限值寄存器	0x0000 0000
LIMIT_L	R/W	0x008	SCT 限值寄存器低速计数器 16 位	0x0000 0000
LIMIT_H	R/W	0x00A	SCT 限值寄存器高速计数器 16 位	0x0000 0000
HALT	R/W	0x00C	SCT 终止条件寄存器	0x0000 0000
HALT_L	R/W	0x00C	SCT 终止条件寄存器低速计数器 16 位	0x0000 0000
HALT_H	R/W	0x00E	SCT 终止条件寄存器高速计数器 16 位	0x0000 0000
STOP	R/W	0x010	SCT 停止条件寄存器	0x0000 0000
STOP_L	R/W	0x010	SCT 停止条件寄存器低速计数器 16 位	0x0000 0000
STOP_H	R/W	0x012	SCT 停止条件寄存器高速计数器 16 位	0x0000 0000
START	R/W	0x014	SCT 启动条件寄存器	0x0000 0000
START_L	R/W	0x014	SCT 启动条件寄存器低速计数器 16 位	0x0000 0000
START_H	R/W	0x016	SCT 启动条件寄存器高速计数器 16 位	0x0000 0000

续表

名称	访问类型	地址偏移	描述	复位值
—	—	0x018~0x03C	保留	
COUNT	R/W	0x040	SCT 计数器寄存器	0x0000 0000
COUNT_L	R/W	0x040	SCT 计数器寄存器低速计数器 16 位	0x0000 0000
COUNT_H	R/W	0x042	SCT 计数器寄存器高速计数器 16 位	0x0000 0000
STATE	R/W	0x044	SCT 状态寄存器	0x0000 0000
STATE_L	R/W	0x044	SCT 状态寄存器低速计数器 16 位	0x0000 0000
STATE_H	R/W	0x046	SCT 状态寄存器高速计数器 16 位	0x0000 0000
INPUT	RO	0x048	SCT 输入寄存器	0x0000 0000
REGMODE	R/W	0x04C	SCT 匹配/捕获寄存器模式寄存器	0x0000 0000
REGMODE_L	R/W	0x04C	SCT 匹配/捕获寄存器模式寄存器低速计数器 16 位	0x0000 0000
REGMODE_H	R/W	0x04E	SCT 匹配/捕获寄存器模式寄存器高速计数器 16 位	0x0000 0000
OUTPUT	R/W	0x050	SCT 输出寄存器	0x0000 0000
OUTPUTDIRCTRL	R/W	0x054	SCT 输出计数器方向控制寄存器	0x0000 0000
RES	R/W	0x058	SCT 解决冲突寄存器	0x0000 0000
DMAREQ0	R/W	0x05C	SCT DMA 请求 0 寄存器	0x0000 0000
DMAREQ1	R/W	0x060	SCT DMA 请求 1 寄存器	0x0000 0000
—	—	0x064~0x0EC	保留	—
EVEN	R/W	0x0F0	SCT 事件使能寄存器	0x0000 0000
EVFLAG	R/W	0x0F4	SCT 事件标志寄存器	0x0000 0000
CONEN	R/W	0x0F8	SCT 冲突使能寄存器	0x0000 0000
CONFLAG	R/W	0x0FC	SCT 冲突标志寄存器	0x0000 0000
MATCH0~MATCH15	R/W	0x100~0x13C	SCT 匹配值寄存器的匹配通道为 0~15；REGMOD0~REGMODE15=0	0x0000 0000
MATCH0_L~MATCH15_L	R/W	0x100~0x13C	SCT 匹配值寄存器的匹配通道为 0~15；低速计数器 16 位；REGMOD0_L~REGMODE15_L=0	0x0000 0000
MATCH0_H~MATCH15_H	R/W	0x102~0x13E	SCT 匹配值寄存器的匹配通道为 0~15；高速计数器 16 位；REGMOD0_H~REGMODE15_H=0	0x0000 0000
CAP0~CAP15		0x100~0x13C	SCT 捕获寄存器的捕获通道为 0~15；REGMOD0~REGMODE15=1	0x0000 0000
CAP0_L~CAP15_L	—	0x100~0x13C	SCT 捕获寄存器的捕获通道为 0~15；低速计数器 16 位；REGMOD0_L~REGMODE15_L=1	0x0000 0000

续表

名 称	访问类型	地址偏移	描 述	复位值
CAP0_H~CAP15_H	—	0x102~ 0x13E	SCT 捕获寄存器的捕获通道为 0~15；高速计数器 16 位；REGMOD0_H~REGMODE15_H=1	0x0000 0000
MATCHREL0~ MATCHREL15	R/W	0x200~ 0x23C	SCT 匹配重新载入值寄存器 0~15REGMOD0~REGMODE15 = 0	0x0000 0000
MATCHREL0_L~ MATCHREL15_L	R/W	0x200~ 0x23C	SCT 匹配重新载入值寄存器 0~15；低速计数器 16 位；REGMOD0_L~REGMODE15_L = 0	0x0000 0000
MATCHREL0_H~ MATCHREL15_H	R/W	0x202~ 0x23E	SCT 匹配重新载入值寄存器 0~15；高速计数器 16 位；REGMOD0_H~REGMODE15_H = 0	0x0000 0000
CAPCTRL0~ CAPCTRL15	—	0x200~ 0x23C	SCT 捕获控制寄存器 0~15，REGMOD0~REGMODE15 = 1	0x0000 0000
CAPCTRL0_L~ CAPCTRL15_L	—	0x200~ 0x23C	SCT 捕获控制寄存器 0~15；低速计数器 16 位；REGMOD0_L~REGMODE15_L = 1	0x0000 0000
CAPCTRL0~ CAPCTRL15	—	0x202~ 0x23E	SCT 捕获控制寄存器 0~15；高速计数器 16 位；REGMOD0~REGMODE15 = 1	0x0000 0000
EVSTATEMSK0	R/W	0x300	SCT 事件状态寄存器 0	0x0000 0000
EVCTRL0	R/W	0x304	SCT 事件控制寄存器 0	0x0000 0000
EVSTATEMSK1	R/W	0x308	SCT 事件状态寄存器 1	0x0000 0000
EVCTRL1	R/W	0x30C	SCT 事件控制寄存器 1	0x0000 0000
EVSTATEMSK2	R/W	0x310	SCT 事件状态寄存器 2	0x0000 0000
EVCTRL2	R/W	0x314	SCT 事件控制寄存器 2	0x0000 0000
EVSTATEMSK3	R/W	0x318	SCT 事件状态寄存器 3	0x0000 0000
EVCTRL3	R/W	0x31C	SCT 事件控制寄存器 3	0x0000 0000
EVSTATEMSK4	R/W	0x320	SCT 事件状态寄存器 4	0x0000 0000
EVCTRL4	R/W	0x324	SCT 事件控制寄存器 4	0x0000 0000
EVSTATEMSK5	R/W	0x328	SCT 事件状态寄存器 5	0x0000 0000
EVCTRL5	R/W	0x32C	SCT 事件控制寄存器 5	0x0000 0000
EVSTATEMSK6	R/W	0x330	SCT 事件状态寄存器 6	0x0000 0000
EVCTRL6	R/W	0x334	SCT 事件控制寄存器 6	0x0000 0000
EVSTATEMSK7	R/W	0x338	SCT 事件状态寄存器 7	0x0000 0000
EVCTRL7	R/W	0x33C	SCT 事件控制寄存器 7	0x0000 0000
EVSTATEMSK8	R/W	0x340	SCT 事件状态寄存器 8	0x0000 0000
EVCTRL8	R/W	0x344	SCT 事件控制寄存器 8	0x0000 0000
EVSTATEMSK9	R/W	0x348	SCT 事件状态寄存器 9	0x0000 0000

续表

名称	访问类型	地址偏移	描述	复位值
EVCTRL9	R/W	0x34C	SCT事件控制寄存器9	0x0000 0000
EVSTATEMSK10	R/W	0x350	SCT事件状态寄存器10	0x0000 0000
EVCTRL10	R/W	0x354	SCT事件控制寄存器10	0x0000 0000
EVSTATEMSK11	R/W	0x358	SCT事件状态寄存器11	0x0000 0000
EVCTRL11	R/W	0x35C	SCT事件控制寄存器11	0x0000 0000
EVSTATEMSK12	R/W	0x360	SCT事件状态寄存器12	0x0000 0000
EVCTRL12	R/W	0x364	SCT事件控制寄存器12	0x0000 0000
EVSTATEMSK13	R/W	0x368	SCT事件状态寄存器13	0x0000 0000
EVCTRL13	R/W	0x36C	SCT事件控制寄存器13	0x0000 0000
EVSTATEMSK14	R/W	0x370	SCT事件状态寄存器14	0x0000 0000
EVCTRL14	R/W	0x374	SCT事件控制寄存器14	0x0000 0000
EVSTATEMSK15	R/W	0x378	SCT事件状态寄存器15	0x0000 0000
EVCTRL15	R/W	0x37C	SCT事件控制寄存器15	0x0000 0000
OUTPUTSET0	R/W	0x500	SCT输出0设置寄存器	0x0000 0000
OUTPUTCL0	R/W	0x504	SCT输出0清除寄存器	0x0000 0000
OUTPUTSET1	R/W	0x508	SCT输出1设置寄存器	0x0000 0000
OUTPUTCL1	R/W	0x50C	SCT输出1清除寄存器	0x0000 0000
OUTPUTSET2	R/W	0x510	SCT输出2设置寄存器	0x0000 0000
OUTPUTCL2	R/W	0x514	SCT输出2清除寄存器	0x0000 0000
OUTPUTSET3	R/W	0x518	SCT输出3设置寄存器	0x0000 0000
OUTPUTCL3	R/W	0x51C	SCT输出3清除寄存器	0x0000 0000
OUTPUTSET4	R/W	0x520	SCT输出4设置寄存器	0x0000 0000
OUTPUTCL4	R/W	0x524	SCT输出4清除寄存器	0x0000 0000
OUTPUTSET5	R/W	0x528	SCT输出5设置寄存器	0x0000 0000
OUTPUTCL5	R/W	0x52C	SCT输出5清除寄存器	0x0000 0000
OUTPUTSET6	R/W	0x530	SCT输出6设置寄存器	0x0000 0000
OUTPUTCL6	R/W	0x534	SCT输出6清除寄存器	0x0000 0000
OUTPUTSET7	R/W	0x538	SCT输出7设置寄存器	0x0000 0000
OUTPUTCL7	R/W	0x53C	SCT输出7清除寄存器	0x0000 0000
OUTPUTSET8	R/W	0x540	SCT输出8设置寄存器	0x0000 0000
OUTPUTCL8	R/W	0x544	SCT输出8清除寄存器	0x0000 0000

续表

名称	访问类型	地址偏移	描述	复位值
OUTPUTSET9	R/W	0x548	SCT 输出 9 设置寄存器	0x0000 0000
OUTPUTCL9	R/W	0x54C	SCT 输出 9 清除寄存器	0x0000 0000
OUTPUTSET10	R/W	0x550	SCT 输出 10 设置寄存器	0x0000 0000
OUTPUTCL10	R/W	0x554	SCT 输出 10 清除寄存器	0x0000 0000
OUTPUTSET11	R/W	0x558	SCT 输出 11 设置寄存器	0x0000 0000
OUTPUTCL11	R/W	0x55C	SCT 输出 11 清除寄存器	0x0000 0000
OUTPUTSET12	R/W	0x560	SCT 输出 12 设置寄存器	0x0000 0000
OUTPUTCL12	R/W	0x564	SCT 输出 12 清除寄存器	0x0000 0000
OUTPUTSET13	R/W	0x568	SCT 输出 13 设置寄存器	0x0000 0000
OUTPUTCL13	R/W	0x56C	SCT 输出 13 清除寄存器	0x0000 0000
OUTPUTSET14	R/W	0x570	SCT 输出 14 设置寄存器	0x0000 0000
OUTPUTCL14	R/W	0x574	SCT 输出 14 清除寄存器	0x0000 0000
OUTPUTSET15	R/W	0x578	SCT 输出 15 设置寄存器	0x0000 0000
OUTPUTCL15	R/W	0x57C	SCT 输出 15 清除寄存器	0x0000 0000

6.4.2 Timer0~3 定时器

Cortex-M4 的定时器/计数器与 ARM9 的定时器相比，多了计数、匹配、捕捉功能，位数也增加了，定时器的位数从 ARM9 的 16 bit 增加到了 Cortex-M4 的 32 bit。LPC4357 定时器 Timer0~3 具有如下功能。

- 使用 32 位可编程预分频器的 32 位定时器/计数器。
- 计数器或定时器操作。
- 每个定时器拥有 4 个 32 位捕获通道，可以在输入信号跃迁时生成定时器值快照。捕获事件还可以有选择性地生成中断。
- 4 个 32 位匹配寄存器可以：连续操作，可选择在匹配时产生中断；在与可选中断生成相匹配时停止定时器运行；在与可选中断生成相匹配时进行定时器复位。
- 匹配寄存器拥有四个外部输出，它们具有如下功能：匹配时设置为低电平、匹配时设置为高电平、匹配时切换、匹配时不执行任何操作。

LPC4357 定时器/计数器引脚功能描述如表 6-20 所示，寄存器简介如表 6-21 所示。

表 6-20 定时器/计数器引脚功能描述

引脚	类型	描述
CAP0_[3:0] CAP1_[3:0] CAP2_[3:0] CAP3_[3:0]	输入	捕获信号：可以配置捕获输入上的跳变，使某个捕获寄存器载入定时器计数器中的值，并且可以有选择性地生成中断。捕获功能可从多个引脚中进行选择。 定时器/计数器模块可以选择捕获信号，将其作为时钟源，而不是 PCLK 衍生的时钟
MAT0_[3:0] MAT1_[3:0] MAT2_[3:0] MAT3_[3:0]	输出	外部匹配输出：当匹配寄存器（MR3:0）等于定时器计数器（TC）时，该输出可以进行切换、转入低电平、转入高电平或不执行任何操作。外部匹配寄存器（EMR）用于控制该输出的功能，可以为多个并行引脚选择匹配输出功能

注：CAPn 表示 Timer n 的捕捉输入；MAPn 表示 Timer n 的匹配输出。

表 6-21 定时器 0/1/2/3 寄存器简介（寄存器基址 0x4008 4000（TIMER0）、0x4008 5000（TIMER1）、0x400C 3000（TIMER2）和 0x400C 4000（TIMER3））

名称	访问类型	地址偏移	描述	复位值
IR	R/W	0x000	中断寄存器。可以对 IR 执行写入操作来清除中断；可以对 IR 执行读取操作，以确定可能使用哪个中断源（共 8 个）	0
TCR	R/W	0x004	定时器控制寄存器。TCR 用于控制定时器计数器功能，通过 TCR 可以对定时器计数器执行禁用或复位操作	0
TC	R/W	0x008	定时器计数器。32 位 TC 会在 PCLK 的每个 PR+1 周期时递增计数，TC 将通过 TCR 来控制	0
PR	R/W	0x00C	预分频寄存器。当预分频计数器（PC）与该值相等时，下个时钟 TC 加 1，PC 清零	0
PC	R/W	0x010	预分频计数器。32 位 PC 是一个计数器，它会增加到与 PR 中存放的值相等。当计数到达 PR 中的值时，TC 将递增计数，并且会清除 PC 值。通过总线接口可以观察和控制 PC	0
MCR	R/W	0x014	匹配控制寄存器。MCR 用于控制在发生匹配时是否生成中断，以及是否进行 TC 复位	0
MR0	R/W	0x018	匹配寄存器 0。通过 MCR 可以使能 MR0，以便在每次 MR0 与 TC 相匹配时执行 TC 复位、停止 TC 和 PC 运行和/或生成中断	0
MR1	R/W	0x01C	匹配寄存器 1。请参见 MR0 描述	0
MR2	R/W	0x020	匹配寄存器 2。请参见 MR0 描述	0
MR3	R/W	0x024	匹配寄存器 3。请参见 MR0 描述	0
CCR	R/W	0x028	捕获控制寄存器。CCR 用于控制将使用哪些捕获输入边缘来加载捕获寄存器，并且在出现捕获时是否生成中断	0
CR0	RO	0x02C	捕获寄存器 0。当发生 CAPn.0（分别为 CAP0.0 或 CAP1.0）输入事件时，CR0 将载入 TC 值	0

续表

名称	访问类型	地址偏移	描述	复位值
CR1	RO	0x030	捕获寄存器1。请参见CR0描述	0
CR2	RO	0x034	捕获寄存器2。请参见CR0描述	0
CR3	RO	0x038	捕获寄存器3。请参见CR0描述	0
EMR	R/W	0x03C	外部匹配寄存器。EMR 用于控制外部匹配引脚 MATn.0～3（分别为 MAT0.0～3 和 MAT1.0～3）	0
CTCR	R/W	0x070	计数控制寄存器。CTCR 用于选择定时器模式和计数器模式，并且在计数器模式中，会选择要进行计数的信号和边缘	0

6.4.3 电机控制 PWM

电动机控制 PWM（MCPWM）是专为三相交流和直流电动机控制应用而优化的器件，但它也可以在定时、计数、捕获和比较等许多其他应用中使用。MCPWM 包含了 3 个独立的通道，并且每个通道包含：

- 1 个 32 位定时器/计数器（TC）；
- 1 个 32 位限值寄存器（LIM）；
- 1 个 32 位匹配寄存器（MAT）；
- 1 个 10 位死区寄存器（DT）和 1 个相关的 10 位死区计数器；
- 1 个 32 位捕获寄存器（CAP）；
- 具有相反极性的两个调制输出（MCOA 和 MCOB）；
- 1 个周期中断、1 个脉冲宽度中断和 1 个捕获中断。

输入引脚 MCI0～2 可以启动 TC 捕获或实现通道 TC 计数递增。全局终止输入会强制所有通道进入"无源"状态，并产生中断。

MCPWM 包括 3 个通道，其中每个通道控制一对输出，这些输出进而控制某些片外操作，如电动机中的一组线圈。每个通道都配有一个定时器/计数器（TC）寄存器，它通过处理器时钟（定时器模式）或输入引脚（计数器模式）进行递增计数。

限值寄存器：每个通道都有一个限值寄存器与 TC 值进行比较，当出现匹配时，TC 将通过以下两种方式之一进行"再循环"。当定时器/计数器到达其相应的限值时：①在边缘对齐模式中，TC 将复位为 0；②在中心对齐模式中，TC 将在匹配时切换到如下状态：即在每个处理器时钟或输入引脚跳变时 TC 进行递减计数，直到 0 为止，然后 TC 又重新开始向上计数。

匹配寄存器：每个通道还配有一个匹配寄存器，用于保留小于限值寄存器的值。①在边缘对齐模式中，只要 TC 与匹配寄存器或限值寄存器相匹配，通道输出就会进行切换；②在中心对齐模式中，只有当 TC 与匹配寄存器相匹配时，通道输出才会切换。因此限值寄器用于控制输出周期,而匹配寄存器用于控制在每种状态下输出在每一周期所花费的时间。如果输出被积分为电压,则限值寄存器中的较小值将使波动最小化,使 MCPWM 能够控制高速运行的设备。

在限值寄存器中使用较小值的不利因素就在于它们会减少匹配寄存器控制的占空比的分辨率。如果限值寄存器中的值为 8,则匹配寄存器只能选择 0%、12.5%、25%、…、87.5% 或 100% 的占空比。通常,匹配值中的每一步的分辨率是 1 除以限值。分辨率与周期/频率之间的制衡关系是脉冲宽度调制器设计所固有的一种关系。图 6-9 是 MCPWM 原理框图,表 6-22 是 MCPWM 的控制寄存器。

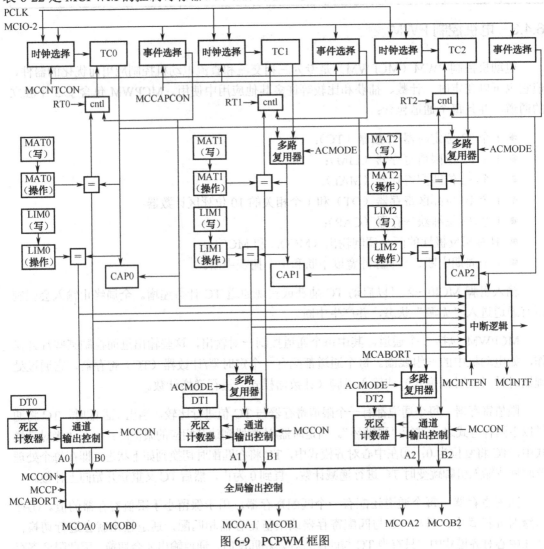

图 6-9 PCPWM 框图

表 6-22 电动机控制脉冲宽度调制器（MCPWM）寄存器简介（基址 0x400A 0000）

名　　称	访问类型	地址偏移	描　　述	复位值
CON	RO	0x000	PWM 控制读取地址	0
CON_SET	WO	0x004	PWM 控制设置地址	—
CON_CLR	WO	0x008	PWM 控制清除地址	—
CAPCON	RO	0x00C	捕获控制读取地址	0
CAPCON_SET	WO	0x010	捕获控制设置地址	—
CAPCON_CLR	WO	0x014	事件控制清除地址	—
TC0	R/W	0x018	定时器计数器寄存器，通道 0	0
TC1	R/W	0x01C	定时器计数器寄存器，通道 1	0
TC2	R/W	0x020	定时器计数器寄存器，通道 2	0
LIM0	R/W	0x024	限值寄存器，通道 0	0xFFFF FFFF
LIM1	R/W	0x028	限值寄存器，通道 1	0xFFFF FFFF
LIM2	R/W	0x02C	限值寄存器，通道 2	0xFFFF FFFF
MAT0	R/W	0x030	匹配寄存器，通道 0	0xFFFF FFFF
MAT1	R/W	0x034	匹配寄存器，通道 1	0xFFFF FFFF
MAT2	R/W	0x038	匹配寄存器，通道 2	0xFFFF FFFF
DT	R/W	0x03C	死区寄存器	0x3FFF FFFF
MCCP	R/W	0x040	通信模式寄存器	0
CAP0	RO	0x044	捕获寄存器，通道 0	0
CAP1	RO	0x048	捕获寄存器，通道 1	0
CAP2	RO	0x04C	捕获寄存器，通道 2	0
INTEN	RO	0x050	中断使能读取地址	0
INTEN_SET	WO	0x054	中断使能设置地址	—
INTEN_CLR	WO	0x058	中断使能清除地址	—
CNTCON	RO	0x05C	计数控制读取地址	0
CNTCON_SET	WO	0x060	计数控制设置地址	—
CNTCON_CLR	WO	0x064	计数控制清除地址	—
INTF	RO	0x068	中断标志读取地址	0
INTF_SET	WO	0x06C	中断标志设置地址	—
INTF_CLR	WO	0x070	中断标志清除地址	—
CAP_CLR	WO	0x074	捕获清除地址	—

6.4.4 正交编码器接口

本节只对正交编码器原理和 Cortex-M4 的正交编码器接口功能进行简单介绍。

1. 正交编码器原理

正交编码器（Quadrature Encoder Interface，QEI）又名增量式编码器或光电式编码器（见图 6-10），用于检测旋转运动系统的位置和速度。正交编码器可以对多种电机控制应用实现闭环控制，诸如开关磁阻（SR）电机和交流感应电机（ACIM）。

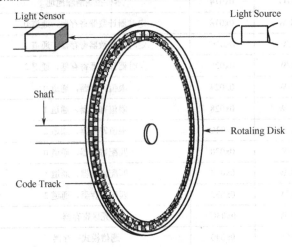

图 6-10 光电式编码器

典型的增量式编码器包括一个放置在电机传动轴上的开槽的轮子和一个用于检测该轮上槽口的发射器/检测器模块。有三个输出，分别为：A 相、B 相和索引（INDEX，改脉冲有效表示零度角），如图 6-11 所示。

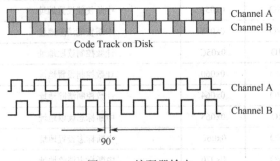

图 6-11 编码器输出

所提供的信息可被解码，用以提供有关电机轴的运动信息，包括距离和方向。A 相（QEA）和 B 相（QEB）这两个通道间的关系是唯一的。如果 A 相超前 B 相，那么电机的

第6章 ARM9、Cortex-M4/M7 DMA与定时器

旋转方向被认为是正向的；如果A相落后B相，那么电机的旋转方向则被认为是反向的。第三个通道称为索引脉冲，每转一圈产生一个脉冲，作为基准用来确定绝对位置。编码器产生的正交信号可以有四种各不相同的状态（01，00，10，11）。请注意，当旋转的方向改变时，这些状态的顺序与此相反（11，10，00，01）。正交解码器捕捉相位信号和索引脉冲，并将信息转换为位置脉冲的数字计数值。通常，当传动轴向某一个方向旋转时，该计数值将递增计数；而当传动轴向另一个方向旋转时，则递减计数。选择"X4"测量模式，QEI逻辑在A相和B相输入信号的上升沿和下降沿都使位置计数器计数，可以为确定编码器位置提供更高精度的数据（更多位置计数），如图6-12所示。

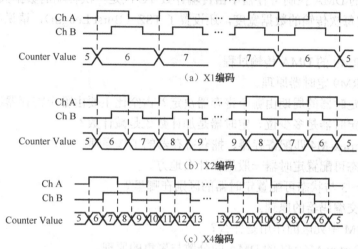

图 6-12 编码

2. Cortex-M4 正交编码器接口（QEI）功能

- 跟踪编码器位置。
- 根据方向进行递增/递减计数。
- 可对 X2 或 X4 位置计数进行编程。
- 使用内置定时器来捕获速度。
- 速度比较功能，可产生"小于"中断。
- 使用 32 位寄存器来保存位置和速度。
- 三个位置比较寄存器，可产生中断。
- 用于记录转数的索引计数器。
- 索引比较寄存器，可产生中断。
- 可结合索引和位置中断来产生整个位移或局部旋转位移的中断。
- 带可编程编码器输入信号延迟的数字过滤器。
- 能够接收解码信号输入（时钟和方向）。

Cortex-M4 正交编码器接口的功能主要是位置捕获、速度检测、中断控制等。位置捕获按方向进行加或减，在有索引信号时将位置清零；速度检测是测量单位时间内的脉冲数；中断控制如检测到相位错误、方向改变、速度定时器时间到，或检测到索引脉冲。QEI 的中断，可以灵活配置，对编码器的状态进行监测，实现方便的控制。

思考与习题

（1）ARM9 的 DMA 控制寄存器中由传输计数 TC 决定一次传输的数据大小，传输的数据宽度 DSZ 决定每次传输的数据宽度，还设置了 TSZ（Burst Length），请说明此处 TSZ 的作用。

（2）简述 ARM9 的 DMA 传输过程。

（3）简述 ARM9 定时器原理。

（4）ARM9 定时器的周期由哪个寄存器决定？占空比主要由哪个寄存器决定？

（5）ARM9 定时器是多少位？定时器是加计数还是减计数？

（6）简述 Cortex-M4 匹配寄存器、捕获寄存器的工作原理。

（7）简述状态可配置定时器一般用在什么地方。

（8）Timer0～3 与状态可配置定时器的区别在哪里？

（9）简述正交编码器的原理。

（10）在 PWM 中死区的作用是什么？

（11）简述 Cortex-M4/M7 的 DMA 的分散与聚集的原理。

（12）简述正交编码器的接口作用。

第 7 章

串行总线

7.1 串行通信概述与 RS-232C

1. 异步与同步串行通信原理

串行通信是指使用一条数据线,将数据一位一位地依次传输,每一位数据占据一个固定的时间长度。只需要少数几条线就可以在系统间交换信息,特别适用于计算机与计算机、计算机与外设之间的远距离通信。

串行通信按照数据流的方向可分为全双工、半双工和单工。全双工(Full Duplex)是指通信双方能在同一时刻进行发送和接收;半双工(Half Duplex)是指通信双方不能同时收发数据;单工(Simplex)是指通信一方只能接收或发送数据,另一方只能发送或接收数据。

串行通信的传输速率是用每秒传送的位数(bit/s),即波特率(Baud Rate)表示。国际上规定了一个标准波特率系列,标准波特率也是最常用的波特率,标准波特率系列为110、300、600、1200、4800、9600 和 19200 等。

通信协议分为链路层协议和应用层协议,这里主要讲串行通信链路层协议。串行通信按通信双方是否用同一个时钟,协议分同步协议和异步协议。同步协议是指通信双方用同一个时钟通信,每次通信 1 帧,用帧头和帧尾标注 1 个帧;异步协议是指通信双方用各自的时钟,时钟频率一样,采用起止同步每一个字符,每次通信 1 个字符。

(1)起止式异步协议。起止式异步协议的特点是一个字符一个字符传输,并且传送一个字符总是以起始位开始,以停止位结束,字符之间没有固定的时间间隔要求,其格式如图 7-1 所示。每一个字符的前面都有一位起始位(低电平,逻辑值 0),字符本身由 5~7 位数据位组成,接着字符后面是一位校验位(也可以没有校验位),最后是一位或一位半,或两位停止位,停止位后面是长度不定的空闲位。停止位和空闲位都规定为高电平(逻辑值),这样就保证起始位开始处一定有一个下降沿。

| 起始位 | D0 | D1 | D2 | D3 | D4 | D5 | D6 | D7 | 停止位 |

图 7-1　起止式异步通信数据格式

起始位实际上是作为联络信号附加进来的，当它变为低电平时，告诉接收方传送开始。它的到来，表示下面接着是数据位，要准备接收。而停止位标志一个字符的结束，它的出现，表示一个字符传送完毕。这样就为通信双方提供了何时开始收发、何时结束的标志。传送开始前，发收双方把所采用的起止式格式（包括字符的数据位长度、停止位位数、有无校验位，以及是奇校验还是偶校验等）和数据传输速率做统一规定。传送开始后，接收设备不断地检测传输线，看是否有起始位到来。当收到一系列的"1"（停止位或空闲位）之后，检测到一个下降沿，说明起始位出现，起始位经确认后，就开始接收所规定的数据位、奇偶校验位及停止位。经过处理将停止位去掉，把数据位拼装成一个并行字节，并且经校验后，无奇偶错才算正确地接收一个字符。一个字符接收完毕，接收设备又继续测试传输线，监视"0"电平的到来和下一个字符的开始，直到全部数据传送完毕为止。

（2）面向字符的同步协议。这种协议的典型代表是 IBM 公司的二进制同步通信协议（BSC），其特点是一次传送由若干个字符组成的数据块，而不是只传送一个字符，并规定了 10 个字符作为这个数据块的开头与结束标志，以及整个传输过程的控制信息，它们也叫作通信控制字。由于被传送的数据块是由字符组成的，故被称为面向字符的协议。

由上面的格式可以看出，数据块的前后都加了几个特定字符。SYN 是同步字符（Synchronous Character），每一帧开始处都有 SYN，加一个 SYN 的称单同步，加两个 SYN 的称为双同步。设置同步字符是起联络作用，传送数据时，接收端不断检测，一旦出现同步字符就知道是一帧开始了。接着的 SOH 是序始字符（Start of Header），它表示标题的开始。标题中包括源地址、目的地址和路由指示等信息。STX 是文始字符（Start of Text），它标志着传送的正文（数据块）开始。数据块就是被传送的正文内容，由多个字符组成。数据块后面是组终字符（End of Transmission Block，ETB）或文终字符（End of Text，ETX），其中 ETB 用在正文很长、需要分成若干个分数据块、分别在不同帧中发送的场合，这时在每个分数据块后面用 ETX。一帧的最后是校验码，它对从 SOH 开始到 ETX（或 ETB）的字段进行校验，校验方式可以是纵横奇偶校验或 CRC。另外，在面向字符协议中还采用了一些其他通信控制字，它们的名称表 7-1 所示。

表 7-1　控制字符定义

名　称	ASCII	EBCDIC
序始（SOH）	0000001	00000001

续表

名称	ASCII	EBCDIC
文始（STX）	0000010	00000010
组终（ETB）	0010111	00100110
文终（ETX）	0000011	00000011
同步（SYN）	0010110	00110010
送毕（EOT）	0000100	00110111
询问（ENQ）	0000101	00101101
确认（ACK）	0000110	00101110
否认（NAK）	0010101	00111101
转义（DLE）	0010000	00010000

面向字符的同步协议，不像异步起止协议那样，需要在每个字符前后附加起始位和停止位，因此，传输效率提高了。同时，由于采用了一些传输控制字，故增强了通信控制能力和校验能力。但也存在一些问题，例如，如何区别数据字符代码和特定字符代码的问题，因为在数据块中完全有可能出现与特定字符代码相同的数据字符，这就会发生误解。如果正文有个与文终字符 ETX 的代码相同的数据字符，接收端就不会把它当作为普通数据处理，而误认为是正文结束，因而产生差错。因此，协议应具有将特定字符作为普通数据处理的能力，这种能力叫作"数据透明"。为此，协议中设置了转移字符 DLE（Data Link Escape）。当把一个特定字符看成数据时，在它前面要加一个 DLE，这样接收器收到一个 DLE 就可预知下一个字符是数据字符，而不会把它当作控制字符来处理了。DLE 本身也是特定字符，当它出现在数据块中时，也要在它前面加上另一个 DLE。这种方法叫作字符填充，字符填充实现起来相当麻烦，且依赖于字符的编码。正是由于以上的缺点，故又产生了新的面向比特的同步协议。

（3）面向比特的同步协议。面向比特的协议中最具有代表性的是 IBM 的同步数据链路控制规程（Synchronous Data Link Control，SDLC）、国际标准化组织（International Standard Organization，ISO）的高级数据链路控制规程（High Level Data Link Control，HDLC）、美国国家标准协会（America National Standard Institute，ANSI）的先进数据通信规程（Advanced Data Communication Control Procedure，ADCCP），这些协议的特点是所传输的一帧数据可以是任意位，而且它是靠约定的位组合模式，而不是靠特定字符来标志帧的开始和结束的，故称面向比特的协议，这种协议的一般帧格式如图 7-2 所示。

由图 7-2 可见，SDLC/HDLC 的一帧信息包括以下几个场（Field），所有场都是从有效位开始传送的。

8位	8位	8位	≥0位	16位	8位
01111110	A	C	I	FC	01111110
开始标志	地址场	控制场	信息场	校验场	结束标志

图 7-2　面向比特同步协议的帧格式

SDLC/HDLC 标志字符：SDLC/HDLC 协议规定，所有信息传输必须以一个标志字符开始，且以同一个字符结束。这个标志字符是 01111110，称为标志场（F）。从开始标志到结束标志之间构成一个完整的信息单位，称为一帧（Frame）。所有的信息是以帧的形传输的，而标志字符提供了每一帧的边界。接收端可以通过搜索 01111110 来探知帧的开头和结束，以此建立帧同步。

地址场和控制场：在标志场之后，可以有一个地址场 A（Address）和一个控制场 C（Control）。地址场用来规定与之通信的次站的地址，控制场可规定若干个命令。SDLC 规定地址场和控制场的宽度为 8 位或 16 位。接收方必须检查每个地址字节的第一位，如果为 0，则后面跟着另一个地址字节；若为 1，则该字节就是最后一个地址字节。同理，如果控制场第一个字节的第一位为 0，则还有第二个控制场字节，否则就只有一个字节。

信息场：跟在控制场之后的是信息场 I（Information）。信息场包含有要传送的数据，并不是每一帧都必须有信息场。即数据场可以为 0，当它为 0 时，则这一帧主要是控制命令。

帧校验信息：紧跟在信息场之后的是两字节的帧校验，帧校验场称为 FC（Frame Check）场或帧校验序列 FCS（Frame Check Sequence）。SDLC/HDLC 均采用 16 位循环冗余校验码 CRC（Cyclic Redundancy Code）。除了标志场和自动插入的 0 以外，所有的信息都参加 CRC 计算。

实际应用时的两个技术问题：

0 位插入/删除：如上所述，SDLC/HDLC 协议规定以 01111110 为标志字节，但在信息场中也完全有可能有同一种模式的字符，为了把它与标志区分开来，所以采取了 0 位插入和删除技术。具体做法是发送端在发送所有信息（除标志字节外）时，只要遇到连续 5 个 1，就自动插入一个 0，当接收端在接收数据时（除标志字节）如果连续收到 5 个 1，就自动将其后的一个 0 删除，以此恢复信息的原有形式。这种 0 位的插入和删除过程是由硬件自动完成的。

SDLC/HDLC 异常结束：若在发送过程中出现错误，则 SDLC/HDLC 协议常用异常结束（Abort）字符，或称为失效序列使本帧作废。在 HDLC 规程中，7 个连续的 1 被作为失效字符处理，而在 SDLC 中失效字符是 8 个连续的 1。当然在失效序列中不使用 0 位插入/删除技术。SDLC/HDLC 协议规定，在一帧之内不允许出现数据间隔。在两帧之间，发送器可以连续输出标志字符序列,也可以输出连续的高电平,它被称为空闲(Idle)信号。

2. 异步串行通信标准

(1) RS-232C 标准接口总线。RS-232C 标准是美国 EIA(电子工业联合会)与 Bell 实验室等一起开发的,并于 1969 年公布的通信协议,它适合于数据传输速率在 0~20000 bps 范围内的通信。它最初是为远程通信连接数据终端设备(Data Terminal Equipment,DTE)与数据通信设备(Data Communication Equipment,DCE)而制定的。

RS-232C 标准对两个方面做了规定,即信号电平标准和控制信号线的定义。RS-232C 采用负逻辑规定逻辑电平,信号电平与通常的 TTL 电平也不兼容,RS-232C 将 −5 V~−15 V 规定为 1,+5 V~+15 V 规定为 0。TTL 标准和 RS-232C 标准之间的电平转换可以通过专用芯片完成,如 MC1488/MC1489,MAX232 等。

RS-232C 有 DB-25、DB-9 两种连接器,如图 7-3 所示。RS-232C 规定最大负载电容为 250 pF,这个电容也限制了传送距离和传送速率,而且 RS-232C 电路本身也不具有抗共模干扰的特性,RS-232C 的通信距离和通信速率均受到了限制。

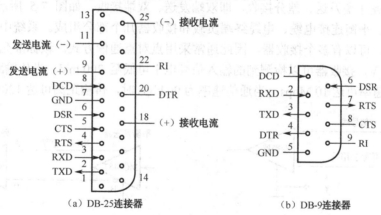

图 7-3　RS-232-C 连接器

由上所述,RS-232C 接口的缺点主要表现在以下几个方面。

① 数据通信速率低:RS-232C 规定的最高传输速率 20 kbps,虽然可以满足一般的异步通信需要,但并不能满足同步传输的要求。

② 通信距离短:使用 RS-232C 接口的通信线路在 15 m 左右可以满足正常的通信要求,但无法满足更长的通信距离,即使使用极好的线路器件和优良的信号条件,也无法使电缆长度超过 60 m。

③ 抗干扰能力差:通信两端的电平转换电路均为单端电路,无法抑制共模干扰,各信

号间也易受到串扰干扰。

（2）RS-449/423/422/485 接口标准及相互关系。鉴于 RS-232C 标准的诸多缺点，1977 年 EIA 公布了新的标准接口 RS-449 作为 RS-232C 的替代标准。RS-449 接口使用差分信号进行数据传输，使用双绞线作为通信线路，通信距离可以达到 1200 m，速率可达 90 kbps。RS-449 无须使用调制解调器，与 RS-232C 相比，其传输速率更高，传输距离也更长。由于其使用信号差电路传输高速信号，所以噪声低，又可以多点或使用公用线通信，两台以上的设备可与 RS-449 通信电缆并联。

RS-423/422 标准是 RS-449 标准的子集，规定了电气方面的要求。RS-423A 标准是 EIA 公布的非平衡电压数字接口电路的电气特性标准，这个标准是为改善 RS-232C 标准的电气特性，又考虑与 RS-232C 兼容而制定的。RS-423A 采用非平衡发送器和差分接收器，如图 7-4 所示，电平变化范围为 12 V（±6 V），允许使用比 RS-232C 串行接口更高的波特率且可传送到更远的距离（通信速率最大 100 kbps，此时传输距离可达 90 m；当通信速率为 1 kbps 时，传输距离可达 1200 m）。实现 RS-422A 接口的芯片有 MC3487/3486、SN75174/75175 等。

RS-422A 是平衡发送、差分接收，即双端发送、双端接收，如图 7-5 所示。RS-422A 电路由发送器、平衡连接电缆、电缆终端负载和接收器几个部分组成。系统中规定只允许有一个发送器，可以有多个接收器，因此通常采用点对点通信方式。该标准允许驱动器输出为±（2~6）V，接收器可以检测到的输入信号电平可低至 200 mV。当传输距离为 15 m 时，最大通信速率可达 10 Mbps；当通信速率为 90 kbps 时，传输距离可达 1200 m。

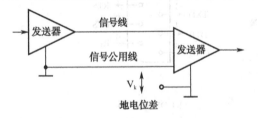 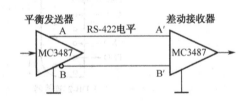

图 7-4　RS-423A 标准传输线连接　　　　　图 7-5　RS-422A 标准传输线连接

RS-485 是 RS-422A 的变型。RS-422A 为全双工工作方式，可以同时发送和接收数据，而 RS-485 则为半双工工作方式，在某一时刻，一个发送另一个接收。RS-485 是一种多发送器的电路标准，它扩展了 RS-422A 的性能，在同一个 RS-485 网络中，可以有多达 32 个模块，这些模块可以是被动发送器、接收器或收发器。RS-485 电路允许公用电话线通信，电路结构是在平衡连接电缆两端有终端电阻，在平衡电缆上挂发送器、接收器或收发器。RS-485 标准没有规定在何时控制发送器发送和接收器接收数据，电缆选择比 RS-422A 更为严格，实现 RS-485 接口的芯片有 MAX485/491 等。

7.2 ARM9 的 UART 接口

S3C2440A 的通用异步收发器（UART）配有 3 个独立异步串行 I/O（SIO）端口，每个都可以是基于中断或基于 DMA 模式的操作。换句话说，UART 可以通过产生中断或 DMA 请求来进行 CPU 和 UART 之间的数据传输。UART 通过使用系统时钟可以支持最高 115.2 kbps 的比特率。如果是外部器件提供 UEXTCLK 的 UART，则 UART 可以运行在更高的速度。每个 UART 通道包含 2 个的 64 字节的 FIFO 给发送和接收。

S3C2440A 的 UART 包括了可编程波特率，红外（IR）发送/接收，插入 1 个或 2 个停止位，5 位、6 位、7 位或 8 位的数据宽度，以及奇偶校验。

每个 UART 包含一个波特率发生器、发送器、接收器和一个控制单元，如图 7-6 所示。波特率发生器可以由 PCLK、FCLK/n 或 UEXTCLK（外部输入时钟）时钟驱动。发送器和接收器包含了 64 字节 FIFO 和数据移位器，将数据写入到 FIFO 接着在发送前复制到发送移位器中。随后将在发送数据引脚（TxDn）移出数据，与此同时从接收数据引脚（RxDn）移入收到的数据，接着从移位器复制到 FIFO。

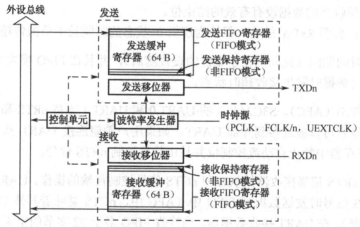

FIFO 模式中，缓冲寄存器的所有 64 B 都用于 FIFO 寄存器；非 FIFO 模式中，缓冲寄存器只有 1 B 用于保持寄存器

图 7-6　串行口框图

S3C2440A 异步串口具有如下特性。

- 基于 DMA 或基于中断操作的 RxD0、TxD0、RxD1、TxD1、RxD2 和 TxD2；
- UART 通道 0、1 和 2 带 IrDA 1.0 及 64 字节 FIFO；
- UART 通道 0 和 1 带 nRTS0、nCTS0、nRTS1 及 nCTS1；
- 支持握手发送/接收。

1. UART 的工作机制

下面介绍 UART 的一些工作机制，包括数据发送、数据接收、中断发生、波特率发生、环回（Loopback）模式、红外模式和自动流控制。

（1）数据发送。可编程发送数据帧，由 1 个起始位、5～8 位数据位、1 个可选奇偶校验位，以及 1～2 个停止位组成，是由行控制寄存器（ULCONn）指定的。发送器也可以产生单帧发送期间强制串行输出为逻辑 0 状态的断点状态，此模块在完成发送当前发送字后发送断点信号。在发出断点信号后，不断发送数据到 Tx FIFO（非 FIFO 模式情况下 Tx 保持寄存器）中。

（2）数据接收。与发送类似，接收数据帧也是可编程的，由 1 个起始位、5～8 位数据位、1 个可选奇偶校验位，以及 1～2 个停止位组成，是由行控制寄存器（ULCONn）指定的。接收器能够检测出溢出（Overrun）错误、奇偶校验错误、帧错误和断点状态，每个都可以设置一个错误标志。

- 溢出错误：新数据在读出旧数据前覆盖了旧数据。
- 奇偶校验错误：接收器检测出一个非预期奇偶校验字段。
- 帧错误：接收到的数据没有有效的结束位。
- 断点状态：表明 RxDn 的输入保持为逻辑 0 状态的时间长于单帧传输时间。

当其在 3 字时间期间（此间隔在字宽位的设置随后），并且在 FIFO 模式中 Rx FIFO 为非空时不接收任何数据时发生接收超时状态。

（3）自动流控制（AFC）。S3C2440A 的 UART 0 和 UART 1 支持 nRTS 和 nCTS 信号的自动流控制。假设它可以被连接到外部 UART，如果用户希望连接 UART 到一个调制解调器，UMCONn 寄存器中禁止自动流控制位并且由软件控制 nRTS 信号。

在 AFC 中，nRTS 依靠接收器的状态和 nCTS 信号控制传输的操作。UART 的发送器只在当激活了 nCTS 信号时发送数据到 FIFO 中（AFC 中，nCTS 意味着其他 UART 的 FIFO 准备好了接收数据）。在 UART 接收数据前，当接收 FIFO 多于 32 字节的空闲空间时必须激活 nRTS 并且当接收 FIFO 少于 32 字节的空闲空间时必须取消激活的 nRTS（AFC 中，nRTS 意味着其自己的接收 FIFO 准备好了接收数据）。

（4）RS-232C 接口。如果用户希望连接 UART 到调制解调接口（代替零调制解调模式），则需要 nRTS、nCTS、nDSR、nDTR、DCD 和 nRI 信号。在此情况下，由于 AFC 不支持 RS-232C 接口，用户可以通过软件使用通用 I/O 口控制这些信号。

（5）中断/DMA 请求产生。S3C2440A 的每个 UART 包括 7 种状态（Tx/Rx/错误）信号：溢出错误、奇偶校验错误、帧错误、断点、接收缓冲器数据就绪、发送缓冲器空，以及发

送移位器空,全部都由相应 UART 状态寄存器(UTRSTATn/UERSTATn)标示。

溢出错误、奇偶校验错误、帧错误和断点状态被认为接收错误的状态。如果接收错误中断请求使能位在控制寄存器 UCONn 中设置为 1,则每个都可以引起接收错误中断请求。当检测到接收错误中断请求,读取 UERSTSTn 的值识别该信号引起请求。

当接收器在 FIFO 模式中转移接收移位器的数据到 Rx FIFO 寄存器中并且接收到的数据量达到 Rx FIFO 触发深度,如果在控制寄存器(UCONn)中的接收模式选择为 1(中断请求或查询模式),则发生接收中断。在非 FIFO 模式中,转移接收移位器的数据到接收保持寄存器将在中断请求和查询模式下引起 Rx 中断。

当发送器转移来自自身的发送 FIFO 寄存器的数据到其发送移位器,并且在移出发送 FIFO 的数据量达到 Tx FIFO 触发深度,如果在控制寄存器中的发送模式选择了中断请求或查询模式,则发生 Tx 中断。在非 FIFO 模式中,转移来自发送保持寄存器中的数据到发送移位器在中断请求和查询模式下将引起 Tx 中断。

如果控制寄存器中的接收模式和发送模式被选择为 DMAn 请求模式,则 DMAn 请求发生所替代上述情况的 Tx 或 Rx 中断。

(6)UART 错误状态 FIFO。UART 拥有 Rx FIFO 寄存器之外的错误状态 FIFO,错误状态 FIFO 指示 FIFO 寄存器之中的数据错误接收。错误中断将只在数据包含错误并准备读出时发出。为了清除错误状态 FIFO,带错误的 URXHn 和 UERSTATn 必须被读取出来。

(7)波特率发生。每个 UART 的波特率发生器为发送器和接收器提供串行时钟。波特率发生器的源时钟可以选择 S3C2440A 的内部系统时钟或 UEXTCLK,换句话说,分频由设置 UCONn 的时钟选项选择。波特率时钟是通过 16 和由 UART 波特率分频寄存器(UBRDIVn)指定的 16 位分频系数来分频源时钟(PCLK、FCLK/n 或 UEXTCLK)产生的。UBRDIVn 由下列表达式决定:

$$UBRDIVn = (int)(UART 时钟/(波特率×16))-1$$

其中,UART 时钟可以是 PCLK、FCLK/n 或 UEXTCLK。

当然,UBRDIVn 应该是从 1 至 $(2^{16}-1)$,只有在使用小于 PCLK 的 UEXTCLK 时设置为 0(旁路模式)。

例如,如果波特率为 115200 bps 并且 UART 时钟为 40MHz,则 UBRDIVn 为

$$UBRDIVn = (int)(40000000/(115200×16))-1$$

$$= (int)(21.7)-1 [取最接近的整数]$$

$$= 22-1=21$$

（8）实际皮特率与理论比特率是有差别的，其差别不能超过一定的范围。帧误差的极限应该小于 1.87%（3/160）。

$$tUPCLK = (UBRDIVn+1) \times 16 \times 1 \text{ 帧}/PCLK$$

$$tUEXACT = 1 \text{ 帧}/\text{波特率}$$

$$UART \text{ 误差} = (tUPCLK - tUEXACT)/tUEXACT \times 100\%$$

其中，tUPCLK 为实际 UART 时钟，tUEXACT 为理想 UART 时钟。

注意：

1 帧=起始位+数据位+奇偶校验位+停止位

在指定字段中，可以最高支持 UART 波特率到 921.6 kbps。例如，当 PCLK 为 60 MHz，可以在 1.69%的 UART 误差下使用 921.6 kbps。

（9）环回模式（loop-back）。S3C2440A UART 提供了一个参考环回模式测试模式，有助于排除在通信连接中的故障。在结构上此模式允许 UART 的 RXD 和 TXD 的连接，因此在此模式中发送的数据通过 RXD 被接收器接收。这种特性允许处理器核查每条串行 IO 通道的内部发送和接收数据路径，通过设置 UART 控制寄存器（UCONn）中的环回位来选择此模式。

（10）红外（IR）模式。S3C2440A 的 UART 模块支持红外（IR）发送和接收，可以通过 UART 行控制寄存器（ULCONn）中的红外位设置。

在 IR 发送模式中，发送出正常串行发送速率（当发送数据位为 0 时）的 3/16 速率的脉冲；在 IR 接收模式中，接收器必须检测 3/16 脉冲周期以识别出 0 值。

2．UART 特殊寄存器

与 UART 相关的特殊寄存器有：3 个线路控制寄存器、3 个控制寄存器、3 个 FIFO 控制寄存器、2 个 MODEM 控制寄存器、3 个 TX/RX 状态寄存器、3 个 RX 错误状态寄存器、3 个 FIFO 状态寄存器、2 个 MODEM 状态寄存器、3 个发送缓冲状态寄存器、3 个接收缓冲状态寄存器、3 个波特率分频寄存器，下面分别进行说明。

7.3　SPI、I2C、I2S、SD 卡总线

7.3.1　SPI 总线接口

1．SPI 总线接口原理

SPI（Serial Peripheral Interface）总线系统是一种同步串行外设接口，允许 MCU 与各种

外围设备以串行方式进行通信和交换信息。使用 SPI 总线可以简化电路设计，省掉了很多常规电路中的接口器件，提高设计的可靠性。本节主要讲述 SPI 总线的相关知识及其接口程序设计。

SPI 总线是一种三线同步总线，三根线分别是 MISO（Master Input Slave Output）、MOSI（Master Output Slave Input）、CLK（Clock），实际应用中还要有一根片选线。通信中有一个主控制器、多个从控制器。

- 主控制器：即主机，提供时钟，每个时钟的宽度可以不一样宽。
- 从控制器：即从机。

SPI 总线的系统结构如图 7-7 所示，SPI 总线是以字节（8 bit）为单位进行传送的，可以全双工同步传送。

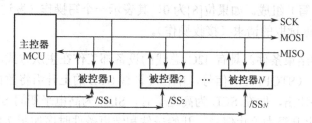

图 7-7　SPI 总线的系统结构

2. S3C2440A 串行外设接口接口 SPI

S3C2440A 的串行外设接口（SPI）可以与串行数据传输连接。S3C2440A 包含了 2 个 SPI 接口，每个 SPI 接口都有 2 个分别用于发送和接收的 8 位移位寄存器。一次 SPI 传输期间，同时发送（串行移出）和接收（串行移入）数据，由相应控制寄存器设置指定 8 位串行数据的频率。如果只希望发送，则接收数据可以保持伪位（Dummy）；如果只希望接收，则需要发送伪位 1 数据。

通过使用 SPI 接口，S3C2440A 可以与外部器件同时发送/接收 8 位数据。与 2 根数据线同步串行时钟线来移位和采样信息。当 SPI 接口为主机时，可以通过设置 SPPREn 寄存器中的相应位来控制发送频率，修改其频率可以调整波特率数据寄存器值。当 SPI 为从机时，由其他主机提供时钟。当程序员写字节数据到 SPTDATn 寄存器，将同时开始 SPI 的发送/接收操作。在一些情况中，应该在写字节数据到 SPTDATn 之前激活 nSS。

7.3.2　I2C 总线接口

1. I2C 总线接口原理

I2C（Inter IC Bus）总线是 PHILIPS 公司推出的设备内部串行总线，它由一根数据线

SDA 和一根时钟线 SCL 组成，SDA 和 SCL 都为双向 I/O 线，通过上拉电阻 R_p 接+5 V 电源，总线空闲时皆为高电平，I2C 总线的输出端必须是开漏或集电极开路，以便具有"线与"功能。I2C 总线是一种具有自动寻址、高/低速设备同步和仲裁等功能的高性能串行总线，能够实现完善的全双工数据传输，是一种使用信号线数量较少的总线。

当执行数据传送时，启动数据发送并产生时钟信号的器件称为主器件，被寻址的任何器件都可看成从器件，在 I2C 总线中发送数据的器件称为发送器，从总线中接收数据的器件称为接收器。I2C 总线寻址采用纯软件的寻址方法，无须片选线。主机在发送完开始条件后，立即发送寻址字节来寻址被控器件。每个种类的 I2C 器件，在原理上是一样的，但在细节上有差别。

（1）从设备地址（Slave Address）。从设备地址即器件地址，由 7 位地址和 1 位传输方向标志（表现为读或写）组成。如果位[8]为 0，其表示一个写操作（发送操作）；如果位[8]为 1，其表示一个数据读取的请求（接收操作）。

（2）开始条件和结束条件。具有 I2C 总线的设备都工作在主从方式，由主设备发开始（START，S）和停止（STOP，P）信号，串行时钟线 SCL 的上升沿将数据写入从设备，下降沿将数据从从设备读出，即在 SCL 为高电平时，SDL 为高电平期间 SDA 的下降沿为开始信号，而 SDA 的上升沿为停止信号。开始条件和结束条件时序如图 7-8 所示。

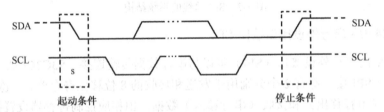

图 7-8 开始条件和结束条件

I2C 总线协议的技术规范规定每次发送到 I2C 总线 SDA 上的数据必须是 1 个字节，每次传输可以发送的字节数量是不受限制的。传输的数据字节按照由高位到低位的顺序发送，每发送一个字节后必须跟一个响应位。如果从器件在接收下一字节之前需要时间对当前数进行处理，那么在从器件完成当前数据的接收后，将保持 SCL 为低电平，通知主器件进入等待状态，直到从器件准备好接收下一字节数据时，释放时钟线 SCL，主器件才可以继续发数据。

（3）应答。发送器每发送完一个字节，将数据线 SDA 拉高，由主控制器产生第 9 个脉冲，接收器将 SDA 拉低，以此作为接收器对发送器的应答。I2C 总线标准规定：应答位为 0，则表示接收器应答（ACK），简记位 A。应答为 1 则表示接收器非应答，则简记为 $\overline{A}$。I2C 总线的数据传输如图 7-9 所示。

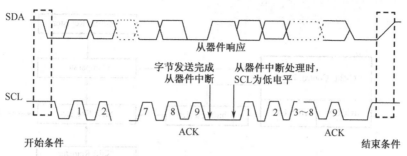

图 7-9 I2C 总线的数据传输

（4）重复起始条件。在主设备与从设备进行通信时，有时需要切换数据的收发方向。在切换数据的传输方向时，可以不必线产生停止条件，而是直接再一次产生开始条件。I2C 总线在处于忙的状态下，在一次直接产生开始条件的情况称为重复起始条件（Repeated Start Condition）。

（5）子地址。除了从设备地址外，还有子地址，子地址是器件内的地址，子地址长度由整数个字节组成，由具体的器件决定，子地址一般是 1～3 B。

（6）I2C 总线竞争和仲裁机制。总线上可能挂接有多个器件，有时会有两个或多个主设备同时想占用总线的情况，这就是总线竞争。

I2C 总线具有多主控能力，可以对发生在 SDA 线上的总线竞争进行仲裁。器仲裁原则为：当多个主设备同时想占用总线时，如果某个主设备发送高电平，而另一个主设备发送低电平，则发送电平与此时 SDA 总线电平不符的那个器件将自动关闭其输出级。

（7）数据传输的基本格式。I2C 总线以字节为单位收发数据，每次传输的字节数量不受限制，字节中首先传输的是数据的最高位（MSB，第 7 位），最后传输的是最低位（LSB，第 0 位），每个字节之后还要跟一个响应位，称为应答。

2. S3C2440A I2C 总线控制器

S3C2440A RISC 微处理器可以支持一个多主控 I2C 总线串行接口。一条专用串行数据线（SDA）和一条专用串行时钟线（SCL）传递连接到 I2C 总线的总线主控和外设之间的信息。SDA 和 SCL 线都为双向的，S3C2440A I2C 的总线控制功能框图如图 7-10 所示。

在多主控 I2C 总线模式中，多个 S3C2440A RISC 微处理器可以发送或接收串行数据来自或到从设备。主机 S3C2440A 可以通过 I2C 总线启动和结束数据传输。S3C2440A 中的 I2C 总线是使用标准总线仲裁步骤。S3C2440A 的 I2C 总线接口有主机发送模式、主机接收模式、从机发送模式和从机接收模式 4 种工作模式。

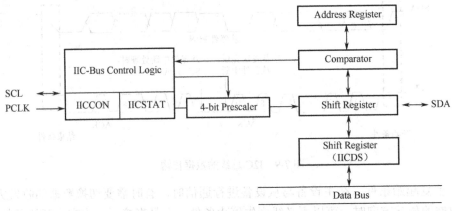

图 7-10 S3C2440A I2C 功能框图

在任何 I2C Tx/Rx 操作之前执行以下步骤。

- 如果需要，写自己从地址到 IICADD 寄存器。
- 设置 IICCON 寄存器，使能中断，定义 SCL 周期。
- 设置 IICSTAT 以使能串行输出。

3．S3C2440A I2C 总线接口特殊功能寄存器

I2C 总线控制特殊功能寄存器包括：I2C 总线控制寄存器（IICCON）、I2C 总线控制/状态寄存器（IICSTA）、I2C 总线地址寄存器（IICADD）、I2C 总线发送/接收数据移位寄存器（IICDS）、I2C 总线多主机线控制寄存器（IICLC），如表 7-2 所示。

表 7-2 S3C2440A I2C 总线接口特殊功能寄存器

寄 存 器	地　　　址	读/写	描　　　述	复 位 值
IICCON	0x54000000	R/W	I2C 总线控制寄存器	0x0X
IICSTAT	0x54000004	R/W	I2C 总线控制/状态寄存器	0x0
IICADD	0x54000008	R/W	I2C 总线地址寄存器	0x0XX
IICDS	0x5400000C	R/W	I2C 总线发送/接收数据移位寄存器	0x0XX
IICLC	0x54000010	R/W	I2C 总线多主机线控制寄存器	0x00

（1）I2C 总线控制寄存器（IICCON）位描述（见表 7-3）。

表 7-3 I2C 总线控制寄存器（IICCON）位描述

IICCON	位	描 述	复 位 值
应答发生①	[7]	I2C 总线应答使能位。0 表示禁止；1 表示允许。Tx 模式中，IICSDA 在应答时间为空闲；Rx 模式中，IICSDA 在应答时间为低	0
Tx 时钟源选择	[6]	I2C 总线发送时钟预分频器的时钟源选择位。0 表示 IICCLK = fPCLK /16；1 表示 IICCLK = fPCLK /512	0
Tx/Rx 中断⑤	[5]	I2C 总线 Tx/Rx 中断使能/禁止位。0 表示禁止；1 表示允许	0
中断挂起标志②③	[4]	I2C 总线 Tx/Rx 中断挂起标志。不能写 1 到此位，当此位读取到 1 时，IICSCL 限制为低并且停止 I2C，清除此位为 0 以继续操作。0 表示无中断挂起（读时），清除挂起条件并且继续操作（写时）；1 表示中断挂起（读时）；N/A（写时）	0
发送时钟值④	[3:0]	I2C 总线发送时钟预分频器。I2C 总线发送时钟预分频器是由此 4 位预分频值按以下公式决定的： Tx 时钟= IICCLK/(IICCON[3:0] + 1)	未定义

注：①EEPROM 接口，Rx 模式中为了产生停止条件在读取最后数据之前会禁止产生应答。②I2C 总线中断发生在：当完成了 1 字节发送或接收操作时；当广播呼叫或从地址匹配发生时；当总线仲裁失败时。③为了在 SCL 上升沿之前调整 SDA 的建立时间，必须在清除 I2C 中断挂起位前写 IICDS。④IICCLK 由 IICCON[6]决定，Tx 时钟可以由 SCL 变化时间改变。当 IICCON[6]=0，IICCON[3:0]=0x0 或 0x1 为不可用。⑤如果 IICCON[5]=0，IICCON[4]不正确工作，因此推荐即使不使用 I2C 中断也设置 IICCON[5]=1。

（2）I2C 总线控制/状态寄存器（IICSTA）位描述（见表 7-4）。

表 7-4 I2C 总线控制/状态寄存器（IICSTA）位描述

IICSTA	位	描 述	复 位 值
模式选择	[7:6]	I2C 总线主机/从机 Tx/Rx 模式选择位。00 表示从接收模式；01 表示从发送模式；10 表示主接收模式；11 表示主发送模式	00
忙信号状态/起始停止条件	[5]	I2C 总线忙信号状态位。0 表示（读）不忙（读时），（写）停止信号产生；1 表示（读）忙（读时），（写）起始信号产生。只在起始信号后将自动传输 IICDS 中的数据	0
串行输出	[4]	I2C 总线数据输出使能/禁止位。0 表示禁止 Rx/Tx；1 表示使能 Rx/Tx	0
仲裁状态标志	[3]	I2C 总线仲裁过程状态标志位。0 表示总线仲裁成功；1 表示串行 I/O 间总线仲裁失败	0
从地址状态标志	[2]	I2C 总线从地址状态标志位。0 表示发现起始/停止条件清除；1 表示收到从地址与 IICADD 中地址值匹配	0
地址零状态标志	[1]	I2C 总线地址零状态标志位。0 表示发现起始/停止条件清除；1 表示收到从地址为 00000000b	0

续表

IICSTA	位	描述	复位值
最后收到位状态标志	[0]	I2C 总线最后收到位状态标志位。0 表示最后收到位为 0（已收到 ACK）；1 表示最后收到位为 1（未收到 ACK）	0

（3）I2C 总线地址寄存器（IICADD）位描述（见表 7-5）。

表 7-5　I2C 总线地址寄存器（IICADD）位描述

IICADD	位	描述	复位值
从地址	[7:0]	从 I2C 总线锁存的 7 位从地址。当 IICSTAT 中串行输出使能为 0 时，IICADD 为写使能。可以在任意时间读取 IICADD 的值，不用去考虑当前输出使能位（IICSTAT）的设置。从地址：[7:1]；未映射：[0]	XXXXXXXX

（4）I2C 总线发送/接收数据移位寄存器（IICDS）位描述（见表 7-6）。

表 7-6　I2C 总线发送/接收数据移位寄存器（IICDS）位描述

IICDS	位	描述	复位值
数据移位	[7:0]	I2C 总线 Tx/Rx 操作的 8 位数据移位寄存器。当 IICSTAT 中串行输出使能为 1 时，IICDS 为写使能。可以在任意时间读取 IICDS 的值，不用去考虑当前输出使能位（IICSTAT）的设置	XXXXXXXX

（5）I2C 总线多主机线控制寄存器（IICLC）位描述（见表 7-7）

表 7-7　I2C 总线多主机线控制寄存器（IICLC）位描述

IICLC	位	描述	复位值
滤波器使能	[2]	I2C 总线滤波使能位。当 SDA 端口工作在输入时，应该设置此位为高。这个滤波器可以防止两个 PCLK 时间期间由于干扰而发生错误。0 表示禁止滤波器；1 表示使能滤波器	0
SDA 输出延时	[1:0]	I2C 总线 SDA 线延时长度选择位。SDA 线按以下时钟时间（PCLK）延时。00 表示 0 个时钟；01 表示 5 个时钟；10 表示 10 个时钟；11 表示 15 个时钟	00

例 7-1　下面给出的是 S3C2440 的 I2C 的读写示例。

```
#include "s3c2440.h"
#include "interrupt.h"
#define IIC_CHIP_ADDR    (0xA0)        /*器件地址*/
#define PAGE_SIZE 16
unsigned int ready = 0;                /*标志 I2C 是否可读写*/
void delay(u32 i)
{
```

```c
        while (i--);
}
/*I2C 中断处理程序，主要是置一个就绪标志*/
void IIC_isp(void)
{
    rSRCPND |= 0x1<<INT_IIC;         /*源挂起寄存器，bit 27，清I2C源挂起位*/
    rINTPND |= 0x1<<INT_IIC;         /*中断挂起寄存器，bit 27，清I2C中断挂起位*/
    ready = 1;                       /*标记中断发生*/
}
/*I2C 初始化，将GPIO口配置为I2C功能并启动I2C中断*/
void IIC_init()
{
    rGPECON &= ~((3<<30) | (3<<28));
    rGPECON |= (2<<30) | (2<<28);             /*GPE16,15位输出*/
    isr_handle_array[INT_IIC] = IIC_isp;      /*填写中断矢量*/
    rSRCPND |= 1<<INT_IIC;           /*源挂起寄存器，bit 27，清I2C源挂起位*/
    rINTPND |= 1<<INT_IIC;           /*中断挂起寄存器，bit 27，清I2C中断挂起位*/
    rINTMSK &= ~(1<<INT_IIC);        /*开I2C中断*/
    rIICCON = 0xe0;                  /*设置I2C时钟频率，使能应答，开启中断*/
    rIICSTAT = 0x10;                 /*I2C总线输出使能*/
}
/*AT24C08 页写，当size为1时，是字节写*/
/*输入参数依次为设备地址、数据缓存数组和要写入的数据个数*/
/*页写时addr(10bit)必须页对齐*/
void IIC_write_page(unsigned char addr, unsigned char *buff, int size)
{
    int i;
    ready =0;                        /*中断发生标志清零*/
    rIICSTAT = 0xf0;                 /*主设备发送模式*/
    rIICDS = IIC_CHIP_ADDR|((addr & 0x300)>>7);  /*器件地址+片内高2位地址*/
    rIICCON &= ~0x10;                /*清中断标志*/
    while(!ready)                    /*等待从设备应答，收到应答后，产生中断*/
        delay(100);                  /*一旦进入I2C中断，即可跳出该死循环*/
    ready = 0;                       /*中断发生标志清零*/
    rIICDS = addr&0xFF;              /*写入从设备内存地址低8位地址*/
    rIICCON &= ~0x10;                /*清中断标志*/
    while(!ready)
        delay(100);
    ready = 0;                       /*中断发生标志清零*/
```

```c
    /*连续写入数据*/
    for(i=0; i<size; i++)
    {
        rIICDS = *(buff+i);              /*readly to translate data*/
        rIICCON &= ~0x10;                /*清中断标志*/
        while(!ready)
            delay(100);
        ready = 0;
    }
    rIICSTAT = 0xd0;                     /*发出 stop 命令,结束本次通信*/
    rIICCON &= ~0x10;                    /*清中断标志,为下次 I2C 通信做准备*/
    delay(10000);                        /*等待*/
}
/*AT24C08 写*/
/*输入参数依次为设备地址、数据缓存数组和要写入的数据个数*/
void IIC_write(unsigned char addr, unsigned char *buff, int size)
{
    int flag, n;
    /*判断是否是从一页的中间开始写*/
    flag=addr-(addr &(PAGE_SIZE-1));
    /*如果地址不是从一页的开头开始,则先写第一个不完整的页*/
    if (flag != 0)
    {
        /*计算本页中还可以写多少个字节*/
        n = PAGE_SIZE -(addr & (PAGE_SIZE-1));
        /*写入的要写入和字节数与可以写入的字节数中的小者*/
        n = n > size ? size : n;
        IIC_write_page(addr, buff, n);
        addr += n;
        buff += n;
        size -= n;
    }
    /*接下来写一个个的完整的页面*/
    while(size >= PAGE_SIZE)
    {
        IIC_write_page(addr, buff, PAGE_SIZE);
        addr += PAGE_SIZE;
        buff += PAGE_SIZE;
        size -= PAGE_SIZE;
```

```c
    }
    /*如果还有剩余不足一页的部分,则再写这一部分*/
    if (size > 0)
        IIC_write_page(addr, buff, size);
}
/*AT24C08的序列读,当size为1时,是随机读*/
/*输入参数依次为设备地址、数据缓存数组和要读取的数据个数*/
void IIC_read(unsigned char addr, unsigned char *buff, int size)
{
    int i;
    ready = 0;
    rIICDS = IIC_CHIP_ADDR}|((addr & 0x300)>>7);  /*器件地址+片内高2位地址*/
    rIICSTAT = 0xf0;                /*主设备发送模式*/
    rIICCON &= ~0x10;               /*清中断标志*/
    while(!ready)
        delay(100);
    ready = 0;
    rIICDS =((addr & 0xFF));        /*芯片内地址低字节*/
    rIICCON &= ~0x10;
    while(!ready)
        delay(100);
    ready = 0;
    rIICDS = IIC_CHIP_ADDR|((addr & 0x300)>>7);/*最低位是1,控制器自动低位置1*/
    rIICSTAT = 0xB0;                /*接收模式,Receive mode,开始信号,Start_sinal*/
    rIICCON &= ~0x10;               /*清除中断挂起*/
    while (!ready)                  /*等待应答产生中断*/
        delay(100);
    ready = 0;

    *buff = rIICDS;                 /*从24C08中读取的第一个字节为器件地址*/
    rIICCON &= ~0x10;               /*清除中断挂起*/
    while(!ready)
        delay(100);
    ready = 0;
    /*连续读*/
    for(i=0; i<size-1; i++)
    {
        *(buff+i) = rIICDS;
        rIICCON &= ~0x10;           /*清除中断挂起*/
```

```
        while(!ready)
            delay(100);
        ready = 0;
    }
    rIICCON &= ~0x80;          /*最后一个字节没有应答*/
    *(buff+i) = rIICDS;
    rIICSTAT = 0x90;           /*接收停止 Rx_Stop*/
    rIICCON &= ~0x10;          /*清除中断挂起信号*/
    delay(10000);
}
void IIC_test()
{
    int i;
    u8 tmp;
    unsigned char buf[]=
            "abcdefghijklmnopqrstuvwxyzABCDEFGHIJKLMNOPQRSTUVWXYZ";
    uart_puts("\nWriting …\n");
    for (i=0; i<sizeof(buf); i++)
    {
        uart_putchar(buf[i]);
        uart_putchar(' ');
    }
    IIC_write(100, buf, sizeof(buf));
    for (i=0; i<sizeof(buf); i++)
        buf[i] = 0;
    uart_puts("\nReading …\n");
    IIC_read(100, buf, sizeof(buf));
    for (i=0; i<sizeof(buf); i++)
    {
        uart_putchar(buf[i]);
        uart_putchar(' ');
    }
}
```

7.3.3　I2S 总线接口

1. I2S 总线接口原理

音响数据的采集、处理和传输是多媒体技术的重要组成部分。众多的数字音频系统已经进入消费市场，如数字音频录音带、数字声音处理器。对于设备和生产厂家来说，标准化的信息传输结构可以提高系统的适应性。I2S（Inter-IC Sound）总线是飞利浦公司为数字音频设备之间的音频数据传输而制定的一种总线标准，该总线专责于音频设备之间的数据传输，广泛应用于各种多媒体系统，它采用了沿独立的导线传输时钟与数据信号的设计，通过将数据和时钟信号分离，避免了因时差引发的失真，为用户节省了购买抵抗音频抖动的专业设备的费用。

在飞利浦公司的 I2S 标准中，既规定了硬件接口规范，也规定了数字音频数据的格式。I2S 有 3 个主要信号。

- 串行时钟 SCLK，也叫作位时钟（BCLK），即对应数字音频的每一位数据，SCLK 都有 1 个脉冲。SCLK 的频率=2×采样频率×采样位数。
- 帧时钟 LRCK，也称为 WS，用于切换左右声道的数据。LRCK 为 1 表示正在传输的是左声道的数据，为 0 则表示正在传输的是右声道的数据。LRCK 的频率等于采样频率。
- 串行数据 SDATA，就是用二进制补码表示的音频数据。

有时为了使系统间能够更好地同步，还需要另外传输一个信号 MCLK，称为主时钟，也称为系统时钟（Sys Clock），是采样频率的 256 倍或 384 倍。

串行数据（SD）：I2S 格式的信号无论有多少位有效数据，数据的最高位总是出现在 LRCK 变化（也就是一帧开始）后的第 2 个 SCLK 脉冲处，这就使得接收端与发送端的有效位数可以不同。如果接收端能处理的有效位数少于发送端，可以放弃数据帧中多余的低位数据；如果接收端能处理的有效位数多于发送端，可以自行补足剩余的位。这种同步机制使得数字音频设备的互连更加方便，而且不会造成数据错位。

随着技术的发展，在统一的 I2S 接口下，出现了多种不同的数据格式。根据 SDATA 数据相对于 LRCK 和 SCLK 的位置不同，分为左对齐（较少使用）、I2S 格式（即飞利浦规定的格式）和右对齐（也叫作日本格式、普通格式）。

为了保证数字音频信号的正确传输，发送端和接收端应该采用相同的数据格式和长度。当然，对 I2S 格式来说，数据长度可以不同。

WS 可以在串行时钟的上升沿或者下降沿发生改变，并且 WS 信号不需要一定是对称的。在从属装置端，WS 在时钟信号的上升沿发生改变。WS 总是在最高位传输前的一个时钟周期发生改变，这样可以使从属装置得到与被传输的串行数据同步的时间，并且使接收端存储当前的命令以及为下次的命令清除空间。

2. S3C2440A I2S 总线接口

S3C2440A 的内置 IC 音频（I2S）总线接口可以用于实现 CODEC 接口到外部 8/16 位立体声音频 CODECIC 给迷你光碟和便携式应用。I2S 总线接口同时支持 I2S 总线数据格式和 MSB 对齐数据格式，该接口还提供 FIFO 存取的 DMA 传输模式来代替中断，能够同时发送和接收数据，以及在同一时间交替的发送或接收数据，图 7-11 是 I2S 总线方框图。

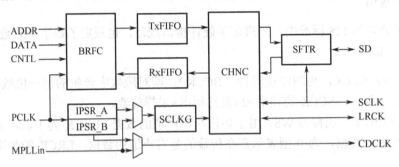

图 7-11　I2S 总线方框图

3. S3C2440 I2S 特殊功能寄存器

S3C2440 I2S 特殊功能寄存器如表 7-8。

表 7-8　S3C2440A I2S 特殊功能寄存器

寄存器	地　址	读/写	描　述	复位值
IISCON	0x55000000（Li/HW,Li/W,Bi/W） 0x55000002（Bi/HW）	R/W	I2S 总线寄存器	0x100
IISMOD	0x55000004（Li/W,Li/HW,Bi/W） 0x55000006（Bi/HW）	R/W	I2S 模式寄存器	0x0
IISPSR	0x55000008（Li/HW,Li/W,Bi/W） 0x5500000A（Bi/HW）	R/W	I2S 预分频寄存器	0x0
IISFCON	0x5500000C（Li/HW,Li/W,Bi/W） 0x5500000E（Bi/HW）	R/W	I2S FIFO 控制寄存器	0x0
IISFIFO	0x55000010（Li/HW） 0x55000012（Bi/HW）	R/W	I2S FIFO 寄存器	0x0

（1）I2S 总线寄存器（IISCON）位描述（见表 7-9）。

表 7-9　I2S 总线寄存器（IISCON）位描述

IISCON	位	描　述	复位值
左/右通道指示（只读）	[8]	0 = 左；1 = 右	1
发送 FIFO 就绪标志（只读）	[7]	0 = 空；1 = 非空	0

续表

IISCON	位	描述	复位值
接收 FIFO 就绪标志（只读）	[6]	0 = 满；1 = 未满	0
发送 DMA 服务请求	[5]	0 = 禁止；1 = 使能	0
接收 DMA 服务请求	[4]	0 = 禁止；1 = 使能	0
发送通道空闲命令	[3]	空闲状态中 IISLRCK 为无效（暂停 Tx）。0 = 非空闲；1=空闲	0
接收通道空闲命令	[2]	空闲状态中 IISLRCK 为无效（暂停 Rx）。0 = 非空闲；1=空闲	0
I2S 预分频器	[1]	0 = 禁止；1 = 使能	0
I2S 接口	[0]	0 = 禁止（停止）；1 = 使能（启动）	0

（2）I2S 模式寄存器（IISMOD）位描述（见表 7-10）。

表 7-10　I2S 模式寄存器（IISMOD）位描述

IISMOD	位	描述	复位值
主时钟选择	[9]	0 = PCLK；1 = MPLLin	0
主/从机模式选择	[8]	0 = 主机模式（IISLRCK 和 IISCLK 为输出模式）；1 = 从机模式（IISLRCK 和 IISCLK 为输入模式）	0
发送/接收模式选择	[7:6]	00 = 无传输；01 = 接收模式；10 = 发送模式；11 = 发送并接收模式	00
左/右通道的有效电平	[5]	0 = 主机模式（IISLRCK 和 IISCLK 为输出模式）；1 = 从机模式（IISLRCK 和 IISCLK 为输入模式）	0
串行接口格式	[4]	0 = I2S 兼容格式；1 = MSB（左）对齐格式	0
串行数据每通道	[3]	0 = 8 位；1 = 16 位	0
主时钟频率选择	[2]	0 = 256f_s；1 = 384f_s（f_s 为采样率）	0
串行位时钟频率选择	[1:0]	00 = 16f_s；01 = 32f_s；10 = 48f_s；11 = N/A	00

（3）I2S 预分频寄存器（IISPSR）位描述（见表 7-11）。

表 7-11　I2S 预分频寄存器（IISPSR）位描述

IISPSR	位	描述	复位值
预分频器控制 A	[9:15]	数值：0～31。预分频器 A 生成了用于内部模块的主时钟，并且分频系数为 N+1	00000
预分频器控制 B	[4:0]	数值：0～31。预分频器 B 生成了用于外部的模块主时钟，并且分频系数为 N+1	00000

（4）I2S FIFO 控制寄存器（IISFCON）位描述（见表 7-12）。

表 7-12 I2S FIFO 控制寄存器（IISFCON）位描述

IISFCON	位	描述	复位值
发送 FIFO 访问模式选择	[15]	0 = 普通；1 = DMA	0
接收 FIFO 访问模式选择	[14]	0 = 普通；1 = DMA	0
发送 FIFO	[13]	0 = 禁止；1 = 使能	0
接收 FIFO	[12]	0 = 禁止；1 = 使能	0
发送 FIFO 数据计数（只读）	[11:6]	数据计数值 = 0～32	00000
接收 FIFO 数据计数（只读）	[5:0]	数据计数值 = 0～32	00000

（5）I2S FIFO 寄存器（IISFIFO）位描述（见表 7-13）。

表 7-13 I2S FIFO 寄存器（IISFIFO）位描述

IISFIFO	位	描述	复位值
FENTRY	[15:0]	I2S 的发送/接收数据	0

例 7-2 下面是使用 I2S 进程录音和播放的函数，深入理解该程序需要 L3 总线的知识。

```c
#include "s3c2440.h"
/*L3 接口*/
#define L3C (1<<4)      /*GPB4 = L3CLOCK*/
#define L3D (1<<3)      /*GPB3 = L3DATA*/
#define L3M (1<<2)      /*GPB2 = L3MODE*/
/*L3 总线接口的写函数
* 输入参数 data 为要写入的数据
* 输入参数 address，为 1 表示地址模式，为 0 表示数据传输模式*/
static void WriteL3(unsigned char data, unsigned char address)
{
    int i,j;
    if(address == 1)
        rGPBDAT = rGPBDAT & ~(L3D | L3M | L3C) | L3C;
    else
        rGPBDAT = rGPBDAT & ~(L3D | L3M | L3C) | (L3C | L3M);
    delay(100);
    /*并行数据转串行数据输出，以低位在前、高位在后的顺序*/
    for(i=0; i<8; i++)
    {
        if(data & 0x1)
        {
```

```c
            rGPBDAT &= ~L3C;
            rGPBDAT |= L3D;
            delay(5);
            rGPBDAT |= L3C;
            rGPBDAT |= L3D;
            delay(5);
        }
        else
        {
            rGPBDAT &= ~L3C;
            rGPBDAT &= ~L3D;
            delay(5);
            rGPBDAT |= L3C;
            rGPBDAT &= ~L3D;
            delay(5);
        }
        data >>= 1;
    }
    rGPBDAT = rGPBDAT & ~(L3D | L3M | L3C) | (L3C | L3M);
}
void i2s_init()
{
    /*GPB2、GPB3、GPB4 模拟实现 L3 总线规范的 L3MODE、L3DATA、L3CLOCK*/
    rGPBCON &= ~((3<<8) | (3<<6) | (3<<4));
    rGPBCON |=   (1<<8) | (1<<6) | (1<<4);
    rGPBUP  |=   (1<<4) | (1<<3) | (1<<2);
    /*配置 I2S*/
    rGPECON &= ~((3<<8) | (3<<6) | (3<<4) | (3<<2) | (3<<0));
    rGPECON |=   (2<<8) | (2<<6) | (2<<4) | (2<<2) | (2<<0);
    rGPEUP  |=   (1<<4) | (1<<3) | (1<<2) | (1<<1) | (1<<0);
    rGPBDAT = rGPBDAT & ~(L3M|L3C|L3D) | (L3M|L3C);
    /*配置 UDA1341*/
    WriteL3(0x14+2, 1);
    WriteL3(0x60, 0);
}
/*放音程序*/
void i2s_play(unsigned char *buffer, int length)
{
    int count,i;
```

```c
    char flag;
    rGPBDAT = rGPBDAT & ~(L3M|L3C|L3D) |(L3M|L3C);     /*L3 开始传输*/
    WriteL3(0x14 + 2,1);                /*状态模式 (000101xx+10)*/
    WriteL3(0x10,0);
    WriteL3(0x14 + 2,1);                /*状态模式 (000101xx+10)*/
    WriteL3(0xc1,0);
    /*配置 S3C2440 的 I2S 寄存器*/
    rIISCON  = (1<<2)|(1<<1);
    rIISMOD  = (2<<6)|(1<<3)|(1<<2)|1;
    rIISPSR  = 5<<5|5;
    rIISFCON = (1<<13);
    count=0;
    /*开启 I2S*/
    rIISCON |= 0x1;
    while(1)
    {
        if((rIISCON & (1<<7))==0)
        {
            for(i=0;i<32;i++)
            {
                rIISFIFO=(buffer[2*i+count])+(buffer[2*i+1+count]<<8);
            }
            count+=64;
            if(count>length)
                break;                   /*音频数据传输完,则退出*/
        }
    }
    rIISCON = 0x0;                       /*关闭 I2S*/
}
/*I2S 录音程序*/
int i2s_record(unsigned char * buffer, unsigned int length)
{
    int count,i;
    unsigned short temp;
    rGPBDAT = rGPBDAT & ~(L3M|L3C|L3D) |(L3M|L3C);  /*L3 开始传输*/
    WriteL3(0x14 + 2,1);              /*状态模式(000101xx+10)*/
    WriteL3(0x60,0);
    WriteL3(0x14 + 2,1);              /*状态模式 (000101xx+10)*/
    WriteL3(0x10,0);
```

```
    WriteL3(0x14 + 2,1);           /*状态模式 (000101xx+10)
    WriteL3(0xa2,0);
    WriteL3(0x14 + 0,1);
    WriteL3(0x7b,0);
    WriteL3(0xc4,0);
    WriteL3(0xf0,0);
    WriteL3(0xc0,0);
    WriteL3(0xe0,0);
    WriteL3(0xc1,0);
    WriteL3(0xe0,0);
    WriteL3(0xc2,0);
    WriteL3(0xfa,0);
    /*配置S3C2440的I2S寄存器*/
    rIISPSR = 5<<5|5;
    rIISCON  = (1<<3)|(1<<1);
    rIISMOD  = (1<<6)|(1<<3)|(1<<2)|1;
    rIISFCON = (1<<12);
    count=0;
    rIISCON |= 0x1;
    while(1)
    {
        if((rIISCON & (1<<6))==0)
        {
            for(i=0;i<32;i++)
            {
                temp=rIISFIFO;
                buffer[count+2*i]=(unsigned char)temp;
                buffer[count+2*i+1]=(unsigned char)(temp>>8);
            }
            count+=64;
            if(count>length)
                break;
        }
    }
    rIISCON=0;
    return count;
}
/*设置音量*/
void i2s_setvolume(unsigned char volume)
```

```
{
    rGPBDAT = rGPBDAT & ~(L3M|L3C|L3D) |(L3M|L3C);
    WriteL3(0x14+0, 1);
    WriteL3(volume, 0);
}
```

7.3.4 SD 卡

Secure Digital 卡简称 SD 卡,从字面理解,此卡就是安全卡,可分为 SD 卡、SDHC 卡(高容量 SD 卡)、SDXC 卡(超大容量 SD 卡),向上兼容。SD 卡如图 7-12 所示,容量、磁盘格式、标准颁布时间等见表 7-14 所示。

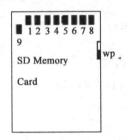

图 7-12 SD 卡

表 7-14 SD 卡容量与文件系统

容量等级	容量范围	磁盘格式	Ver.	时间
SD	上限至 2 GB	FAT 12、16	1.1	2006 年 4 月
SDHC	2～32 GB	FAT 32	2.0	2006 年 9 月
SDXC	32 GB～2 TB	exFAT	3.0	2010 年 5 月

1. SD 卡分类

在 SD 卡中使用的 FAT16 文件系统所支持的最大容量为 2 GB。

SDHC 是 Secure Digital High Capacity 的缩写,即高容量 SD 存储卡。2006 年 5 月 SD 协会发布了最新版的 SD 2.0 的系统规范,在其中规定 SDHC 是符合新的规范,且容量大于 2 GB 小于等于 32 GB 的 SD 卡,SDHC 最大的特点就是高容量(2～32 GB)。SDHC 主要特征在于文件格式从以前的 FAT12、FAT16 提升到了 FAT32,而且最高支持 32 GB,同时传输速度被重新定义为 Class2(2 Mbps)、Class4(4 Mbps)、Class6(6 Mbps)等级别,高速的 SD 卡可以支持高分辨视频录制的实时存储。

- Class0：包括低于 Class2 和未标注 Speed Class 的情况。
- Class2：大于 2 Mbps，能满足观看普通 MPEG4、MPEG2 的电影、SDTV、数码摄像机拍摄。
- Class4：大于 4 Mbps，可以流畅播放高清电视（HDTV），数码相机连拍等需求。
- Class6：大于 6 Mbps，满足单反相机的连拍和专业设备的使用需求。
- Class10：大于 10 Mbps。

SD 协会在 CES 2009 上展示了一款 2 TB 容量的 SDXC 存储卡（SD eXtended Capacity），SDXC 不但拥有超大的容量，而且其数据传输速度也不俗，据介绍，其最大的传输速度预期能够达到 300 Mbps。拥有超大容量的存储卡，那么以后用 NDS 烧录卡、记忆棒马甲或者其他方面的朋友就可随意往里面存储任何东西了，不过其数据安全性能如何暂时未清楚。这款 SDXC 存储卡采用的是 NAND 闪存芯片，使用了 Microsoft 的 exFAT 文件系统（Vista 系统的新文件系统）。

- SDXC 存储卡理论容量是 2 TB。
- 支持 UHS 104，一种新的超高速 SD 接口规格，新 SD 存储卡标准 Ver.3.00 种的最高标准，其在 SD 接口上实现 104 Mbps 的总线传输速度，从而可实现 35 Mbps 的最大写入速度和 60 Mbps 的最大读取速度。
- UHS104 提供传统的 SD 接口——3.3 V DS（25 MHz）/HS（50 MHz），支持 UHS104 的新 SDHC 存储卡，和现有的 SDHC 对应设备相兼容。
- SDXC 存储卡只和装有 exFAT 文件系统的 SDXC 对应设备相兼容，它不能用于 SD 或 SDHC 对应设备。
- 采用最可靠的 CPRM 版权保护技术。
- UHS104 是一种新的超高速接口规格，数据总线传输速率为 104 Mbps，这是 SD 新存储卡标准 Ver.3.00 中的最高标准。
- SDXC 存储卡是 SD 协会于 2009 年 4 月定义的下一代 SD 存储卡标准，为满足大容量存储媒体的不断增长的需求，为丰富的存储应用提供更快的数据传输速率。新 SDXC 存储卡标准和提供 4～32 GB 容量的 SDHC 存储卡标准相比，其所实现的容量可超越 32 GB，最大可达 2 TB（TB：terabyte，万亿字节，1 TB=1024 GB）。

2．SD 卡总线协议

SD 卡接口支持两种操作模式：SD 卡模式和 SPI 模式，主机可以选择其中任意模式。SD 卡模式允许 4 条线的高速数据传输；SPI 模式允许简单通用的 SPI 接口，但丧失了 SD 卡的高速度。

（1）SD 卡引脚接口，SD 卡引脚接口定义如表 7-15 所示。

表 7-15 SD 卡引脚接口定义

引脚	SD 模式			SPI 模式		
	名称	类型	描述	名称	类型	描述
1	CD/DAT3	I/O/PP	Card Direct/数据线[Bit3]	CS	I	片选
2	CMD	PP	命令/响应	DI	I	数据输入
3	VSS	S	电源地	VSS	S	电源地
4	VDD	S	电源正	VDD	S	电源正
5	CLK	I	时钟	SCLK	I	时钟
6	VSS2	S	电源地	VSS2	S	电源地
7	DAT0	I/I/PP	数据线[Bit0]	DO	O/PP	数据输出
8	DAT1	I/O/PP	数据线[Bit1]	RSV		
9	DAT2	I/O/PP	数据线[Bit2]	RSV		

注：PP 指推挽输出。

（2）SD 总线。总线分为 Host 和 Device。总线上命令和数据是分开在不同的线上传输的，命令和响应在 CMD 上传输，由 Host 发命令，Device 做出相应的响应。

Command：命令 Host to Device 都是 48 位，分为广播命令和点对点命令。

Response：响应 Device to Host 根据内容不同分为 R1、R3、R4、R7（48 位）和 R2（136 位）。

在初始化阶段，Host 给 SD 卡分配地址；数据传输有单块传输命令和多块传输命令，然后通过发送一个终止命令停止传输；单块还是多块传输，是通过 Host 来配置的；命令先传 MSB 再传 LSB。

3. SD 命令

（1）CMD 命令。SD 卡自身有完备的命令系统，以实现各项操作，命令格式如下。

数据包的内容包括起始位、结束位、传输位、命令索引、传输参数和 7 位 CRC 校验码，

其具体格式分布如下所示。

Bit 位置	47	46	[45:40]	[39:08]	[07:01]	00
Bit 宽度	1	1	6	32	7	1
值	0	1	x	x	x	1
说明	Start bit	Transmission bit	Command index	Argument	CRC7	End bit

其中的命令索引位是[45:40]，里面可以封装各种命令，具体的命令表将在下面给出。不同的命令会对应不同的回应（Respond），回应有6种（R1、R1b、R2、R3、R6、R7）格式，在命令表中的选项会给出。

命令的传输过程采用发送应答机制，过程如下所示。

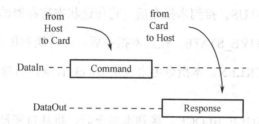

SD 卡有2006年4月发布的1.0规范，2006年9月发布的2.0规范支持SDHC卡，2010年5月发布的3.0规范支持SDXC卡。3.0规范中的命令多于2.0，规范中除各种CMD命令外，每个规范中还有多个ACMD命令，命令有SD模式和SPI模式。这里仅介绍部分SD模式的CMD命令，详细命令请参阅相应规范。

CMD0：GO_IDLE_STATE。这是使SD卡初始化到Idle状态的指令，CS信号设在Low的状态时，接到本指令后，SD卡将转换到SPI模式。

CMD1：SEND_OP_COND。接到本指令后，SD卡将进行R3回应（含有OCR数据），根据OCR值，可以得知SD卡能工作电压范围。OCR数据最高值位的1 bit是用来确认SD卡内部处理是否结束（Ready/Busy轮询）。

CMD2：ALL_SEND_CID。接到本指令后，处于Ready状态的SD卡将传送CID数据。在MMC模式下，数据被送到CMD信号，在CID数据的每1 bit传送后，CMD信号状态将与该SD卡内部状态相比较，如果不一致，将中止数据传送，SD卡返回到Ready状态；如果相一致，该SD卡将认为已被选中，然后转换到Identification状态。

CM3：SET_RELATIVE_ADDR。本指令会为已转换到Identification状态的SD卡分配一个相对SD卡地址（RCA）。当RCA分配后，SD卡将转换到Stand-by状态，对以后的CMD2和CMD3不回应。

CMD7：SELECT/DESELECT_CARD。本指令是用来选择一张 SD 卡，让它在 Stand-by 状态和 Transfer 状态之间转换的指令。如果给 SD 卡设定已分配到的 RCA 地址，SD 卡将从 Stand-by 状态转换到 Transfer 状态，并将回应以后的读取指令及其他指令；如果给 SD 卡设定 RCA 以外的地址，SD 卡将转换到 Stand-by 状态，当 RCA=0000h 时，SD 卡将无条件地转换到 Stand-by 状态。

CMD9：SEND_CSD。接到本指令后，将传送 CSD 数据。

CMD10：SEND_CID。接到本指令后，将传送 CID 数据。

CMD11：VOLTAGE_SWITCH。接到本指令后，将总线切换到 1.8 V。

CMD12：STOP_TRANSMISSION。本指令强行终止 CMD11 和 CMD18 的处理。

CMD13：SEND_STATUS。接到本指令后，将传送状态寄存器的信息。

CMD15：GO_INACTIVE_STATE。接到本指令后，将转换到休止（Inactive）状态。

CMD16：SET_BLOCKLEN。本指令用来设定 Block 长度，对象是以后的指令 CMD17 和 CMD18。

CMD17：READ_SINGLE_BLOCK。接到本指令后，将从自变量设定的地址传送 1 个 Block 长度的数据（Block 长度由指令 CMD16 设定）。

CMD18：READ_MULTIPLE_BLOCK。接到本指令后，将从自变量设定的地址连续传送 Block 长度的数据，直到接到指令 CMD12 为止（block 长度由指令 CMD16 设定）。

CMD23：SET_BLOCK_COUNT。本指令是给紧跟的指令 CMD18 设定要传送的 Block 数量。

CMD24：WRITE_BLOCK。接到本指令后，将写 1 个 Block 长度的数据到自变量设定的地址（Block 长度由指令 CMD16 设定）。

CMD25：WRITE_MULTIPLE_BLOCK。接到本指令后，将连续写 Block 长度的数据到自变量设定的地址，直到接到指令 CMD12 为止（Block 长度由指令 CMD16 设定）。

CMD58：READ_OCR。接到本指令后，SD 卡将传送 OCR 数据。

CMD59：CRC_ON_OFF。本指令是用来设定 CRC 选项为 ON 或 OFF，在 SPI 模式下，CRC 的初始值设定为 OFF。CRC 选项[bit=1]表示 CRC ON；CRC 选项[bit=0]表示 CRC OFF。CMD 命令在每个规范中略有不同，这里不一一介绍。

（2）命令回应 repond。

① R1 模式，对象指令如下。

- CMD0：GO_IDLE_STATE。
- CMD1：SEND_OP_COND。
- CMD9：SEND_CSD。
- CMD10：SEND_CID。
- CMD11：VOLTAGE_SWITCH。
- CMD12：STOP_TRANSMISSION。
- CMD13：SEND_STATUS。
- CMD16：SET_BLOCKLEN。
- CMD17：READ_SINGLE_BLOCK。
- CMD18：READ_MULTIPLE_BLOCK。
- CMD19：SEND_TUNING_BLOCK。
- CMD23：SET_BLOCK_COUNT。
- CMD24：WRITE_BLOCK。
- CMD25：WRITE_MULTIPLE_BLOCK。
- CMD27：PROGRAM_CSD。
- CMD30：SEND_WRITE_PROT。
- CMD32：ERASE_WR_BLK_START。
- CMD33：ERASE_WR_BLK_END。
- CMD42：LOCK_UNLOCK。
- CMD55：APP_CMD。
- CMD56：GEN_CMD。
- CMD59：CRC_ON_OFF。
- ACMD6：SET_BUS_WIDTH。
- ACMD13：SD_STATUS。
- ACMD22：SEND_NUM_WR_BLOCKS。
- ACMD23：SET_WR_BLK_ERASE_COUNT。
- ACMD42：SET_CLR_CARD_DETECT。
- ACMD51：SEND_SCR。

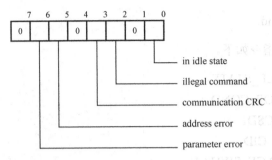

② R2 模式，对象指令指令如下。

- CMD2：ALL_SEND_CID。
- CMD9：SEND_CSD。
- CMD10：SEND_CID。

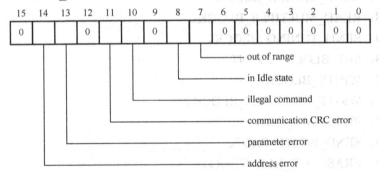

③ R3 模式，对象指令如下。

- CMD58：READ_OCR。
- ACMD41：SD_SEND_OP_COND。

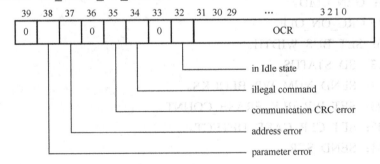

回应 R1b，R6，R7，模式这里省略不叙述。

(3) SD Memory Card 的寄存器（见表 7-16）。

表 7-16 SD 卡的寄存器

名称	带宽	描述
CID	128	卡的 ID 号，用来区分每张卡。强制（产品序列、生产日期）
RCA	16	卡地址，卡的本地系统地址，在设定初值期间由卡动态产生并被主机核准。强制
DSR	16	驱动层寄存器，配置卡的输出驱动。可选
CSD	128	卡的特殊数据，标识卡的操作条件。强制
SCR	64	SD 配置寄存器，标识 SD 存储卡的特别特征。强制
OCR	32	操作条件寄存器。强制

- CID：卡标识寄存器、产品序列、生产日期。
- CSD：卡特性寄存器。
- SCR：卡配置寄存器、支持协议、支持总线宽度。
- OCR：操作寄存器、电压值、上电状态。
- DSR：驱动层寄存器。
- RCA：卡地址。

S3C2440 兼容 SD 存储器卡规格（1.0 版本）/MMC 规格（2.11），S3C6410 兼容 SD 存储器卡规格 2.0 版本。

本节只介绍了 SD 卡的基本原理。SD 卡现在用得很多，很实用，也比较复杂，涉及 S3C2440 和 Cortex-M4 的 SD 卡接口这里就不讲述了，有兴趣的读者可参考相关资料。

7.5 现场总线

7.5.1 现场总线概述

现场总线是指安装在制造或过程区域的现场装置与控制室内的自动装置之间的数字式、串行、多点通信的数据总线，它是一种工业数据总线，是自动化领域中底层数据通信网络。

简单地说，现场总线以数字通信替代了传统 4～20 mA 模拟信号及普通开关量信号的传输，是连接智能现场设备和自动化系统的全数字、双向、多站的通信系统，主要解决工业现场的智能化仪器仪表、控制器、执行机构等现场设备间的数字通信，以及这些现场控制设备和高级控制系统之间的信息传递问题。

现场总线的产生对工业的发展起着非常重要的作用，对国民经济的增长有着非常重要的影响，主要应用于石油、化工、电力、医药、冶金、加工制造、交通运输、国防、航天、农业和楼宇等领域。

现场总线特征有：

- 全数字化通信；
- 开放型的互联网络；
- 可互操作性与互用性；
- 现场设备的智能化；
- 系统结构的高度分散性；
- 对现场环境的适应性。

总线特点有：

- 现场控制设备具有通信功能，便于构成工厂底层控制网络；
- 通信标准的公开、一致，使系统具备开放性，设备间具有可互操作性；
- 功能块与结构的规范化使相同功能的设备间具有互换性；
- 控制功能下放到现场，使控制系统结构具备高度的分散性。

现场总线优点有：

- 现场总线使自控设备与系统步入了信息网络的行列，为其应用开拓了更为广阔的领域；
- 一对双绞线上可挂接多个控制设备，便于节省安装费用；
- 节省维护开销；
- 提高了系统的可靠性；
- 为用户提供了更为灵活的系统集成主动权。

现场总线缺点有：

- 网络通信中数据包的传输延迟；
- 通信系统的瞬时错误和数据包丢失；
- 发送与到达次序的不一致等都会破坏传统控制系统原本具有的确定性，使得控制系统的分析与综合变得更复杂，使控制系统的性能受到负面影响。

从现场总线技术本身来分析，现场总线有两个明显的发展趋势：

- 寻求统一的现场总线国际标准；
- Industrial Ethernet 走向工业控制网络。

ProfiNet 由 ProfiBus 国际组织（ProfiBus International，PI）推出，是新一代基于工业以

太网技术的自动化总线标准。作为一项战略性的技术创新，ProfiNet 为自动化通信领域提供了一个完整的网络解决方案，囊括了诸如实时以太网、运动控制、分布式自动化、故障安全及网络安全等当前自动化领域的热点话题，并且作为跨供应商的技术，可以完全兼容工业以太网和现有的现场总线（如 ProfiBus）技术，保护现有投资。

ProfiNet 是适用于不同需求的完整解决方案，其功能包括 8 个主要的模块，依次为实时通信、分布式现场设备、运动控制、分布式自动化、网络安装、IT 标准、信息安全和故障安全，以及过程自动化。

需要注意的是：工业以太网讲究传输的实时性，交换机不是普通交换机，是环网交换机。

统一、开放的 TCP/IP Ethernet 是 20 多年来发展最成功的网络技术，过去一直认为，Ethernet 是为 IT 领域应用而开发的，它与工业网络在实时性、环境适应性、总线馈电等许多方面的要求存在差距，在工业自动化领域只能得到有限应用。事实上，这些问题正在迅速得到解决，国内对 EPA（Ethernet for Process Automation）技术也取得了很大的进展。随着 FF HSE 的成功开发及 ProfiNet 的推广应用，可以预见 Ethernet 技术将会迅速地进入工业控制系统的各级网络。

国际上形成的工业以太网技术的四大阵营：

- 主要用于离散制造控制系统的 Modbus-IDA 工业以太网；
- Ethernet/IP 工业以太网；
- ProfiNet 工业以太网；
- 主要用于过程控制系统的是 Foundation Fieldbus HSE 工业以太网。

随着科学技术的快速发展，过程控制领域在过去的两个世纪里发生了巨大的变革。150 多年前出现的基于 5~13 psi 的气动信号标准（PCS，Pneumatic Control System，气动控制系统），标志着控制理论初步形成，但此时尚未有控制室的概念。20 世纪 50 年代，随着基于 0~10 V 或 4~20 mA 的电流模拟信号的模拟过程控制体系被提出并得到广泛的应用，标志了电气自动控制时代的到来，三大控制论的确立奠定了现代控制的基础，设立的控制室、控制功能分离的模式也一直沿用至今。20 世纪 70 年代，随着数字计算机的介入，产生了"集中控制"的中央控制计算机系统，而信号传输系统大部分是依然沿用 4~20 mA 的模拟信号，不久人们也发现了伴随着"集中控制"，该系统存在着易失控、可靠性低的缺点，并很快将其发展为分布式控制系统（Distributed Control System，DCS）；微处理器的普遍应用和计算机可靠性的提高，使分布式控制系统得到了广泛的应用，由多台计算机、一些智能仪表及智能部件实现的分布式控制是其最主要的特征，而数字传输信号也在逐步取代模拟传输信号。随着微处理器的快速发展和广泛的应用，数字通信网络延伸到工业过程现场成为可能，产生了以微处理器为核心，使用集成电路代替常规电子线路，实施信息采集、显示、处理、传输及优化控制等功能的智能设备。设备之间彼此通信、控制，在精度、可操作性、可靠性、可维护性等方面都有更高的要求，由此，导致了现场总线的产生。

下面就几种主流的现场总线做一简单介绍。

1. 基金会现场总线（Foundation FieldBus，FF）

这是以美国 Fisher-Rousemount 公司为首的，联合了横河、ABB、西门子、英维斯等 80 家公司制定的 ISP 协议和以 Honeywell 公司为首的联合欧洲等地 150 余家公司制定的 WorldFIP 协议于 1994 年 9 月合并而产生的，该总线在过程自动化领域得到了广泛的应用，具有良好的发展前景。

基金会现场总线采用国际标准化组织 ISO 的开放化系统互联 OSI 的简化模型（1、2、7 层），即物理层、数据链路层、应用层，另外增加了用户层。FF 分低速 H1 和高速 H2 两种通信速率，前者传输速率为 31.25 kbps，通信距离可达 1900 m，可支持总线供电和本质安全防爆环境。后者传输速率为 1 Mbps 和 2.5 Mbps，通信距离分别为 750 m 和 500 m，支持双绞线、光缆和无线发射，协议符号 IEC1158-2 标准。FF 的物理媒介的传输信号采用曼彻编码。

2. 控制器局域网（Controller Area Network，CAN）

CAN 最早由德国 BOSCH 公司推出，它广泛用于离散控制领域，其总线规范已被 ISO 国际标准组织制定为国际标准，得到了 Intel、Motorola、NEC 等公司的支持。CAN 协议分为两层：物理层和数据链路层。CAN 的信号传输采用短帧结构，传输时间短，具有自动关闭功能和较强的抗干扰能力。CAN 支持多主工作方式，并采用了非破坏性总线仲裁技术，通过设置优先级来避免冲突，通信距离最远可达 10 km（5 kbps），通信速率最高可达 1 Mbps（40 m），网络节点数实际可达 110 个。已有多家公司开发了符合 CAN 协议的通信芯片。

3. Lonworks

它由美国 Echelon 公司推出，并由 Motorola、Toshiba 公司共同倡导，采用 ISO/OSI 模型的全部 7 层通信协议，采用面向对象的设计方法，通过网络变量把网络通信设计简化为参数设置。支持双绞线、同轴电缆、光缆和红外线等多种通信介质，通信速率从 300 bps～1.5 Mbps，直接通信距离可达 2700 m（78 kbps），被誉为通用控制网络。Lonworks 技术采用的 LonTalk 协议被封装到 Neuron（神经元）的芯片中，并得以实现。采用 Lonworks 技术和神经元芯片的产品，被广泛应用在楼宇自动化、家庭自动化、保安系统、办公设备、交通运输、工业过程控制等行业。

4. DeviceNet

DeviceNet 是一种低成本的通信连接,也是一种简单的网络解决方案,有着开放的网络标准。DeviceNet 具有的直接互连性不仅改善了设备间的通信,而且提供了相当重要的设备级阵地功能。DeviceNet 基于 CAN 技术,传输率为 125 kbps～500 kbps,每个网络的最大节点为 64 个,其通信模式为生产者/客户(Producer/Consumer),采用多信道广播信息发送方式。位于 DeviceNet 网络上的设备可以自由连接或断开,不影响网上的其他设备,而且其设备的安装布线成本也较低。DeviceNet 总线的组织结构是开放式设备网络供应商协会 Open Devicenet Vendor Association,ODVA)。

5. ProfiBus

ProfiBus 是德国标准(DIN19245)和欧洲标准(EN50170)的现场总线标准,由 ProfiBus-DP、ProfiBus-FMS、ProfiBus-PA 系列组成。DP 用于分散外设间高速数据传输,适用于加工自动化领域;FMS 适用于纺织、楼宇自动化、可编程控制器、低压开关等;PA 用于过程自动化的总线类型,遵守 IEC 1158-2 标准。ProfiBus 支持主-从系统、纯主站系统、多主多从混合系统等几种传输方式其传输速率为 9.6 kbps～12 Mbps,最大传输距离在 9.6 kbps 下为 1200 m,在 12 Mbps 下为 200 m,可采用中继器延长至 10 km,传输介质为双绞线或者光缆,最多可挂接 127 个站点。

6. HART

HART 是 Highway Addressable Remote Transducer 的缩写,最早由 Rosemount 公司开发,其特点是在现有模拟信号传输线上实现数字信号通信,属于模拟系统向数字系统转变的过渡产品。其通信模型采用物理层、数据链路层和应用层三层,支持点对点、主从应答方式和多点广播方式。由于它采用模拟数字信号混和,难以开发通用的通信接口芯片。HART 能利用总线供电,可满足本质安全防爆的要求,并可用于由手持编程器与管理系统主机作为主设备的双主设备系统。

7. CC-Link

CC-Link 是 Control&Communication Link(控制与通信链路系统)的缩写,在 1996 年 11 月,由三菱电机为主导的多家公司推出,其增长势头迅猛,在亚洲占有较大份额。在其系统中,可以将控制和信息数据同是以 10 Mbps 高速传送至现场网络,具有性能卓越、使用简单、应用广泛、节省成本等优点。CC-Link 不仅解决了工业现场配线复杂的问题,同时具有优异的抗噪性能和兼容性,是一个以设备层为主的网络,同时也可覆盖较高层次的控制层和较低层次的传感层。2005 年 7 月 CC-Link 被中国国家标准委员会批准为中国国家标准指导性技术文件。

8. WorldFIP

WorldFIP 的北美部分与 ISP 合并为 FF 以后，WorldFIP 的欧洲部分仍保持独立，总部设在法国，在欧洲市场占有重要地位，特别是在法国占有率大约为 60%。WorldFIP 的特点是具有单一的总线结构来适用不同的应用领域的需求，而且没有任何网关或网桥，用软件的办法来解决高速和低速的衔接问题。WorldFIP 与 FFHSE 可以实现"透明连接"，并对 FF 的 H1 进行了技术拓展，如速率等。在与 IEC61158 第一类型的连接方面，WorldFIP 做得最好，走在世界前列。

9. INTERBUS

INTERBUS 是德国 Phoenix 公司推出的较早的现场总线，于 2000 年 2 月成为国际标准 IEC61158。INTERBUS 采用国际标准化组织 ISO 的开放化系统互联 OSI 的简化模型（1、2、7 层），即物理层、数据链路层、应用层，具有强大的可靠性、可诊断性和易维护性。其采用集总帧型的数据环通信，具有低速度、高效率的特点，并严格保证了数据传输的同步性和周期性；该总线的实时性、抗干扰性和可维护性也非常出色。INTERBUS 广泛应用在汽车、烟草、仓储、造纸、包装、食品等工业，成为国际现场总线的领先者。

此外较有影响的现场总线还有丹麦公司 Process-Data A/S 提出的 P-Net，该总线主要应用于农业、林业、水利、食品等行业；SwiftNet 现场总线主要使用在航空航天等领域，还有一些其他的现场总线这里就不再赘述了。

7.5.2 CAN 总线

CAN 是 Controller Area Network 的缩写，是 ISO 国际标准化的串行通信协议。在汽车产业中，出于对安全性、舒适性、方便性、低公害、低成本的考虑，各种各样的电子控制系统被开发了出来。由于这些系统之间通信所用的数据类型及对可靠性的要求不尽相同，由多条总线构成的情况很多，线束的数量也随之增加。为适应减少线束的数量、通过多个 LAN 进行大量数据的高速通信的需要，1986 年德国博世公司开发出面向汽车的 CAN 通信协议。此后，CAN 通过 ISO 11898 及 ISO 11519 进行了标准化，在欧洲已是汽车网络的标准协议。

CAN 的高性能和可靠性已被认同，并被广泛应用于工业自动化、船舶、医疗设备、工业设备等方面。现场总线是当今自动化领域技术发展的热点之一，被誉为自动化领域的计算机局域网，它的出现为分布式控制系统实现各节点之间实时、可靠的数据通信提供了强有力的技术支持。

1. CAN 总线优势

CAN 属于现场总线的范畴，它是一种有效支持分布式控制或实时控制的串行通信网络。

较之许多 RS-485 基于 R 线构建的分布式控制系统而言，基于 CAN 总线的分布式控制系统在以下方面具有明显的优越性。

（1）网络各节点之间的数据通信实时性强。CAN 控制器工作于多种方式，网络中的各节点都可根据总线访问优先权（取决于报文标识符）采用无损结构的逐位仲裁的方式竞争向总线发送数据，且 CAN 协议废除了站地址编码，而代之以对通信数据进行编码，这可使不同的节点同时接收到相同的数据，这些特点使得 CAN 总线构成的网络各节点之间的数据通信实时性强，并且容易构成冗余结构，提高系统的可靠性和系统的灵活性。而利用 RS-485 只能构成主从式结构系统，通信方式也只能以主站轮询的方式进行，系统的实时性、可靠性较差。

（2）缩短了开发周期。CAN 总线通过 CAN 收发器接口芯片 82C250 的两个输出端（CANH、CANL）与物理总线相连，而 CANH 端的状态只能是高电平或悬浮状态，CANL 端只能是低电平或悬浮状态。这就保证不会在出现在 RS-485 网络中的现象，即当系统有错误，出现多节点同时向总线发送数据时，导致总线呈现短路，从而损坏某些节点的现象。CAN 节点在错误严重的情况下具有自动关闭输出功能，以使总线上其他节点的操作不受影响，从而保证不会出现象在网络中，因个别节点出现问题，使得总线处于"死锁"状态。CAN 具有的完善的通信协议可由 CAN 控制器芯片及其接口芯片来实现，从而大大降低系统开发难度，缩短开发周期，这些是仅有电气协议的 RS-485 所无法比拟的。

（3）已形成国际标准的现场总线。与其他现场总线比较而言，CAN 总线是具有通信速率高、容易实现、性价比高等诸多特点的一种已形成国际标准的现场总线，这些也是 CAN 总线应用于众多领域，具有强劲的市场竞争力的重要原因。

（4）最有前途的现场总线之一。CAN 即控制器局域网络，属于工业现场总线的范畴。与一般的通信总线相比，CAN 总线的数据通信具有突出的可靠性、实时性和灵活性。由于其良好的性能及独特的设计，CAN 总线越来越受到人们的重视。它在汽车领域上的应用是最广泛的，世界上一些著名的汽车制造厂商等都采用了 CAN 总线来实现汽车内部控制系统与各检测机构、执行机构间的数据通信。同时，由于 CAN 总线本身的特点，其应用范围已不再局限于汽车领域，而向自动控制、航空航天、航海、过程工业、机械工业、纺织机械、农用机械、机器人、数控机床、医疗器械及传感器等领域发展。CAN 已经形成国际标准，并已被公认为几种最有前途的现场总线之一。其典型的应用协议有 SAE J1939/ISO11783、CANOpen、CANaerospace、DeviceNet、NMEA 2000 等。

2. CAN 总线的发展

控制器局部网（Controller Area Network，CAN）是 BOSCH 公司为现代汽车应用领域推出的一种多主机局部网，由于其高性能、高可靠性、实时性等优点现已广泛应用于工业自动化、多种控制设备、交通工具、医疗仪器,以及建筑、环境控制等众多部门。

随着计算机硬件、软件技术及集成电路技术的迅速发展,工业控制系统已成为计算机技术应用领域中最具活力的一个分支,并取得了巨大进步。由于对系统可靠性和灵活性的高要求,工业控制系统的发展主要表现为:控制面向多元化、系统面向分散化,即负载分散、功能分散、危险分散和地域分散。

分散式工业控制系统是为适应这种需要而发展起来的,这类系统是以微型机为核心,将 5C 技术——Computer(计算机技术)、Control(自动控制技术)、Communication(通信技术)、CRT(显示技术)和 Change(转换技术)紧密结合的产物。它在适应范围、可扩展性、可维护性及抗故障能力等方面,较之分散型仪表控制系统和集中型计算机控制系统都具有明显的优越性。

典型的分散式控制系统由现场设备、接口与计算设备以及通信设备组成,现场总线能同时满足过程控制和制造业自动化的需要,因而现场总线已成为工业数据总线领域中最为活跃的一个领域。现场总线的研究与应用已成为工业数据总线领域的热点,尽管对现场总线的研究尚未能提出一个完善的标准,但现场总线的高性价比必将吸引众多工业控制系统。同时,正由于现场总线的标准尚未统一,也使得现场总线的应用得以不拘一格地发挥,并将为现场总线的完善提供更加丰富的依据。CAN 正是在这种背景下应运而生的。

由于 CAN 为越来越多的不同领域采用和推广,导致要求各种应用领域通信报文的标准化。为此,1991 年 9 月飞利浦公司制定并发布了 CAN 技术规范(Version 2.0)。该技术规范包括 A 和 B 两部分,2.0A 给出了曾在 CAN 技术规范版本 1.2 中定义的 CAN 报文格式,能提供 11 位地址;而 2.0B 给出了标准的和扩展的两种报文格式,提供 29 位地址。此后,1993 年 11 月 ISO 正式颁布了道路交通运载工具-数字信息交换-高速通信控制器局部网(CAN)国际标准(ISO 11898),为控制器局部网标准化、规范化推广铺平了道路。

3. CAN 总线特点

CAN 总线是德国 BOSCH 公司从 80 年代初为解决现代汽车中众多的控制与测试仪器之间的数据交换而开发的一种串行数据通信协议,它是一种多主总线,通信介质可以是双绞线、同轴电缆或光导纤维,通信速率最高可达 1 Mbps。

(1)完成对通信数据的成帧处理。CAN 总线通信接口中集成了 CAN 协议的物理层和数据链路层功能,可完成对通信数据的成帧处理,包括位填充、数据块编码、循环冗余检验、优先级判别等项工作。

(2)使网络内的节点个数在理论上不受限制。CAN 协议的一个最大特点是废除了传统的站地址编码,而代之以对通信数据块进行编码。采用这种方法的优点可使网络内的节点个数在理论上不受限制,数据块的标识符可由 11 位或 29 位二进制数组成,因此可以定义 2 或 2 个以上不同的数据块,这种按数据块编码的方式,还可使不同的节点同时接收到相同的数据,这一点在分布式控制系统中非常有用。数据段长度最多为 8 个字节,可满足通常工业领域中控制命令、工作状态及测试数据的一般要求。同时,8 个字节不会占用总线时间过长,从而保证了通信的实时性。CAN 协议采用 CRC 检验并可提供相应的错误处理功能,保证了数据通信的可靠性。CAN 卓越的特性、极高的可靠性和独特的设计,特别适合工业过程监控设备的互连,因此,越来越受到工业界的重视,并已公认为最有前途的现场总线之一。

(3) 可在各节点之间实现自由通信。CAN 总线采用了多主竞争式总线结构,具有多主站运行和分散仲裁的串行总线,以及广播通信的特点。CAN 总线上任意节点可在任意时刻主动地向网络上其他节点发送信息而不分主次,因此可在各节点之间实现自由通信。CAN 总线协议已被国际标准化组织认证,技术比较成熟,控制的芯片已经商品化,性价比高,特别适用于分布式测控系统之间的数通信。CAN 总线插卡可以任意插在 PC AT/XT 兼容机上,方便地构成分布式监控系统。

(4) 结构简单。只有 2 根线与外部相连,并且内部集成了错误探测和管理模块。

(5) 传输距离长和速率高。

CAN 总线特点有:

- 数据通信没有主从之分,任意一个节点可以向任何其他(一个或多个)节点发起数据通信,靠各个节点信息优先级先后顺序来决定通信次序,高优先级节点信息在 134 μs 通信;
- 多个节点同时发起通信时,优先级低的避让优先级高的,不会对通信线路造成拥塞;
- 通信距离最远可达 10 km(速率低于 5 kbps)速率可达到 1 Mbps(通信距离小于 40 m);
- CAN 总线传输介质可以是双绞线、同轴电缆;
- CAN 总线适用于大数据量短距离通信或者长距离小数据量,实时性要求比较高,多主多从或者各个节点平等的现场中使用。

3. 技术介绍

(1) 位仲裁。要对数据进行实时处理,就必须将数据快速传送,这就要求数据的物理传输通路有较高的速度,在几个站同时需要发送数据时,要求快速地进行总线分配。实时处理通过网络交换的紧急数据有较大的不同。一个快速变化的物理量,如汽车引擎负载,将比类似汽车引擎温度这样相对变化较慢的物理量更频繁地传送数据并要求更短的延时。

CAN 总线以报文为单位进行数据传送，报文的优先级结合在 11 位标识符中，具有最低二进制数的标识符有最高的优先级。这种优先级一旦在系统设计时被确立后就不能再被更改。总线读取中的冲突可通过位仲裁解决。如图 7-13 所示，当几个站同时发送报文时，1 号站的报文标识符为 011111；2 号站的报文标识符为 0100110；3 号站的报文标识符为 0100111。所有标识符都有相同的两位 01，直到第 3 位进行比较时，1 号站的报文被丢掉，因为它的第 3 位为高，而其他两个站的报文第 3 位为低。2 号站和 3 号站报文的 4、5、6 位相同，直到第 7 位时，3 号站的报文才被丢失。

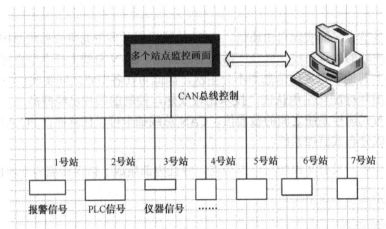

图 7-13　CAN 通信

注意，总线中的信号持续跟踪最后获得总线读取权的站的报文，在此例中，2 号站的报文被跟踪。这种非破坏性位仲裁方法的优点在于，在网络最终确定哪一个站的报文被传送以前，报文的起始部分已经在网络上传送了。所有未获得总线读取权的站都成为具有最高优先权报文的接收站，并且不会在总线再次空闲前发送报文。

CAN 具有较高的效率是因为总线仅仅被那些请求总线悬而未决的站利用，这些请求是根据报文在整个系统中的重要性按顺序处理的。这种方法在网络负载较重时有很多优点，因为总线读取的优先级已被按顺序放在每个报文中了，这可以保证在实时系统中较低的个体隐伏时间。

对于主站的可靠性，由于 CAN 协议执行非集中化总线控制，所有主要通信，包括总线读取（许可）控制，在系统中分几次完成。这是实现有较高可靠性的通信系统的唯一方法。

（2）CAN 与其他通信方案的比较。在实践中，有两种重要的总线分配方法：按时间表分配和按需要分配。在第一种方法中，不管每个节点是否申请总线，都对每个节点按最大期间分配。由此，总线可被分配给每个站并且是唯一的站，而不论其是否立即进行总线存取或在一特定时间进行总线存取，这将保证在总线存取时有明确的总线分配。在第二种方法中，总线按传送数据的基本要求分配给一个站，总线系统按站希望的传送分配（如CSMA/CD），因此，当多个站同时请求总线存取时，总线将终止所有站的请求，这时将不会有任何一个站获得总线分配。为了分配总线，多于一个总线存取是必要的。

CAN 实现总线分配的方法，可保证当不同的站申请总线存取时，明确地进行总线分配。这种位仲裁的方法可以解决当两个站同时发送数据时产生的碰撞问题。不同于以太网的消息仲裁，CAN 的非破坏性解决总线存取冲突的方法，确保在不传送有用消息时总线不被占用。甚至当总线在重负载情况下，以消息内容为优先的总线存取也被证明是一种有效的系统。虽然总线的传输能力不足，所有未解决的传输请求都按重要性顺序来处理。在 CSMA/CD 这样的网络中，如 Ethernet，系统往往由于过载而崩溃，而这种情况在 CAN 中不会发生。

（3）CAN 的报文格式。在总线中传送的报文，每帧由 7 部分组成，CAN 协议支持两种报文格式，其唯一的不同是标识符（ID）长度不同，标准格式为 11 位，扩展格式为 29 位。

在标准格式中，报文的起始位称为帧起始（SOF），然后是由 11 位标识符和远程发送请求位（RTR）组成的仲裁场。RTR 位标明是数据帧还是请求帧，在请求帧中没有数据字节。

控制场包括标识符扩展位（IDE），用于指出是标准格式还是扩展格式，它还包括一个保留位（RO），为将来扩展使用，它的最后四个位用来指明数据场中数据的长度（DLC）。数据场范围为 0~8 个字节，其后有一个检测数据错误的循环冗余检查（CRC）。

应答场（ACK）包括应答位和应答分隔符。发送站发送的这两位均为隐性电平（逻辑 1），这时正确接收报文的接收站发送主控电平（逻辑 0）覆盖它。用这种方法，发送站可以保证网络中至少有一个站能正确接收到报文。

报文的尾部由帧结束标出。在相邻的两条报文间有一很短的间隔位，如果这时没有站进行总线存取，总线将处于空闲状态。

（4）CAN 数据帧的组成。

① 远程帧。远程帧由 6 个场组成：帧起始、仲裁场、控制场、CRC 场、应答场和帧结束。远程帧不存在数据场，远程帧的 RTR 位必须是隐位。DLC 的数据值是独立的，它可以是 0~8 中的任何数值，为对应数据帧的数据长度。

② 错误帧。错误帧由两个不同场组成，第一个场由来自各站的错误标志叠加得到，第二个场是错误界定符。错误标志具有以下两种形式。

- 活动错误标志（Active Error Flag），由 6 个连续的显位组成；

- 认可错误标志（Passive Error Flag），由6个连续的隐位组成。

错误界定符包括8个隐位。

③ 超载帧。超载帧包括两个位场——超载标志和超载界定符。

发送超载帧的超载条件：要求延迟下一个数据帧或远程帧；在间歇场检测到显位；超载标志由6个显位组成；超载界定符由8个隐位组成。

4．数据错误检测

不同于其他总线，CAN协议不能使用应答信息。事实上，它可以将发生的任何错误用信号发出。CAN协议可使用五种检查错误的方法，其中前三种为基于报文内容检查。

（1）循环冗余检查（CRC）：在一帧报文中加入冗余检查位可保证报文正确，接收站通过CRC可判断报文是否有错。

（2）帧检查：这种方法通过位场检查帧的格式和大小来确定报文的正确性，用于检查格式上的错误。

（3）应答错误：如前所述，被接收到的帧由接收站通过明确的应答来确认。如果发送站未收到应答，那么表明接收站发现帧中有错误，也就是说，ACK场已损坏或网络中的报文无站接收。CAN协议也可通过位检查的方法探测错误。

（4）总线检测：有时，CAN中的一个节点可监测自己发出的信号。因此，发送报文的站可以观测总线电平并探测发送位和接收位的差异。

（5）位填充：一帧报文中的每一位都由不归零码表示，可保证位编码的最大效率，然而如果在一帧报文中有太多相同电平的位，就有可能失去同步。为保证同步，同步沿用位填充产生。在5个连续相等位后，发送站自动插入一个与之互补的补码位；接收时，这个填充位被自动丢掉。例如，5个连续的低电平位后，CAN自动插入一个高电平位。CAN通过这种编码规则检查错误，如果在一帧报文中有6个相同位，CAN就知道发生了错误。

如果至少有一个站通过以上方法探测到一个或多个错误，它将发送出错标志终止当前的发送。这可以阻止其他站接收错误的报文，并保证网络上报文的一致性。当大量发送数据被终止后，发送站会自动地重新发送数据。作为规则，在探测到错误后23个位周期内重新开始发送。在特殊场合，系统的恢复时间为31个位周期。

但这种方法存在一个问题，即一个发生错误的站将导致所有数据被终止，其中也包括正确的数据。因此，如果不采取自监测措施，总线系统应采用模块化设计。为此，CAN协议提供一种将偶然错误从永久错误和局部站失败中区别出来的办法，这种方法可以通过对出错站统计评估来确定一个站本身的错误并进入一种不会对其他站产生不良影响的运行方

法来实现,即站可以通过关闭自己来阻止正常数据因被错误地当成不正确的数据而被终止。

5. 硬同步和再同步

硬同步只有在总线空闲状态条件下隐形位到显性位的跳变沿发生时才进行,表明报文传输开始。在硬同步之后,位时间计数器随同步段重新开始计数。硬同步强行将已发生的跳变沿置于重新开始的位时间同步段内。根据同步规则,如果某一位时间内已有一个硬同步出现,该位时间内将不会发生再同步。再同步可能导致相位缓冲段 1 被延长或相位缓冲段 2 被短。这两个相位缓冲段的延长时间或缩短时间上限由再同步跳转宽度(SJW)给定。

6. 可靠性

为防止汽车在使用寿命期内由于数据交换错误而对司机造成危险,汽车的安全系统要求数据传输具有较高的安全性。如果数据传输的可靠性足够高,或者残留下来的数据错误足够低的话,这一目标就不难实现。从总线系统数据的角度看,可靠性可以理解为,对传输过程产生的数据错误的识别能力。

残余数据错误的概率可以通过对数据传输可靠性的统计测量获得,它描述了传送数据被破坏和这种破坏不能被探测出来的概率。残余数据错误概率必须非常小,使其在系统整个寿命周期内,按平均统计时几乎检测不到。计算残余错误概率要求能够对数据错误进行分类,并且数据传输路径可由一模型描述。如果要确定 CAN 的残余错误概率,我们可将残留错误的概率作为具有 80~90 位的报文传送时位错误概率的函数,并假定这个系统中有 5~10 个站,并且错误率为 1/1000,那么最大位错误概率为 10^{-13} 数量级。例如,CAN 网络的数据传输率最大为 1 Mbps,如果数据传输能力仅使用 50%,那么对于一个工作寿命 4000 小时、平均报文长度为 80 位的系统,所传送的数据总量为 9×10^{10}。在系统运行寿命期内,不可检测的传输错误的统计平均小于 10^{-2} 量级。换句话说,一个系统按每年 365 天,每天工作 8 小时,每秒错误率为 0.7 计算,那么按统计平均,每 1000 年才会发生一个不可检测的错误。

7. 应用举例

CAN 总线在工控领域主要使用低速-容错 CAN,即 ISO 11898-3 标准,在汽车领域常使用 500 kbps 的高速 CAN。

例如,某进口车型拥有车身、舒适、多媒体等多个控制网络,其中车身控制使用 CAN 网络,舒适使用 LIN 网络,多媒体使用 MOST 网络,以 CAN 网为主网,控制发动机、变速箱、ABS 等车身安全模块,并将转速、车速、油温等共享至全车,实现汽车智能化控制,如高速时自动锁闭车门,安全气囊弹出时自动开启车门等功能。

CAN 系统又分为高速和低速,高速 CAN 系统采用硬线是动力型,速度为 500 kbps,控制 ECU、ABS 等；低速 CAN 是舒适型，速度为 125 kbps，主要控制仪表、防盗等。

又如，某医院现有 5 台 16T/H 德国菲斯曼燃气锅炉，向洗衣房、制剂室、供应室、生活用水、暖气等设施提供 5 kg/cm^2 的蒸汽，全年耗用天然气 1200 万 m^3，耗用 20 万吨自来水。医院采用接力式方式供热，对热网进行地域性管理，分四大供热区。其中冬季暖气的用气量很大，据此设计了基于 CAN 现场总线的分布式锅炉蒸汽热网智能监控系统。现场应用表明：该楼宇自动化系统具有抗干扰能力强、现场组态容易、网络化程度高、人机界面友好等特点。

废除传统的站地址编码，代之以对通信数据块进行编码，可以多主方式工作；采用非破坏性仲裁技术，当两个节点同时向网络上传送数据时，优先级低的节点主动停止数据发送，而优先级高的节点可不受影响继续传输数据，有效避免了总线冲突；采用短帧结构，每一帧的有效字节数为 8 个，数据传输时间短，受干扰的概率低，重新发送的时间短；每帧数据都有 CRC 校验及其他检错措施，保证了数据传输的高可靠性，适于在高干扰环境下使用；节点在错误严重的情况下，具有自动关闭总线的功能，切断它与总线的联系，以使总线上其他操作不受影响；可以点对点，一对多及广播集中方式传送和接受数据。

CAN 总线具有实时性强、传输距离较远、抗电磁干扰能力强、成本低等优点；采用双线串行通信方式，检错能力强，可在高噪声干扰环境中工作；具有优先权和仲裁功能，多个控制模块通过 CAN 控制器挂到 CAN-Bus 上，形成多主机局部网络；可根据报文的 ID 决定接收或屏蔽该报文；可靠的错误处理和检错机制；发送的信息遭到破坏后，可自动重发；节点在错误严重的情况下具有自动退出总线的功能；报文不包含源地址或目标地址，仅用标志符来指示功能信息、优先级信息。

思考与习题

（1）阐述 RS-232C 的基本原理。

（2）对照 7.3.2 节的程序，并参考 I2C 协议，理解 I2C 协议及编程。

（3）SD、SDHC、SDXC 卡的主要区别有哪些？SD 卡的基本工作原理是什么？并下载 SD 2.0 和 3.0 规范阅读。

（4）I2S 总线的作用是什么？

（5）现场总线有何特点？

（6）列举几种常见的现场总线。

（7）ProfiNet 工业以太网与普通以太网有什么区别？

第 8 章
嵌入式操作系统与 LWIP

8.1 操作系统

操作系统（Operation System, OS）是管理电脑硬件与软件资源的程序，同时也是计算机系统的内核与基石。操作系统是控制其他程序运行、管理系统资源并为用户提供操作界面的系统软件的集合。操作系统身负诸如管理与配置内存、决定系统资源供需的优先次序、控制输入与输出设备、操作网络与管理文件系统等基本事务。操作系统的型态非常多样，不同机器安装的 OS 可从简单到复杂，可从手机的嵌入式系统到超级电脑的大型操作系统。目前微机上常见的操作系统有 OS/2、UNIX、Linux、Windows 等。

8.1.1 操作系统简介

操作系统的功能包括管理计算机系统的硬件、软件及数据资源；控制程序运行；改善人机界面；为其他应用软件提供支持等，使计算机系统所有资源最大限度地发挥作用，为用户提供方便的、有效的、友善的服务界面。

1. 操作系统分类

目前的操作系统种类繁多，很难用单一标准统一分类。
- 根据应用领域来划分，可分为桌面操作系统、服务器操作系统、主机操作系统、嵌入式操作系统；
- 根据所支持的用户数目，可分为单用户（如 MSDOS）、多用户系统（如 UNIX）；
- 根据源码开放程度，可分为开源操作系统（Linux、Chrome OS）和不开源操作系统（Mac OS、Windows）；
- 根据硬件结构，可分为网络操作系统（Netware、Windows NT、OS/2 warp）、分布式系统（Amoeba）、多媒体系统（Amiga）等；
- 根据操作系统的使用环境和对作业处理方式来考虑，可分为批处理系统（MVX、

245

DOS/VSE)、分时系统（Linux、UNIX、XENIX、Mac OS)、实时系统（iEMX、VRTX、RTOS，RT Windows）；
- 根据操作系统的技术复杂程度，可分为简单操作系统、智能操作系统。
- 根据指令的长度分为8位、16位、32位、64位的操作系统。

2. 流行的主要操作系统

目前流行的主要操作系统有：

- Windows 系列操作系统，由微软发行。
- UNIX 类操作系统，如 SOLARIS，BSD 系列（FREEBSD、OPENBSD、NETBSD、PCBSD）。
- Linux 类操作系统，如 Ubuntu，Suse Linux，Fedora 等。
- Mac 操作系统，由苹果公司发行（Darwin），一般安装于 Mac 电脑。
- 嵌入式操作系统，如 Android、iOS、μC/OS 等。

3. 操作系统主要功能

操作系统的主要功能是资源管理、程序控制和人机交互等。计算机系统的资源可分为设备资源和信息资源两大类。设备资源指的是组成计算机的硬件设备，如中央处理器、主存储器、磁盘存储器、打印机、磁带存储器、显示器、键盘输入设备和鼠标等。信息资源指的是存放于计算机内的各种数据，如文件、程序库、知识库、系统软件和应用软件等。

操作系统位于底层硬件与用户之间，是两者沟通的桥梁。用户可以通过操作系统的用户界面输入命令。操作系统则对命令进行解释，驱动硬件设备，实现用户要求。以现代观点而言，一个标准个人电脑的 OS 应该提供以下的功能：

- 进程管理（Processing Management）；
- 内存管理（Memory Management）；
- 文件系统（File System）；
- 网络通信（Networking）；
- 安全机制（Security）；
- 用户界面（User Interface）；
- 驱动程序（Device Drivers）。

4. 操作系统组成

操作系统组成可分成四大部分。

（1）驱动程序：最底层的、直接控制和监视各类硬件的部分，其职责是隐藏硬件的具体细节，并向其他部分提供一个抽象的、通用的接口。

（2）内核：操作系统之最内核部分，通常运行在最高特权级，负责提供基础性、结构性的功能。

（3）接口库：是一系列特殊的程序库，其职责在于把系统所提供的基本服务包装成应用程序所能够使用的编程接口（API），是最靠近应用程序的部分。例如，GNU C 运行期库就属于此类，它把各种操作系统的内部编程接口包装成 ANSI C 和 POSIX 编程接口的形式。

（4）外围：所谓外围是指操作系统中除以上三类以外的所有其他部分，通常是用于提供特定高级服务的部件。例如，在微内核结构中，大部分系统服务，以及 UNIX/Linux 中各种守护进程都通常被划归此列。

当然，本节所提出的四部结构观也绝非放之四海皆准。例如，在早期的微软视窗操作系统中，各部分耦合程度很深，难以区分彼此。而在使用外核结构的操作系统中，则根本没有驱动程序的概念。因而，本节的讨论只适用于一般情况，具体特例需具体分析。

操作系统中四大部分的不同布局，也就形成了几种整体结构的分布，常见的结构包括简单结构、层结构、微内核结构、垂直结构和虚拟机结构。

5. 内核结构

内核是操作系统最内核最基础的构件，因而，内核结构往往对操作系统的外部特性，以及应用领域有着一定程度的影响。尽管随着理论和实践的不断演进，操作系统高层特性与内核结构之间的耦合有日趋缩小之势，但习惯上，内核结构仍然是操作系统分类之常用标准。

内核的结构可以分为单内核、微内核、超微内核及外核等。

单内核结构是操作系统中各内核部件杂然混居的形态，该结构于 1960 年代（也有 1950 年代初之说，尚存争议），历史最长，是操作系统内核与外围分离时的最初形态。

微内核结构是 1980 年代产生出来的较新的内核结构，强调结构性部件与功能性部件的分离。20 世纪末，基于微内核结构，理论界中又发展出了超微内核与外内核等多种结构。尽管自 1980 年代起，大部分理论研究都集中在以微内核为首的"新兴"结构之上，然而，在应用领域之中，以单内核结构为基础的操作系统却一直占据着主导地位。

在众多常用操作系统之中，除了 QNX 和基于 Mach 的 UNIX 等个别系统外，几乎全部采用单内核结构，如大部分的 UNIX、Linux，以及 Windows（微软声称 Windows NT 是基于改良的微内核架构的，尽管理论界对此存有异议）。微内核和超微内核结构主要用于研究性操作系统，还有一些嵌入式系统使用外核。

基于单内核的操作系统通常有着较长的历史渊源。例如，绝大部分 UNIX 的家族史都可上溯至 20 世纪 60 年代，该类操作系统多数有着相对古老的设计和实现（某些 UNIX 中存在着大量 20 世纪 70～80 年代的代码）。另外，往往在性能方面略优于同一应用领域中采用其他内核结构的操作系统（但通常认为此种性能优势不能完全归功于单内核结构）。

8.1.2 嵌入式操作系统简介

嵌入式系统是以应用为中心，以计算机技术为基础，并且软/硬件可裁剪，适用于应用系统对功能、可靠性、成本、体积、功耗有严格要求的专用计算机系统。它一般由嵌入式微处理器、外围硬件设备、嵌入式操作系统及用户的应用程序等四个部分组成，用于实现对其他设备的控制、监视或管理等功能。

嵌入式系统一般指非 PC 系统，它包括硬件和软件两部分。硬件包括处理器/微处理器、存储器及外设器件和 I/O 端口、图形控制器等。软件部分包括操作系统软件（OS）（要求实时、多任务操作）和应用程序编程。有时设计人员把这两种软件组合在一起。应用程序控制着系统的运作和行为；而操作系统控制着应用程序编程与硬件的交互作用。

嵌入式系统的核心是嵌入式微处理器。嵌入式微处理器一般就具备以下 4 个特点。

- 强实时性：对实时多任务有很强的支持能力，能完成多任务并且有较短的中断响应时间，从而使内部的代码和实时内核的执行时间减少到最低程度。
- 强稳定性：具有功能很强的存储区保护功能，这是由于嵌入式系统的软件结构已模块化，而为了避免在软件模块之间出现错误的交叉作用，需要设计强大的存储区保护功能，同时也有利于软件诊断。
- 良好的移植性：可扩展的处理器结构，以便最迅速地开发出满足最高性能的嵌入式微处理器。
- 低功耗：嵌入式微处理器必须功耗很低，尤其是用于便携式的无线及移动的计算和通信设备中靠电池供电的嵌入式系统更是如此，如需要功耗只有 mW 甚至 μW 级。

嵌入式计算机系统同通用型计算机系统相比具有以下特点。

- 嵌入式系统通常是面向特定应用的，嵌入式 CPU 与通用型的最大不同就是嵌入式 CPU 大多工作在为特定用户群设计的系统中，它通常都具有低功耗、体积小、集成度高等特点，能够把通用 CPU 中许多由板卡完成的任务集成在芯片内部，从而有利于嵌入式系统设计趋于小型化，移动能力大大增强，跟网络的耦合也越来越紧密。
- 嵌入式系统是将先进的计算机技术、半导体技术和电子技术与各个行业的具体应用相结合后的产物，这一点就决定了它必然是一个技术密集、资金密集、高度分散、不断创新的知识集成系统。

第8章 嵌入式操作系统与LWIP

- 嵌入式系统的硬件和软件都必须高效率设计，量体裁衣、去除冗余，力争在同样的硅片面积上实现更高的性能，这样才能在具体应用中对处理器的选择更具有竞争力。
- 嵌入式系统和具体应用有机地结合在一起，它的升级换代也是和具体产品同步进行的，因此嵌入式系统产品一旦进入市场，具有较长的生命周期。
- 为了提高执行速度和系统可靠性，嵌入式系统中的软件一般都固化在存储器芯片或单片机本身中，而不是存储于磁盘等载体中。
- 嵌入式系统本身不具备自举开发能力，即使设计完成以后用户通常也是不能对其中的程序功能进行修改的，必须有一套开发工具和环境才能进行开发。

嵌入式操作系统大致又可分为"实时"和"通用型"两种。

1．实时操作系统

实时操作系统（Real Time Operating System，RTOS）并不是指它是一种速度很快的操作系统，而是指操作系统必须在限定的时间内，对过程调用产生正确的响应。正因为如此，实时操作系统对于时间调度和稳定度上有非常严格的要求，不容许发生太大的误差。过去的实时操作系统产品的应用多为国防安全、航天科技及大众运输等领域，在这些领域中，不允许有任何意外或错误产生。为了避免在执行时产生任何错误，需要实时操作系统来预防意外发生，确保不会产生因系统问题而造成的严重损失，所以对于时序和稳定度要求非常高的实时操作系统，就非常适合应用于此。

嵌入式系统发展至今，已从专业性的设备开始向信息家电等消费性电子产品领域拓展，所以实时操作系统也开始从主要的航天、国防领域，将触角延伸到网络电话、视频转换器等消费性电子产品上。

2．通用型操作系统

通用型操作系统与实时操作系统最大的不同点在于对时序的要求。通用型操作系统对于系统执行的反应速度，并不像实时操作系统要求那么严苛，对于系统的反应时间有着一定的宽容性。而现今这些通用型操作系统大多应用于信息家电、消费性电子产品等。市场上通用型操作系统的产品也不少，例如，Microsoft 公司的 Windows CE、Symbian 的 Symbian OS、Wind River Systems 公司的 VxWorks、Palm 公司的 Palm OS，以及各种嵌入式 Linux，在这些通用型操作系统中，有一部分也提供有限的实时能力。此外，由于产品多元，获取容易，且产品支持能力强大，所以使用通用型操作系统的嵌入式系统也越来越多，市场占有率也随之提高。

下面对常用的 Linux 和 μC/OS 嵌入式操作系统进行简介。

8.2 Linux 操作系统

8.2.1 Linux 简介

Linux 是一种自由和开放源码的类 UNIX 操作系统。1991 年初，Linus 开始在一台 386sx 兼容微机上学习 Minix 操作系统。通过学习，他逐渐不满意 Minix 系统的现有性能，并开始酝酿开发一个新的免费操作系统。1991 年的 10 月 5 日由芬兰人 Linus Torvalds 第一次正式在网站上向外公布。以后借助于 Internet，并经过全世界各地计算机爱好者的共同努力下，现已成为今天世界上使用最多的一种 UNIX 类操作系统，并且使用人数还在迅猛增长。

目前存在着许多不同的 Linux，但它们都使用了 Linux 内核。Linux 可安装在各种计算机硬件设备中，从手机、平板电脑、路由器和视频游戏控制台，到台式计算机、大型机和超级计算机。Linux 是一个领先的操作系统，世界上运算最快的 10 台超级计算机运行的都是 Linux 操作系统。严格来讲，Linux 这个词本身只表示 Linux 内核，但实际上人们已经习惯了用 Linux 来表示整个基于 Linux 内核，并且使用 GNU 工程各种工具和数据库的操作系统。

8.2.2 Linux 特点

Linux 具有如下特点。

（1）完全免费：Linux 是一款免费的操作系统，用户可以通过网络或其他途径免费获得，并可以任意修改其源代码，这是其他的操作系统所做不到的。正是由于这一点，来自全世界的无数程序员参与了 Linux 的修改、编写工作，程序员可以根据自己的兴趣和灵感对其进行改变，这让 Linux 吸收了无数程序员的精华，不断壮大。

（2）完全兼容 POSIX 1.0 标准：这使得可以在 Linux 下通过相应的模拟器运行常见的 DOS、Windows 的程序，这为用户从 Windows 转到 Linux 奠定了基础。许多用户在考虑使用 Linux 时，就想到以前在 Windows 下常见的程序是否能正常运行，这一点就消除了他们的疑虑。

（3）多用户、多任务：Linux 支持多用户，各个用户对于自己的文件设备有自己特殊的权利，保证了各用户之间互不影响。多任务则是现在电脑最主要的一个特点，Linux 可以使多个程序同时并独立地运行。

（4）良好的界面：Linux 同时具有字符界面和图形界面。在字符界面用户可以通过键盘输入相应的指令来进行操作，它同时也提供了类似 Windows 图形界面的 X-Window 系统，用户可以使用鼠标对其进行操作。X-Window 环境和 Windows 相似，可以说是一个 Linux 版的 Windows。

（5）丰富的网络功能：UNIX 是在互联网的基础上繁荣起来的，Linux 的网络功能当然不会逊色，它的网络功能和其内核紧密相连，在这方面 Linux 要优于其他操作系统。在 Linux 中，用户可以轻松实现网页浏览、文件传输、远程登录等网络工作，并且可以作为服务器提供 WWW、FTP、E-Mail 等服务。

（6）可靠的安全、稳定性能：Linux 采取了许多安全技术措施，其中有对读、写进行权限控制、审计跟踪、核心授权等技术，这些都为安全提供了保障。Linux 由于需要应用到网络服务器，这对稳定性也有比较高的要求，实际上 Linux 在这方面也十分出色。

（7）支持多种平台：Linux 可以运行在多种硬件平台上，如 x86、ARM、SPARC、Alpha、MIPS、PowerPC、HP-PA 等处理器的平台。此外 Linux 还是一种嵌入式操作系统，可以运行在掌上电脑、机顶盒或游戏机上。2001 年 1 月份发布的 Linux 2.4 版内核已经能够完全支持 Intel 64 位芯片架构。同时 Linux 也支持多处理器技术，多个处理器同时工作，使系统性能大大提高。

8.2.3 嵌入式 Linux

嵌入式 Linux 是以 Linux 为基础的嵌入式操作系统，广泛应用在家电市场，如机顶盒、数字电视、可视电话、家庭网络等信息家电；工业市场，如工业控制设备、仪器；商用市场，如掌上电脑、瘦客户机、POS 终端等；通信市场，如 WAP 手机、无线 PDA 等。

典型的嵌入式 Linux 安装大概需要 2 MB 的系统内存。

随着 Linux 的迅速发展，嵌入式 Linux 现在已经有许多的版本，包括强实时的嵌入式 Linux（如新墨西哥工学院的 RT-Linux 和堪萨斯大学的 KURT-Linux）和一般的嵌入式 Linux 版本（如μCLinux 和 Pocket Linux 等）。

其中，RT-Linux 通过把通常的 Linux 任务优先级设为最低，而所有的实时任务的优先级都高于它，以达到既兼容通常的 Linux 任务又保证强实时性能的目的。

另一种常用的嵌入式 Linux 是μCLinux，它是针对没有 MMU 的处理器而设计的，它不能使用处理器的虚拟内存管理技术，对内存的访问是直接的，所有程序中访问的地址都是实际的物理地址。它专为嵌入式系统做了许多小型化的工作。

8.2.4 Linux 内核版本与发行版

内核是一个用来和硬件打交道并为用户程序提供一个有限服务集的低级支撑软件，一个计算机系统是一个硬件和软件的共生体，它们互相依赖，不可分割。

Linux 的版本号分为两部分，即内核版本与发行版本。内核版本号由 3 个数字组成，即 r.x.y。

- r：目前发布的内核主版本。
- x：偶数表示稳定版本，奇数表示开发中版本。
- y：错误修补的次数。

一般来说，x 位为偶数的版本是一个可以使用的稳定版本，如 2.4.4；x 位为奇数的版本一般加入了一些新的内容，不一定很稳定，是测试版本，如 2.1.111。2.6.36 版本是 2010 年 10 月发布的版本号。在 2.6.39 后，Linux 开始以 3.x.x 开始命名。目前 Linux Kernel 版本为 4.8.5。

Linux 发行版指的就是我们通常所说的"Linux 操作系统"，它可能是由一个组织、公司或者个人发行的。Linux 主要作为 Linux 发行版（通常被称为 distro）的一部分而使用，通常来讲，一个 Linux 发行版包括 Linux 内核，将整个软件安装到电脑上的一套安装工具，各种 GNU 软件，其他的一些自由软件，在一些特定的 Linux 发行版中也有一些专有软件。发行版为许多不同的目的而制作，包括对不同计算机结构的支持，对一个具体区域或语言的本地化、实时应用和嵌入式系统。目前，超过 300 个发行版被积极地开发，最普遍被使用的发行版有大约 12 个。

一个典型的 Linux 发行版包括：Linux 核心，一些 GNU 库和工具，命令行 shell，图形界面的 X 窗口系统和相应的桌面环境，如 KDE 或 GNOME，并包含数千种从办公包、编译器、文本编辑器到科学工具的应用软件。

很多版本 Linux 发行版使用 LiveCD，是不需要安装就能使用的版本。主流的 Linux 发行版有 Ubuntu、Debian GNU/Linux、Fedora、Gentoo、MandrivaLinux、PCLinuxOS、SlackwareLinux、openSUSE、ArchLinux、PuppyLinux、Mint、CentOS、Red Hat 等，到本书编写时，Ubuntu 的最新版本为 16.04 LTS。

8.2.5 Linux 进程管理

进程（Process）是 UNIX 操作系统最基本的抽象之一，进程是指一个其中运行着一个或多个线程的地址空间和这些线程所需要的系统资源。一般来说，Linux 系统会在进程之间共享程序代码和系统函数库，所以在任何时刻内存中都只有代码的一份拷贝。

线程（Thread）是进程的一个实体，是 CPU 调度和分派的基本单位。线程不能够独立执行，必须依存在应用程序中，由应用程序提供多个线程执行控制。

线程和进程的关系是：线程是属于进程的，线程运行在进程空间内，同一进程所产生的线程共享同一内存空间，当进程退出时该进程所产生的线程都会被强制退出并清除。线程可与属于同一进程的其他线程共享进程所拥有的全部资源，但是其本身基本上不拥有系统资源，只拥有一点在运行中必不可少的信息（如程序计数器、一组寄存器和栈）。

进程管理由进程控制块（Process Control Block，PCB）、进程调度、中断处理、任务队列、定时器、bottom half 队列、系统调用、进程通信等部分组成。进程管理是 Linux 存储管理、文件管理、设备管理的基础。

1. 进程组成

Linux 是一个多任务多用户操作系统，采用进程模型。进程都具有一定的功能和权限，运行在各自独立的虚拟地址空间，彼此独立，且通过通信机制实现同步互斥，通过调度程序实现合理调度。

进程由正文段、用户数据段、系统数据段组成。正文段存放进程要运行的程序，描述了进程要完成的功能。用户数据段存放正文段在执行时所需要的数据和工作区。系统数据段存放了进程的控制信息，其中最重要的数据结构是 task_struct。

进程标识包括进程号（Process Idenity Number，PID）和它的父进程号（Parent Process ID，PPID）。一个进程创建一个新进程称为子进程（Child Process），每个进程都属于一个用户，进程要配备其所属的用户编号（User ID，UID），每个进程属于多个用户组（Group ID，GID）。

进程一般分为交互进程、批处理进程和守护进程。守护进程总是活跃的，一般在后台运行，一般是由系统在开机时通过脚本自动激活启动或由超级管理用户 root 来启动的。

2. 进程状态

Linux 是一个多用户多任务的系统，可以同时运行多个用户的多个程序，就必然会产生很多的进程，而每个进程会有不同的状态。

（1）TASK_RUNNING（运行状态）：表示进程正在被 CPU 执行，或者已经准备就绪随时可由调度程序调度执行。若此时进程没有被 CPU 执行，则称其处于就绪状态。当一个进程在内核代码中运行时，称其处于内核态；当一个进程正在执行用户自己的代码时，称其处于用户态；当系统资源可用时，进程就被唤醒而进入准备运行状态，也就是就绪状态。这些状态在内核中表示方法相同，都被称为 TASK_RUNNING 状态。当一个进程刚被创建后就处于 TASK_RUNNING 状态。

（2）TASK_INTERRUPTIBLE（可中断睡眠状态）：进程处于等待状态，不会被调度执行，直到等待的资源可用（或等待某条件为真）或者系统产生一个中断或进程收到一个信号时，进程就被唤醒继而进入就绪状态（TASK_RUNNING）。

（3）TASK_UNINTERRUPTIBLE（不可中断的睡眠状态）：与 TASK_INTERRUPTIBLE 状态的唯一区别就是该状态不可被收到的信号唤醒。这种状态很少用到，但在一些特殊的情况下（进程必须等待，直到一个不能被中断的事件发生，发送硬盘 I/O 要求而等待 I/O 完成的状态，等待 TTY 终端的输入的状态等），这种状态是很有用的。例如，当进程打开一个设备文件，其相应的设备驱动程序开始探测相应的硬件设备时会用到这种状态。探测完成以前，设备驱动程序不能被中断，否则，硬件设备会处于不可预知的状态。在状态通常在进程需要不受干扰地等待或者所等待的事件会很快发生时使用。

（4）TASK_STOPPED（暂停状态）：当进程收到 SIGSTOP、SIGTSTP、SIGTTIN、SIGTTOU 信号后就会进入 TASK_STOPPED 状态，可向其发送 SIGCONT 信号让进程转换到可运行状态。

（5）TASK_DEAD（死亡状态）："task_struct->state == EXIT_DEAD"是一个特殊情况，是为了避免混乱而引入的这个新的状态。EXIT_DEAD 就只能用于 task_struct->exit_state 字段。一个进程在退出（调用 do_exit()）时，state 字段都被置于 TASK_DEAD 状态。

（6）EXIT_ZOMBIE（僵死进程）：该状态是 task_struct->exit_state 字段的值，表示进程的执行被终止，但是父进程还没有发布 wait4()或 waitpid()系统调用来返回有关死亡的进程信息。发布 wait()类系统调用前，内核不能丢弃包含在死亡进程描述符中的数据，因为父进程可能还需要它来取得进程的退出状态。

（7）EXIT_DEAD（僵死撤销状态）：该状态也是 task_struct->exit_state 字段的值，表示进程的最终状态。由于父进程刚发出 wait4()或 waitpid()系统调用，因而进程由系统删除，为了防止其他执行线程在同一个进程也执行 wait()类系统调用，而把进程的状态由僵死状态（EXIT_ZOMBIE）改为撤销状态（EXIT_DEAD）。

3．进程创建与终止

系统启动时总是处于核心模式，此时只有一个进程——初始化进程。像所有进程一样，初始化进程也有一个由堆栈、寄存器等表示的机器状态。当系统中有其他进程被创建并运行时，这些信息将被存储在初始化进程的 task_struct 结构中。在系统初始化的最后，初始化进程启动一个核心线程（Init）然后保留在 Idle 状态。如果没有任何事要做，调度管理器将运行 Idle 进程。Idle 进程是唯一不是动态分配 task_struct 的进程，它的 task_struct 在核心构造时静态定义并且名字很怪，叫作 init_task。

由于是系统的第一个真正的进程，所以 init 核心线程（或进程）的标志符为 1，它负责完成系统的一些初始化设置任务（如打开系统控制台与安装根文件系统），以及执行系统初始化程序，如/etc/init、/bin/init 或者/sbin/init，这些初始化程序依赖于具体的系统。init 程序使用/etc/inittab 作为脚本文件来创建系统中的新进程，这些新进程又创建各自的新进程。例如，getty 进程将在用户试图登录时创建一个 login 进程。系统中所有进程都是从 init 核心线程中派生出来的。

新进程通过克隆老进程或当前进程来创建。系统调用 fork 或 clone 可以创建新任务，复制发生在核心状态下的核心中。在系统调用的结束处有一个新进程等待调度管理器选择它去运行，系统从物理内存中分配出来一个新的 task_struct 数据结构，同时还有一个或多个包含被复制进程堆栈（用户与核心）的物理页面，然后创建唯一地标记此新任务的进程标志符。但复制进程保留其父进程的标志符也是合理的。新创建的 task_struct 将被放入 task 数组中，另外将被复制进程的 task_struct 中的内容页表拷贝到新的 task_struct 中。

复制完成后，Linux 允许两个进程共享资源而不是复制各自的拷贝，这些资源包括文件、信号处理过程和虚拟内存。进程对共享资源用各自的 count 来记数。在两个进程对资源的使用完毕之前，Linux 绝不会释放此资源，例如，复制进程要共享虚拟内存，则其 task_struct 将包含指向原来进程的 mm_struct 的指针，mm_struct 将增加 count 变量以表示当前进程共享的次数。

复制进程虚拟空间所用技术的十分巧妙，复制将产生一组新的 vm_area_struct 结构和对应的 mm_struct 结构，同时还有被复制进程的页表。该进程的任何虚拟内存都没有被拷贝，由于进程的虚拟内存有的可能在物理内存中，有的可能在当前进程的可执行映象中，有的可能在交换文件中，所以拷贝将是一个困难且烦琐的工作。Linux 使用一种写时复制（copy on write）技术，即仅当两个进程之一对虚拟内存进行写操作时才拷贝此虚拟内存块，但是不管写与不写，任何虚拟内存都可以在两个进程间共享。只读属性的内存，如可执行代码，总是可以共享的。为了使写时复制策略工作，必须将那些可写区域的页表入口标记为只读的，同时描述它们的 vm_area_struct 数据都被设置为写时复制。当进程之一试图对虚拟内存进行写操作时将产生页面错误，这时 Linux 将拷贝这一块内存并修改两个进程的页表及虚拟内存数据结构。

4．进程状态变迁

创建进程后，状态可能发生一系列的变化，直到进程退出。而尽管进程状态有好几种，但是进程状态的变迁却只有两个方向——从 TASK_RUNNING 状态变为非 TASK_RUNNING 状态或者从非 TASK_RUNNING 状态变为 TASK_RUNNING 状态。也就是说，如果给一个 TASK_INTERRUPTIBLE 状态的进程发送 SIGKILL 信号，这个进程将先被唤醒（进入 TASK_RUNNING 状态），然后响应 SIGKILL 信号而退出（变为 TASK_DEAD 状态），并不会从 TASK_INTERRUPTIBLE 状态直接退出。

进程从非 TASK_RUNNING 状态变为 TASK_RUNNING 状态，是由别的进程（也可能是中断处理程序）执行唤醒操作来实现的。执行唤醒的进程设置被唤醒进程的状态为

TASK_RUNNING，然后将其加入某个 CPU 的可执行队列中，于是被唤醒的进程将有机会被调度执行。

而进程从 TASK_RUNNING 状态变为非 TASK_RUNNING 状态，则有两种途径：一是响应信号而进入 TASK_STOPED 状态或 TASK_DEAD 状态；二是执行系统调用主动进入 TASK_INTERRUPTIBLE 状态（如 nanosleep 系统调用）或 TASK_DEAD 状态（如 exit 系统调用）；或由于执行系统调用需要的资源得不到满足，而进入 TASK_INTERRUPTIBLE 状态或 TASK_UNINTERRUPTIBLE 状态（如 select 系统调用）。显然，这两种情况都只能发生在进程正在 CPU 上执行的情况下。

Linux 进程状态及其变迁如图 8-1。

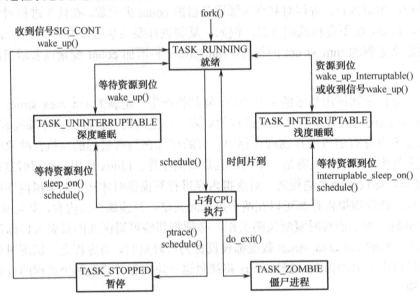

图 8-1　Linux 进程状态

5．进程调度

调度就是从就绪的进程中选出最适合的一个来执行。学习调度需要掌握调度策略、调度时机和调度步骤三点。

Linux 提供了如下几种调度方式。

- SCHED_NORMAL（SCHED_OTHER）：普通的分时进程。
- SCHED_FIFO：先入先出的实时进程。
- SCHED_RR：时间片轮转的实时进程。
- SCHED_BATCH：批处理进程。

- SCHED_IDLE：只在系统空闲时才能够被调度执行的进程。

调度类的引入增强了内核调度程序的可扩展性，这些类（调度程序模块）封装了调度策略，并将调度策略模块化。

CFS 调度类（在 kernel/sched_fair.c 中实现）用于以下调度策略：SCHED_NORMAL、SCHED_BATCH 和 SCHED_IDLE。

实时调度类（在 kernel/sched_rt.c 中实现）用于 SCHED_RR 和 SCHED_FIFO 策略。

调度的发生有两种方式：一种是主动式，在内核中直接调用 schedule()，当进程需要等待资源等而暂时停止运行时，会把状态置于挂起（睡眠），并主动请求调度，让出 CPU；另一种是被动式，即程序被抢占，Linux 2.6 内核开始支持抢占。用户抢占发生在从系统调用返回用户空间和从中断处理程序返回用户空间，内核即将返回用户空间的时候，如果 need_resched 标志被设置，会导致 schedule()被调用，此时就会发生用户抢占。

Linux 使用 schedule()函数执行调度，schedule 函数工作流程如下。

- 清理当前运行中的进程；
- 选择下一个要运行的进程；
- 设置新进程的运行环境；
- 执行进程上下文切换。

8.2.6 存储管理

内存是 Linux 内核所管理的最重要的资源之一，内存管理子系统是操作系统中最重要的部分之一，所以有人说掌握了 Linux 的存储管理就掌握了 Linux。

Linux 使用了物理地址、虚拟地址和逻辑地址的概念。物理地址是指出现在 CPU 地址总线上的地址信号，是地址变换的最终结果，用来寻址物理内存。逻辑地址是程序代码经过编译后在汇编程序中使用的地址。虚拟地址又名线性地址，在 32 位 CPU 架构下，可以表示 4 GB 的地址空间，用十六进制表示就是 0x00000000 到 0xffffffff。CPU 要将一个逻辑地址转换为物理地址，需要两步：首先 CPU 利用段式内存管理单元，将逻辑地址转换成线性地址，再利用页式内存管理单元，把线性地址最终转换为物理地址。

Linux 内核的设计并没有全部采用 Intel 所提供的段机制，仅仅是有限度地使用了分段机制。这不仅简化了 Linux 内核的设计，而且为把 Linux 移植到其他平台创造了条件，因为很多 RISC 处理器并不支持段机制。Linux 中所有段的基地址均为 0，即每个段的逻辑地址空间范围为 0~4 GB。因为每个段的基地址为 0，因此，逻辑地址与线性地址保持一致（即逻辑地址的偏移量字段的值与线性地址的值总是相同的），在 Linux 中所提到的逻辑地址和虚拟地址（线性地址）可以认为是一致的。这样，Linux 巧妙地绕过段机制，而完全利用了分页机制。

由于不同的处理器使用了不同页管理架构，如 i386 使用了二级页管理架构，Alpha 64 使用了三级，甚至有些 CPU 采用了四级页架构，Linux 内核为每种 CPU 提供统一的界面，都采用了四级页管理架构，来兼容二级、三级、四级管理架构的 CPU，如图 8-2。这四级分别为：

- 页全局目录（Page Global Directory）：即 pgd，是多级页表的抽象最高层。
- 页上级目录（Page Upper Directory）：即 pud。
- 页中间目录（Page Middle Directory）：即 pmd，是页表的中间层。
- 页表（Page Table Entry）：即 pte。

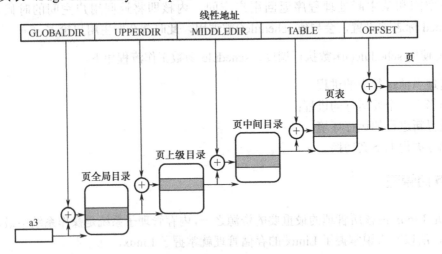

图 8-2 Linux 分页技术

Linux 将 4 GB 的虚拟地址空间划分为两个部分——用户空间与内核空间。用户空间从 0 到 0xbfffffff，内核空间从 3~4 GB。用户进程通常情况下只能访问用户空间的虚拟地址，不能访问内核空间，用户进程通过系统调用才能访问内核空间。虚拟内存技术不仅仅可以使用更多的内存，还提供了下面这些功能。

（1）巨大的寻址空间。操作系统让系统看上去有比实际内存大得多的内存空间，虚拟内存可以是系统中实际物理空间的许多倍。每个进程运行在其独立的虚拟地址空间中，这些虚拟空间相互之间都完全隔离开来，所以进程间不会互相影响。同时，硬件虚拟内存机构可以将内存的某些区域设置成不可写，这样可以保护代码与数据不会受恶意程序的干扰。

（2）公平的物理内存分配。内存管理子系统允许系统中每个运行的进程公平地共享系统中的物理内存。

（3）共享虚拟内存。尽管虚拟内存允许进程有其独立的虚拟地址空间，但有时也需要在进程之间共享内存。例如，有可能系统中有几个进程同时运行 BASH 命令外壳程序，为了避免在每个进程的虚拟内存空间内都存在 BASH 程序的拷贝，较好的解决办法是系统物理内存中只存在一份 BASH 的拷贝，并在多个进程间共享。动态库则是另外一种进程间共享执行代码的方式。共享内存可用来作为进程间通信（IPC）的手段，多个进程通过共享内存来交换信息。Linux 支持 SYSTEM V 的共享内存 IPC 机制。

（4）进程的保护。系统中的每一个进程都有自己的虚拟地址空间。这些虚拟地址空间是完全分开的，这样一个进程的运行都不会影响其他进程，并且硬件上的虚拟内存机制是被保护的，内存不能被写入，这样可以防止迷失的应用程序覆盖代码的数据。

Linux 虚拟内存的实现需要 6 种机制的支持：地址映射机制、内存分配回收机制、缓存和刷新机制、请求页机制、交换机制，以及内存共享机制。

在 Linux 内核中对应进程内存区域的数据结构是 vm_area_struct，内核将每个内存区域作为一个单独的内存对象管理，相应的操作也都一致。采用面向对象方法使 VMA 结构体可以代表多种类型的内存区域，例如，内存映射文件或进程的用户空间栈等，对这些区域的操作也都不尽相同。vm_area_strcut 结构比较复杂，关于它的详细结构请参阅相关资料。这里只对它的组织方法做一点补充说明。

vm_area_struct 是描述进程地址空间的基本管理单元，对于一个进程来说，往往需要多个内存区域来描述它的虚拟空间，如何关联这些不同的内存区域呢？大家可能都会想到使用链表，的确，vm_area_struct 结构确实是以链表形式链接的，不过为了方便查找，内核又以红黑树（以前的内核使用平衡树）的形式组织内存区域，以便降低搜索耗时。并存的两种组织形式，并非冗余：链表用于需要遍历全部节点时，而红黑树适用于在地址空间中定位特定内存区域的时候。内核为了内存区域上的各种不同操作都能获得高性能，所以同时使用了这两种数据结构。

伙伴算法是一种经典的内存管理算法，在 UNIX 和 Linux 操作系统中都有用到，其作用是减少存储空间中的空洞、减少碎片、增加利用率。伙伴算法将所有空闲页框分组为 10 个块链表，每个块链表分别包含 1、2、4、8、16、32、64、128、256、512 个连续的页框，每个块的第一个页框的物理地址是该块大小的整数倍。假设要请求一个 128 个页框的块，算法先检查 128 个页框的链表是否有空闲块，如果没有则查 256 个页框的链表，有则将 256 个页框的块分裂两份，一份使用，一份插入 128 个页框的链表。如果还没有，就查 512 个页框的链表，有的话就分裂为 128、128、256，一个 128 使用，剩余两个插入对应链表。如果在 512 还没查到，则返回出错信号。回收过程相反，内核试图把大小为 b、并连续的空闲伙伴合并为一个大小为 $2b$ 的单独块。

以页为最小单位分配内存，对于内核管理系统物理内存来说的确比较方便，但内核自身最常使用的内存却往往是很小（远远小于一页）的内存块。例如，存放文件描述符、进程描述符、虚拟内存区域描述符等行为所需的内存都不足一页。这些用来存放描述符的内存相比页面而言，就好比是面包屑与面包。一个整页中可以聚集多个这种这些小块内存；而且这些小块内存块也和面包屑一样频繁地生成/销毁。为了满足内核对这种小内存块的需要，Linux 系统采用了一种被称为 slab 分配器的技术。slab 分配器的实现相当复杂，但原理不难，其核心思想就是"存储池"的运用。内存片段（小块内存）被看作对象，当被使用完后，并不直接释放而是被缓存到"存储池"里，留做下次使用，这无疑避免了频繁创建与销毁对象所带来的额外负载。

slob 是一个相对简单一些的分配器，主要使用在小型的嵌入式系统，是一个经典的 K&R/UNIX 堆分配器，具有一个 slab 模拟层。和被 slab 替代的 Linux 原来的 kmalloc 分配器比较相似，比 slab 更有空间效率、尺寸更小，但是依然存在碎片和难于扩展（对所有操作都简单地上锁）的问题，只适用于小系统。

Linux 2.6.22 中的 slab 内存管理代码被 slub 代替。slub 作为 slab 的可替代选项出现，slub 是一种不使用队列的分配器，取消了大量的队列和相关维护费用，获得了极大的性能并提高伸缩性，在总体上简化了 slab 结构，使用了基于每 CPU 的缓存，同时保留了 slab 的用户接口，而且 slub 还提供了强大的诊断和调试能力。

在 slub 分配器中，slab 只是一组页面，页面中整齐地填充了给定尺寸的对象。slab 本身不包含元数据 metadata，比较特殊的是空余的对象被组织成简单相连的 list。当分配请求出现时，最开头的空余对象先被定位，并从 list 中移出，返回给请求者。slub 的一个主要好处就是可以合并具有相似尺寸和参数的对象的 slab。这样在系统中只需要存在更少的 slab 缓存（经测试可以减少 50%左右），而且 slab 分配的位置会更合理，slab 内存中的碎片会更少。

一些测试显示 slub 可以有 5%～10%的性能提升，slub 的锁耗费取决于分配尺寸。如果我们能够可靠地分配大量连续页面，就可以提高 slub 的性能。

8.2.7 文件系统

Linux 的文件系统和 Windows 中的文件系统有很大的区别，Windows 文件系统是以驱动器的盘符为基础的，而且每一个目录是与相应的分区对应，例如，"E:\workplace"是指此文件在 E 盘这个分区下。而 Linux 恰好相反，文件系统是一个文件树，且它的所有文件和外部设备（如硬盘、光驱等）都是以文件的形式挂结在这个文件树上，如"\usr\local"。总之，在 Windows 下，目录结构属于分区；在 Linux 下，分区属于目录结构。

相比其他操作系统，Linux 支持很多的文件系统，如 EXT2、EXT3、VFAT 等，并支持这些文件系统共存。Linux 通过使用同一套文件 I/O 系统调用即可对任意文件进行操作而无须考虑其所在的具体文件系统格式；更进一步，对文件的操作可以跨文件系统而执行。虚拟文件系统（Virtual File System，VFS）正是实现该特性的关键，VFS 是 Linux 内核中的一个软件层，用于给用户空间的程序提供文件系统接口；同时，它也提供了内核中的一个抽象功能，允许不同的文件系统共存。系统中所有的文件系统不但依赖 VFS 共存，而且也依靠 VFS 协同工作。

为了能够支持各种实际文件系统，VFS 定义了所有文件系统都支持的基本的、概念上的接口和数据结构；同时实际文件系统也提供 VFS 所期望的抽象接口和数据结构，将自身的诸如文件、目录等概念在形式上与 VFS 的定义保持一致。换句话说，一个实际的文件系统想要被 Linux 支持，就必须提供一个符合 VFS 标准的接口才能与 VFS 协同工作。实际文件系统在统一的接口和数据结构下隐藏了具体的实现细节，所以在 VFS 层和内核的其他部分看来，所有文件系统都是相同的。图 8-3 显示了 VFS 在内核中与实际的文件系统的协同关系，也显示了 VFS 在内核中与实际的文件系统的协同关系。

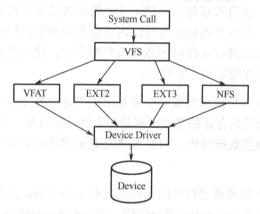

图 8-3 虚拟文件系统

从本质上讲，文件系统是特殊的数据分层存储结构，它包含文件、目录和相关的控制信息。为了描述这个结构，Linux 引入了一些基本概念。

- 文件：一组在逻辑上具有完整意义的信息项的系列。在 Linux 中，除了普通文件，其他诸如目录、设备、套接字等也以文件被对待，总之，一切皆文件。
- 目录：目录好比一个文件夹，用来容纳相关文件，因为目录可以包含子目录，所以目录是可以层层嵌套，形成文件路径。在 Linux 中，目录也是以一种特殊文件被对待的，所以用于文件的操作同样也可以用在目录上。
- 目录项：在一个文件路径中，路径中的每一部分都被称为目录项；如路径 /home/source/helloworld.c 中目录，home、source 和文件 helloworld.c 都是一个目录项。

- 索引节点：用于存储文件的元数据的一个数据结构，文件的元数据，也就是文件的相关信息，和文件本身是两个不同的概念，它包含的是诸如文件的大小、拥有者、创建时间、磁盘位置等和文件相关的信息。
- 超级块：用于存储文件系统的控制信息的数据结构，描述文件系统的状态、文件系统类型、大小、区块数、索引节点数等存放于磁盘的特定扇区中。

VFS 依靠四个主要的数据结构和一些辅助的数据结构来描述其结构信息，这些数据结构就像对象，每个主要对象中都包含由操作函数表构成的操作对象，这些操作对象描述了内核针对这几个主要的对象可以进行的操作。

（1）超级块对象。存储一个已安装的文件系统的控制信息，代表一个已安装的文件系统；每当一个实际的文件系统被安装时，内核会从磁盘的特定位置读取一些控制信息来填充内存中的超级块对象。一个安装实例和一个超级块对象一一对应，超级块通过其结构中的一个域 s_type 记录它所属的文件系统类型。

（2）索引节点对象。索引节点对象存储了文件的相关信息，代表了存储设备上的一个实际的物理文件。当一个文件首次被访问时，内核会在内存中组装相应的索引节点对象，以便向内核提供对一个文件进行操作时所必需的全部信息。这些信息一部分存储在磁盘特定位置，另外一部分是在加载时动态填充的。

（3）目录项对象。引入目录项的概念主要是出于方便查找文件的目的。一个路径的各个组成部分，不管是目录还是普通的文件，都是一个目录项对象。不同于前面的两个对象，目录项对象没有对应的磁盘数据结构，VFS 在遍历路径名的过程中现场将它们逐个地解析成目录项对象。

（4）文件对象。文件对象是已打开的文件在内存中的表示，主要用于建立进程和磁盘上的文件的对应关系，它由 sys_open()现场创建，由 sys_close()销毁。文件对象和物理文件的关系有点像进程和程序的关系，当站在用户空间来看待 VFS，我们只需与文件对象打交道，而无须关心超级块、索引节点或目录项。因为多个进程可以同时打开和操作同一个文件，所以同一个文件也可能存在多个对应的文件对象。文件对象仅仅在进程观点上代表已经打开的文件，它反过来指向目录项对象（反过来指向索引节点）。一个文件对应的文件对象可能不是唯一的，但是其对应的索引节点和目录项对象无疑是唯一的。

最后，本节对 Linux 操作系统的目录结构做简单的介绍。

- /：根目录，建议在根目录底下只有目录，不要直接存放文件。
- /bin：一般用户可以使用的可执行文件。
- /boot：存放操作系统启动时用到的文件。
- /dev：存放所有外部设备文件，访问这些文件就相当于访问外部设备。

- /etc：存放系统主要的配置文件。
    - /etc/rc.d：存放 Linux 启动和关闭时用到时脚本文件。
    - /etc/rc.d/init：存放所有 Linux 服务默认的启动脚本（新版用到/etc/xinetd.d 的内容）。
- /home：普通用户的默认的工作目录。
- /lib：存放系统的动态链接库文件。
- /lost+found：大多数情况下为空，系统产生异常时会将一些遗失的片段存放在此目录下。
- /media：一般为可移动设备的挂载点。
- /proc：存放系统核心与执行程序所需的一些信息，这些信息在内存中由系统产生。
- /root：该目录是超级用户登录时的主目录。
- /sbin：该目录用来存放系统管理员的常用的系统管理程序。
- /tmp：存放程序执行时产生的临时文件，一般 Linux 安装软件的默认路径就是这里。
- /usr：存放有用户的很多应用程序和文件，类似于 Windows 下的 Program Files 的目录。
    - /usr/bin：系统用户使用的应用程序。
    - /usr/include：存放头文件。
    - /usr/sbin：超级用户使用的比较高级的管理程序和系统守护程序。
    - /usr/src：内核源代码默认的放置目录。
- /srv：该目录存放一些服务启动之后需要提取的数据。
- /sys：这是 Linux2.6 内核的一个很大的变化。该目录下安装了 2.6 内核中新出现的一个文件系统 sysfs。sysfs 文件系统集成了下面 3 种文件系统的信息：针对进程信息的 proc 文件系统、针对设备的 devfs 文件系统，以及针对伪终端的 devpts 文件系统。该文件系统是内核设备树的一个直观反映，当创建一个内核对象时，对应的文件和目录也在内核对象子系统中被创建。
- /var：主要放置的是系统执行过程中经常变动的文件，如日志、队列等。

8.2.8 设备管理

Linux 的设备管理把各种设备硬件的复杂物理特性的细节屏蔽起来，提供一个对各种不同设备使用统一方式进行操作的接口。Linux 继承了 UNIX "万物皆文件"的思想，把设备看作特殊文件，系统通过虚拟文件系统来管理和控制各种设备。

Linux 将设备被分为三类：块设备、字符设备和网络设备。字符设备是以字符为单位输入/输出数据的设备，一般不需要使用缓冲区而直接对它进行读写，如串口就是典型的字符设备。块设备则是以一定大小的数据块为单位输入/输出数据的，一般要使用缓冲区在设备与内存之间传送数据，块设备一般要使用文件系统。网络设备是通过通信网络传输数据的设备，一般指与通信网络连接的网络适配器（网卡）等。Linux 下字符设备和块设备都有对应的设备文件，一般情况下，应用程序通过对读写设备文件来操作字符设备，也有一部分程序通过读写块设备文件来操作块设备，但大多数情况下，应用程序通过文件系统来读写块设备上的文件。网络设备没有对应的设备文件，应用程序通过 Socket 来操作网络设备。

Linux 对设备的控制和操作是由设备驱动程序完成的，设备驱动程序由设备服务子程序和中断处理程序组成。设备服务子程序包括了对设备进行各种操作的代码，中断处理子程序处理设备中断。设备驱动程序的主要功能是：

- 对设备进行初始化；
- 启动或停止设备的运行；
- 把设备上的数据传送到内存；
- 把数据从内存传送到设备；
- 检测设备状态。

此外，驱动程序是与设备相关的。驱动程序的代码由内核统一管理，在具有特权级的内核态下运行。设备驱动程序也是输入/输出子系统的一部分。驱动程序为某个进程服务，其执行过程仍处在进程运行的过程中，即处于进程上下文中。若驱动程序需要等待设备的某种状态，它将阻塞当前进程，把进程加入到该种设备的等待队列中。

Linux 对使用设备类型、主设备号、次设备号设备进行识别，主设备号是与驱动程序一一对应的，同时还使用次设备号来区分一种设备中的各个具体设备。次设备号用来区分使用同一个驱动程序的个体设备。

Linux 的设备管理策略已经经历了三次变革。在最早期的 Linux 版本中，设备文件只是一些普通的带特殊属性的文件，由 mknod 命令创建，挂载于/dev 下，并由普通的文件系统统一管理。随着 Linux 支持的硬件种类越来越多，/dev 愈趋膨胀，往往数百个特殊文件才足够表示所有的硬件设备。不仅如此，在多数时间中，大部分特殊文件甚至不会映射到系统中存在的设备上，但考虑到我们可能会在将来添加这些新的硬件，又不得不保留他们的设备文件。这不仅浪费了大量的空间，而且极易造成管理混乱，为设备检测带来额外的时间消耗。

Linux2.4 内核引入了 devfs，上述问题得到了一定改善。devfs 也叫作设备文件系统（Device Filesystem），旨在提供一个新的方式管理设备文件。devfs 不同于传统意义上的文件系统，它是一个虚拟文件系统。devfs 会为所有向它注册的驱动程序在/dev 下建立相应的设备文件，同时，出于兼容性考虑，一个守护进程 devfsd 将会在某个设定的目录中建立以主设备号为索引的设备文件，否则，以前的一些程序将无法运行。

使用 devfs 的一个好处是，所有需要的设备节点都将由内核自动创建。内核程序在设备初始化时在/dev 目录下创建相应的设备文件，在设备卸载时将它删除。这意味着/dev 目录下的每一个文件都对应着一个真正存在的物理设备。设备驱动程序可以指定它的设备号、所有者及权限，在用户空间可以修改设备的所有者和权限。

devfs 为设备管理提供了一个简洁而又轻便的解决方案，但它仍旧具有一些不可避免的缺陷，主要包括：

（1）不确定的设备映射。同一个物理设备可能会被映射成不同的设备文件。例如，某个可移动存储器可能会由于插入时间的不同而被映射为 sda 或 sdb，这无疑将会给上层应用带来麻烦。

（2）主/辅设备号不足。在 devfs 中，每一个设备文件都是由两个 8 位数字加上设备类型来唯一标识的。这两个数字中，一个是主设备号，另外一个是辅设备号。遗憾的是，有些时候，特别是对于一些需要同时装载许多硬件设备的工作站来说，这些数字并不够用。

（3）设备命名不够灵活。在 devfs 下系统管理员难以方便地修改设备文件的名字，默认的 devfs 命名机制也十分复杂，需要修改大量的配置文件和程序。

（4）不得不占用额外的内核内存。作为内核态的驱动程序，devfs 不得不消耗大量的内核内存，特别当系统的设备量很多时，带来的影响就更加严重。

在 Linux2.6 内核以后，一个新的文件系统（sysfs）被引入，以解决上述问题。跟 devfs 一样，sysfs 也是一个虚拟文件系统，用以管理系统设备。不同的是，它挂载于/sys 下，把系统设备和总线组织成一个分级的文件系统，以供用户空间的程序利用这些信息与内核交互。这个系统信息是通过 kobject 子系统来建立的，是当前系统上实际设备树的直观反映。当一个 kobject 被创建时，对应的文件和目录也被创建了，它们位于/sys 下，供用户空间读写。而 udev 工具就是一个用户空间的设备管理器，用以实现 devfs 的所有功能。

udev 以守护进程的方式运行于 Linux 系统中，并监听设备初始化或卸载时内核发出的 uevent。udev 能够根据系统中硬件设备的状态实时地更新，包括创建、删除设备文件，因此保证了在/dev 下的设备都是系统中真实存在的，udev 为灵活的设备命名提供了解决方案。

在 udev 中，一个系统设备文件的创建和命名依赖于两种信息：一是 sysfs 提供的系统信息；二是用户提供的规则信息。这些用户自定义规则放置于/etc/udev/rules.d 文件夹中，并以.rules 结尾。这些规则文件为系统设备指定了不同于缺省值的命名规则，同时还包含了所有者以及用户权限等设备信息。udev 设备文件具有以下优点。

- 完全在用户态工作，不会影响到内核行为。
- 动态更新设备文件，保证/dev 目录下的设备都是真正存在的。
- 灵活的命名系统，用户可以通过简单地操作规则文件来为系统设备定制命名规则。

8.2.9 Linux 内核模块

Linux 内核是一个整体、是结构，因此向内核添加任何东西或者删除某些功能都十分困难。为了解决这个问题，Linux 内核引入了模块（Module）机制，从而可以动态地向内核中添加或者删除功能。模块不被编译在内核中，因而可以控制内核的大小。但模块一旦被插入内核，它就和内核其他部分一样。

Linux 从内核的 1.2 版本开始引入内核模块，它是 Linux 内核的最重要创新之一，提供了可伸缩的、动态的内核。模块是在内核空间运行的程序，实际上是一种目标对象文件，没有链接，不能独立运行，但是可以装载到系统中作为内核的一部分运行，从而可以动态扩充内核的功能。模块最主要的用处就是用来实现设备驱动程序。使用模块的优点如下。

- 将来修改内核时，不必全部重新编译整个内核，可节省不少时间。
- 系统中如果需要使用新模块，不必重新编译内核，只要插入相应的模块即可。

下面以一个非常简单的 hello 模块为例来介绍 Linux 内核模块，模块源代码如下。

```c
/*hello.c*/
#include <linux/init.h>
#include <linux/module.h>

MODULE_LICENSE("GPL");
static int hello_init(void)
{
    printk(KERN_ALERT "Hello, world!\n");
    return 0;
}
static void hello_exit(void)
{
    printk(KERN_ALERT" Goodbye world!\n");
}
module_init(hello_init);
module_exit(hello_exit);
```

一个 Linux 内核模块需包含模块初始化和模块卸载函数，前者在使用 insmod 加载模块时运行，后者在使用 rmmod 卸载模块时运行。初始化与卸载函数必须在宏 module_init 和 module_exit 使用前定义，否则会出现编译错误。

Linux 内核模块的编译与应用程序的编译稍有不同，这里不再详细介绍。

8.2.10　Linux 配置文件

1. 用户和组的配置文件

（1）/etc/passwd：/etc/passwd 用于保存系统的用户信息，内容格式为"用户名:密码:用户 ID:组 ID:注释:用户的 home 目录:用户使用的 shell",如"root:x:0:0:root:/root:/bin/bash"。

（2）/etc/shadow：/etc/passwd 任何用户都可读，所以不能使用/etc/passwd 来保存用户密码，Linux 使用 shadow 文件保护密码，shadow 文件只有 root 可读。

/etc/shadow 的内容格式为"用户名:密码:最后一次修改时间:可以修改密码的最小天数:必须修改密码的最大天数:密码过期前多少天提醒用户:过期后禁用账户的天数:密码过期后到账户被禁用的天数:保留"，以上天数均为从 1970 年 1 月 1 日开始，如"root:……:14919:0:99999:7:::"。

2. 网络配置文件

（1）/etc/sysconfig/network：该文件包含了主机最基本的网络信息，如 HOSTNAME。

（2）/etc/host.conf：该文件是域名服务器客户端的控制文件，定义了 DNS 客户端和主机提出域名查询请求时的处理顺序，默认情况下是 hosts、bind，也就是先查看/etc/hosts 文件，如果有相应的条目，则不再对 DNS 进行请求。

（3）/etc/resolv.conf：该文件用于配置域名服务器客户端的 IP 地址，包含了主机的域名搜索顺序和 DNS 服务器的地址。

（4）/etc/hosts：该文件用于完成主机映射为 IP 地址的功能。

（5）/etc/protocols：该文件中保存了主机使用的协议及其协议号。

（6）/etc/services：该文件中保存了主机使用的网络服务及其端口。

3. 启动脚本

（1）/etc/profile：全局登录脚本，任何用户登录时都会使用到该文件，常在/etc/profile 文件中修改环境变量，在这里修改的内容对所有用户都起作用，如 PATH、USER、LOGNAME、MAIL、HOSTNAME、HISTSIZE、HISTCONTROL 等环境变量就在该文件中定义。

（2）/etc/bashrc：全局 bash 脚本，任何用户启动非登录式的 bash 时都会使用到该文件，如 umask 的值就在该文件中定义，另外对 vi 等程序的配置也可以放到这里。

（3）~/.profile：用户登录脚本，本用户登录时会使用到该文件。

（4）~/.bashrc：用户 bash 脚本，本用户启动非登录式的 bash 时会使用到该文件。

8.2.11 Linux 启动流程简介

这里以 ARM 平台的 Linux 内核启动来介绍嵌入式 Linux 的引导过程。

Linux 内核一般由 BootLoader 引导，并由 BootLoader 向 Linux 内核传递参数。ARM 平台上，Linux 启动需要满足下面几个条件。

- ARM 处于 SVC 模式；
- 禁止 IRQ 和 FIQ；
- MMU 关闭，即直接读写物理地址；
- 数据 Cache 必须关闭，指令 Cache 可以打开也可以关闭；
- ARM 的 R0 寄存器为 0；
- ARM 的 R1 寄存器为 MACH_TYPE；
- ARM 的 R2 寄存器为内核参数列表的地址。

以上条件由 BootLoader 设置，BootLoader 设置好这些条件后，将内核复制到 RAM 中，并执行如下语句来启动 Linux 内核。

```
void (*startkernel)(int zero, int arch, unsigned int params_addr) =
                (void(*)(int, int, unsigned int))KERNEL_RAM_BASE;
startkernel(0, MACH_TYPE, (unsigned int)kernel_params_start);
```

Linux 内核有两种映像：一是非压缩内核，叫作 Image，另一种是它的压缩版本，叫作 zImage。zImage 是 Image 经过压缩形成的，所以比 Image 小，但必须在它的开头加上解压缩的代码，将 zImage 解压缩之后才能执行，因此它的执行速度比 Image 要慢。但考虑到嵌入式系统的存储空容量一般比较小，所以一般的嵌入式系统均采用压缩的内核。

ARM 系列处理器的 zImage 入口程序为 arch/arm/boot/compressed/head.S，head.S 依次完成如下工作。

- 开启 MMU 和 Cache；
- 调用 decompress_kernel()解压内核；
- 调用 call_kernel()进入非压缩内核 Image 的启动。

Linux 非压缩内核的入口位于文件/arch/arm/kernel/head.S 中，该程序主要完成如下工作。

（1）通过查找处理器内核类型和处理器类型调用相应的初始化函数。检测处理器类型是在汇编子函数__lookup_architecture_type 中完成，该函数返回时会将返回结构保存在 R5、R6 和 R7 三个寄存器中，其中 R5 保存 RAM 的起始基地址，R6 保存 I/O 基地址，R7 保存 I/O 的页表偏移地址。

（2）建立页表。调用__create_page_tables 子函数来建立页表，它所要做的工作就是将 RAM 基地址开始的 4 MB 空间的物理地址映射到 0xC0000000 开始的虚拟地址处。对 S3C2440 开发板而言，RAM 连接到物理地址 0x30000000 处，当调用__create_page_tables 结束后，0x30000000～0x30400000 物理地址将映射到 0xC0000000～0xC0400000 虚拟地址处。

（3）跳转到 start_kernel() 函数开始内核的初始化工作，这一阶段的流程如图 8-4 所示。

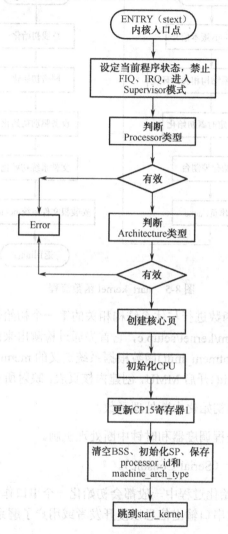

图 8-4　Linux 内核启动第一阶段

当所有的初始化结束之后，跳到 C 程序的入口函数 start_kernel() 处，开始之后的内核初始化工作。

start_kernel 是所有 Linux 平台进入系统内核初始化后的入口函数，它主要完成剩余的与硬件平台相关的初始化工作，如图 8-5 所示。在进行一系列与内核相关的初始化后，调用第一个用户进程——init 进程并等待用户进程的执行，这样整个 Linux 内核便启动完毕。

Start_kernel()函数所做的具体工作有：

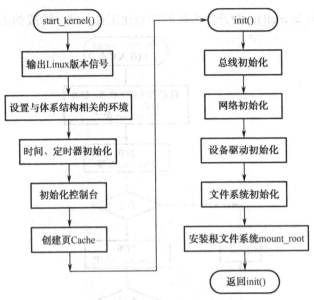

图 8-5 start_kernel 函数流程

（1）调用 setup_arch()函数进行与体系结构相关的第一个初始化工作。对于 ARM 平台而言，该函数定义在 arch/arm/kernel/setup.c，它首先通过检测出来的处理器类型进行处理器内核的初始化，然后通过 bootmem_init()函数根据系统定义的 meminfo 结构进行内存结构的初始化，最后调用 paging_init()开启 MMU，创建内核页表，映射所有的物理内存和 IO 空间。

（2）创建异常向量表和初始化中断处理函数。

（3）初始化系统核心进程调度器和时钟中断处理机制。

（4）初始化串口控制台（Serial-Console）。

（5）ARM-Linux 在初始化过程中一般都会初始化一个串口作为内核的控制台，这样内核在启动过程中就可以通过串口输出信息以便开发者或用户了解系统的启动进程。

（6）创建和初始化系统 Cache，为各种内存调用机制提供缓存，包括动态内存分配、虚拟文件系统（VirtualFile System）及页缓存。

（7）初始化内存管理，检测内存大小及被内核占用的内存情况。

（8）初始化系统的进程间通信机制（IPC）。

当以上所有的初始化工作结束后，start_kernel()函数会调用 rest_init()函数来进行最后的初始化，包括创建系统的第一个进程——init 进程来结束内核的启动。init 进程首先进行一系列的硬件初始化，然后通过命令行传递过来的参数挂载根文件系统，最后执行用户传递过来的"init="启动参数执行用户指定的命令，或者执行以下几个进程之一。

```
execve("/sbin/init",argv_init,envp_init);
execve("/etc/init",argv_init,envp_init);
execve("/bin/init",argv_init,envp_init);
execve("/bin/sh",argv_init,envp_init).
```

当所有的初始化工作结束后，cpu_idle()函数会被调用以使系统处于闲置（Idle）状态并等待用户程序的执行。至此，整个 Linux 内核启动完毕。

8.3 μC/OS 概述

μC/OS 系统适用于嵌入式控制系统，对硬件的要求小于嵌入式 Linux，产生于 1992 年。经过了多年的使用和上千人的反馈，已经产生了很多的进化版本。μC/OS-III 是这些反馈和经验的总结。在μC/OS-II（产生于 1998 年）中很少使用的功能已经被删除或者被更新，添加了更高效的功能和服务，其中最有用的功能应该是时间片轮转法 Round Robin），这个是μC/OS-II 不支持的，但是现在已经是μC/OS-III 的一个功能了。

μC/OS-III 内核需要 1～4 KB 之间的 RAM，加上每个任务自己所需的堆栈空间，至少有 4 KB 大小 RAM 的处理器才有可能成功移植μC/OS-III。为了更好地使用 CPU，μC/OS-III 提供了大约 70 种常用的服务。

μC/OS-III 诞生于 2009 年，是一个全新的实时内核，源于世界上最流行的实时内核μC/OS-II，除了提供熟悉的一系列系统服务，全面修订了 API 接口，使 μC/OS-III 更直观、更容易使用。该产品可以广泛应用于通信、工业控制、仪器仪表、汽车电子、消费电子、办公自动化设备等的设计开发。μC/OS-III 特点如下。

（1）μC/OS-III 是一个抢占的多任务内核，支持优先级相同的任务轮询调度，可以移植到许多不同的 CPU 架构。μC/OS-III 是专为嵌入式系统设计，可以与应用程序代码一起固化到 ROM 中。

（2）μC/OS-III 可在运行时配置实时操作系统，所有内核对象，如任务、堆栈、信号量、事件标志组、消息队列、消息数量、互斥信号量、内存分区和定时器，均由用户在运行时进行分配，这可以防止在编译的时候分配过多资源。

（3）μC/OS-III 允许有任意数量的任务，如信号量、互斥信号量、事件标志、消息队列、定时器和内存分区（仅受限于处理器可用的 RAM 大小）。

（4）μC/OS-III 添加了许多非常有用的功能，如可嵌套互斥信号量、可嵌套任务暂停、不需要信号量可发信号给任务、不需要消息队列可发送消息给任务、等待多个内核对象、针对 errno 或其他任务的特定状况的任务注册、内置的性能测量、死锁预防、用户定义的钩子函数等。

（5）μC/OS-III 还内置了支持内核感知调试，允许内核感知调试器以用户友好的方式检测和显示 μCOS-III 的变量和数据结构，也允许 μC/Probe 在运行时显示和改变变量。

（6）μC/OS-III 是可以抢占的多任务内核，始终运行进入就绪态的最重要的任务。

μC/OS-III 支持无限数量的任务，并允许在运行时监测堆栈增长的任务，它还支持无限数量的优先级。然而，通常情况下，对于大多数应用，32～256 个不同的优先级是足够的。

对于今天的设计，特别有用的是具有同等优先级的轮转调度的任务。μC/OS-III 允许多个任务运行在同一优先级，每一个任务运行由用户指定的时间片。每个任务可以定义自己的时间单元，如果其完整的时间单元并不是必需的，每个任务可以放弃时间片。μC/OS-III 还允许数量不限的内核对象，如任务、信号量、互斥、信号旗、消息队列、计时器和内存分区。μC/OS-III 大部分是运行时可以配置的。

（7）μC/OS-III 提供接近零的中断停用时间。μC/OS-III 有一些内部数据结构和变量，需要获得原子访问权（不能够被打断的）。这些关键区域的保护由锁调度，并不是由禁用中断实现的，中断被禁用的时钟周期几乎为零，确保了实时操作系统将能够响应一些最快的中断源。

（8）允许多个任务使用同一优先级。对同一优先级的多个任务，采用时间片调度法。

（9）可以有任意多的任务，任意多的信号量（Semaphore）、互斥型信号量（Mutex）、事件标志（Event Flag）、消息队列（Queue）、定时器（Timer）和任意分配的存储块容量（仅受限于用户 CPU 可以使用的 RAM 量）。

（10）可嵌套的互斥型信号量，可嵌套的任务挂起。

（11）向无信号量请求的任务发送信号量，向无消息队列请求的任务发送消息。

（12）任务可被内核的多个元素挂起（多重挂起）。

（13）增加为其他任务的状态或"出错代码"服务的任务。

（14）内在的性能测试，不仅能得到每个任务的最长关中断时间和最长禁止调度时间，还能得到系统的最长关中断时间和最长禁止调度时间。

（15）选择和确定优先级的算法可以用汇编语言写，以发挥一些有特殊指令的 CPU 的优势，如置位和复位指令、计数器清零（CLZ）、找出第一个不为零位（FF1）指令等。

（16）访问临界资源的方法由关中断改为给调度器上锁的方式，使得内核关中断的时钟周期数几乎为零，保证 μC/OS-III 能以最快的速度响应中断。

8.4　μC/OS-III 移植

为了提高可移植性，绝大多数的 μC/OS-III 代码都是用 C 语言编写的。然而，依旧有一些需根据特定的处理器而编写相应的 C 语言和汇编语言代码，如 μC/OS-III 直接控制处理器寄存器部分的代码，就只能用汇编语言实现。μC/OS-III 类似于 μC/OS-II，用户可以先从移植 μC/OS-II 开始。

如果处理器满足如下条件，就能移植 μC/OS-III。

- 处理器有对应的能产生可重入代码的 C 编译器；
- 处理器支持中断且能提供周期性的中断（通常介于 10～1000 Hz）；
- 可以关中断和开中断；
- 处理器支持存储和载入堆栈指针、CPU 寄存器、堆栈的指令；
- 处理器有足够的 RAM 用于存放 μC/OS-III 的变量、结构体、内部任务堆栈、任务堆栈等；
- 编译器支持 64 位的数据类型。

μC/OS-III 架构的架构如图 8-6 所示，移植 μC/OS-III 需修改图 8-6 中的⑤的 3 个与内核相关的文件：os_cpu.h、os_cpu_a.asm、os_cpu_c.c。

移植 μC/OS-III 需修改图 8-6⑥中 3 个与 CPU 相关的文件：cpu.h、cpu_a.asm、cpu_core.c。

图 8-6 中③板级支持包（Board Support Package，BSP）中通常包含了 μC/OS-III 与定时器（产生时基的定时器）、中断控制器的接口。

图 8-6 中④包含有些半导体厂商会提高相应的固件库文件，这些文件会被包含在 CPU/MCU 中。

8.4.1　μC/OS 的 CPU 移植

这里以 Cortex-M4 为例讲解 μC/OS-III 的移植。

cpu.h 移植：由于不同 CPU 间的字长可能不同，开发者为了方便移植，在 cpu.h 中定义了许多不同的数据类型。简单来说，μC/OS-III 中不直接使用 C 编译器的数据类型（int、short、long、char），对它们重定义后再使用。根据移植文档说明，32 位处理器可以直接使用源码中声明好的数据类型，不用做出改动。

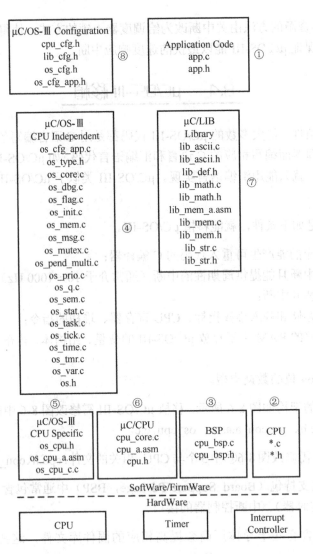

图 8-6 μC/OS-III 架构

作为一个全局的头文件，移植文档中要求 cpu.h 给出处理器开关中断 CPU_CRITICAL_ENTER()和 CPU_CRITICAL_EXIT()的宏定义，便于其他系统文件使用，将其实现汇编函数在 cpu_a.asm 中。针对于 Cortex-M4 处理器，cpu.h 中的代码不需要进行大的修改。

cpu_core.c 移植：移植文档中要求在 cpu_core.c 中实现 CPU_CntLeadZeros()，以及系统内置的 CPU 开关中断时间测量函数。CPU_CntLeadZeros()用于内核调度查找最高优先级的就绪任务，主要用汇编语言实现，以提高执行效率。CPU 开关中断时间测量函数属于可选功能，本文中并没有使用，故通过宏定义将其关闭。cpu_core.c 适应所有的 CPU 架构，可以直接添加到工程，不用修改。

cpu_a.asm 移植：依据移植手册，cpu_a.asm 需要用汇编代码实现计数清零函数、开中断函数、关中断函数等与 CPU 相关部分，其中至少要实现 CPU_SR_Save()和 CPU_SR_Restore()。CPU_SR_Save()用于存储当前 CPU 的状态寄存器值和关中断，主要是被宏 CPU_CRITICAL_ENTER()调用。CPU_SR_Restore()与 CPU_SR_Save()配对使用，用于恢复 CPU 之前的状态寄存器值和开中断，主要是被宏 CPU_CRITICAL_EXIT()调用。实现的汇编代码如下所示。

```
#define CPU_INT_DIS()   cpu_sr = CPU_SR_Save();  //进入临界区，保存 CPU 寄存器
CPU_SR_Save
    MRS   R0, PRIMASK        ; 保存 R0, 返回值 cpu_sr 为 R0 值
    CPSID  I                 ;关中断（NMI 和硬 fault 可以响应）
    BX    LR                 ;返回
#define CPU_INT_EN()    CPU_SR_Restore(cpu_sr); //退出临界区，恢复 CPU 寄存器
CPU_SR_Restore
    MSR   PRIMASK, R0        ; 读取 R0 到 PRIMASK, R0 为参数
    BX    LR
```

8.4.2 µC/OS-III 移植

移植最主要是实现 µC/OS-III 与 Cortex-M4 处理器相关的部分，具体是编写或者修改 os_cpu.h、os_cpu_a.asm、os_cpu_c.c 这三个文件。

1. os_cpu_c.c 移植

实现的 os_cpu_c.c 定义了 9 个钩子函数、OS_CPU_SysTickInit()系统时钟初始化函数、OS_CPU_SysTickHandler()系统时钟中断服务程序和 OSTaskStkInit()任务堆栈初始化函数。按照 µC/OS-III 的官方移植说明文档，该文件中 9 个任务相关的钩子函数是强制定义的，移植时不需要改动，直接使用下载文件模板函数即可。

这里重点分析 OSTaskStkInit()函数，该函数被 µC/OS-III 的任务创建函数（OSTaskCreate()或者 OSTaskCreateExt()）调用，用于初始化任务堆栈空间。任务堆栈用存储 CPU 寄存器值，是任务的重要部分。Cortex-M4 设有 16 个 32 位寄存器（R0～R15），其中 R0～R12 为通用寄存器，R13 既可以用作主堆栈指针（MSP），也可以用作进程堆栈指针（PSP），R14（LR）存储子程序返回地址，R15 用作 PC 计数器保存当前指令地址。此外，Cortex-M4 还有 5 个特殊功能寄存器——程序状态寄存器组（xPSR）、中断屏蔽寄存器组（PRIMASK、FAULTMASK、BASEPRI），以及控制寄存器（Control）。当发生异常时，Cortex-M4 自动将 xPSR、PC、LR、R12 及 R0～R3 依次压入到主堆栈或者线程堆栈。Cortex-M4 的寄存器入

栈顺序是从高地址到低地址递减的，编写 OSTaskStkInit()也要按照相同的顺序。Cortex-M4 要求 xPSR 的 24 位为 1，R0、R1 用于存放任务参数 p_arg、p_stk_limit，其他通用寄存器以各自编号初始化，任务堆栈初始化的过程如图 8-7 所示。需要注意的一点是，如果 Cortex-M4 使用了 FPU，堆栈中还需要预留 32 个 32 位地址空间存储 FPU 寄存器。

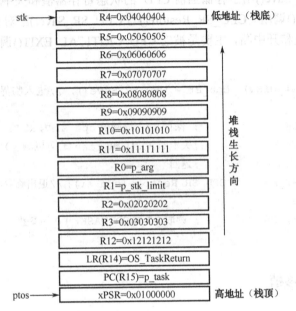

图 8-7　OSTaskStkInit()初始化任务堆栈结构

2. os_cpu_a.asm 移植

os_cpu_a.asm 主要是用汇编实现 OSStartHighRdy()、OSCtxSw()、OSIntCtxSw()和 OS_CPU_PendSVHandler()函数。

OS_CPU_PendSVHandler()为 Cortex-M4 的 PendSv（可悬起系统调用）异常服务函数，主要用作任务上下文的切换。实时操作系统不允许中断服务程序执行时出现上下文切换，防止无法预料的中断延迟，Cortex-M4 中通过 PendSv 异常解决这个问题。PendSv 的优先级通常是最低的，自动执行其他中断服务程序，延迟任务上下文切换请求。系统触发 PendSv 异常时关中断，防止切换被打断，返回前再开中断；进入 PendSv 异常时，Cortex-M4 自动将 xPSR、PC、LR、R12 及 R3~R0 压栈，从线程模式切换到异常模式。PendSv 异常处理函数流程如图 8-8 所示，如果 PSP 为 0 说明是首次切换，不需要进行上下文切换保护；不为 0 则需手动保存其他寄存器到 PS（进程堆栈）。本例中 Cortex-M4 使用了 FPU，它的 S0~S15 寄存器由硬件自动压栈，而 S16~S31 需要由用户手动压栈。

第8章 嵌入式操作系统与LWIP

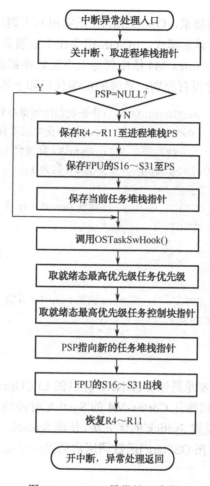

图 8-8 PendSv 异常处理流程

OSStartHighRdy()函数被 μC/OS-III 操作系统启动函数 OSStart()调用，也仅在启动时调用一次。OSStartHighRdy() 通常是由汇编代码实现的，负责从系统中选择最高优先级任务运行，并初始化 MSP 和 PSP 指针。在 μC/OS-III 启动时，Cortex-M4 处理器进入特权模式状态，首先按顺序推出堆栈内容，然后执行中断返回指令，调度系统中首个任务。OSStartHighRdy()执行中断返回指令后，触发 PendSv 异常，选取就绪的最高优先级任务执行，函数流程如图 8-9 所示。

OSCtxSw()和 OSIntCtxSw()函数都是用于完成任务上

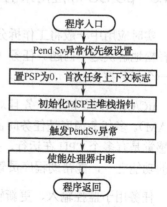

图 8-9 OSStartHighRdy 执行流程

277

下文切换的，按照移植文档的要求，OSCtxSw()在正常模式下调用，用于任务级的上下文切换；OSIntCtxSw()函数则用于异常模式，μC/OS-III会在中断服务返回前调用OSIntCtxSw()，切换高优先级任务运行。由于Cortex-M4核中任务上下文切换都是触发PendSv异常实现的，本文中这两个函数执行起来并没有差别，具体的汇编代码如下所示。

```
NVIC_INT_CTRL     EQU      0xE000ED04      ;中断状态控制寄存器地址.
NVIC_SYSPRI14     EQU      0xE000ED22      ;PendSv优先级寄存器地址.
NVIC_PENDSV_PRI   EQU      0xFF            ; PendSV异常优先级
NVIC_PENDSVSET    EQU  0x10000000          ;置28位为1.
OSCtxSw
    LDR    R0, =NVIC_INT_CTRL              ;触发PendSv异常
    LDR    R1, =NVIC_PENDSVSET
    STR    R1, [R0]
    BX     LR
OSIntCtxSw
    LDR    R0, =NVIC_INT_CTRL              ;触发PendSv异常
    LDR    R1, =NVIC_PENDSVSET
    STR    R1, [R0]
    BX     LR
```

本文中BSP移植实现主要是通过修改NXP提供的LPCOpen库实现的，cpu_bsp.c文件通过OS_CSP_TickInit()函数初始化Cortex-M4的Systick时钟频率，再由os_cpu_c.c文件中的OS_CPU_SysTickInit()来设置Systick的优先级，使能Systick，以及开中断。由于μC/OS-III是通过Systick时钟驱动的，在OSStart()函数调用启动操作系统前，OS_CSP_TickInit()主要被执行，完成时基源初始化。

8.4.3 μC/OS-III 应用示例

实时应用中一般将工作拆分为多个任务，每个任务都需要是可靠的，使用μC/OS-III可以轻松地解决这个问题。任务（也叫作线程）是简单的程序，单CPU中，在任何时刻只能是一个任务被执行。

μC/OS-III支持多任务且对任务数量没有限制，任务数仅取决于处理器内存的大小（RAM）。多任务调度是任务间占用CPU的过程，CPU又根据算法切换任务。多任务调度让人感觉是有多个CPU在运行，并最大化利用CPU。多任务调用有助于模块化应用，是最重要的功能之一，能帮助程序员管理复杂的实时性应用，它也使程序易于设计和维护。

任务用于监控输入、更新输出、计算、循环控制、显示、读按钮和键盘、与其他系统交流等。有些应用中可能只包含少数任务，有些应用中也可能包含上百个任务。任务数多

第8章 嵌入式操作系统与LWIP

并不意味着设计有多好或者有多有效,这依赖于应用的需要,任务的功能也要根据应用设计。一个任务可能只需要工作几微秒,然而有些任务可能就需要工作几十毫秒了。

任务看起来像 C 函数,有两种类型的任务:只运行一次的任务和无限循环的任务。在大多数嵌入式系统中,任务通常是无限循环的。任务不能像 C 函数那样,它是不能 return 的。

只运行一次的任务代码如下。

```
Void MyTask(void *p_arg)
{
  OS_ERR    err;
  /* Local variables            */

  /* Do something with 'p_arg'  */
  /* Task initialization        */
  /* Task body…do work!         */
  OSTaskDel((OS_TCB *) 0,&err);
}
```

无限循环的任务代码如下。

```
Void MyTask(void *p_arg)
{
  OS_ERR    err;
  /* Local variables            */

  /* Do something with 'p_arg'  */
  /* Task initialization        */
  while (DEF_ON) {
    /* Task body…do work!       */
    :
    /* Must call one of the following services: */
    /*    OSFlagPend()          */
    /*    OSMutexPend()         */
    /*    OSQPend()             */
    /*    OSSemPend()           */
    /*    OSTimeDly()           */
    /*    OSTimeDlyHMSM()       */
    /*    OSTaskQPend()         */
```

```
    /*    OSTaskSemPend()       */
    /*        :                 */
    /* Task body...do work!     */
    }
}
```

当任务第一次执行时，会传入一个变量 p_arg，这是一个指向 void 的指针，用于存放变量地址、结构体地址或者函数地址等。如果需要，可以创建多个相同的任务，使用相同的代码（相同任务体），而产生有不同的运行结果。例如，4 个异步串行端口有各自的任务，然而任务代码实际上是独立的，只是复制了 4 次而已，这些任务可以接收通过指针一个包含串口数据的结构体（如波特率、IO 端口地址、中断向量号等）。

只运行一次的任务结束时必须通过调用 OSTaskDel()函数删除自己，这样可以使系统中的任务数减少。在任务体中，任务可以调用µC/OS-III 提供的大部分函数帮助完成其所需要完成的功能。

任务可以通过调用 OSTimeDly()或者 OSTimeDlyHSM()延时一段时间，例如，应用中需要每 100 ms 扫描键盘一次。在这种情况下，延时 100 ms 然后检测键盘上是否有键被按下，然后执行相应的操作。

同样，任务等待的事件可以是以太网控制器发送的包，在这种情况下，任务会调用 OS???Pend()函数（以这种形式定义的函数）。一旦包接收完成，任务根据包内容进行下一步操作，任务在等待事件时不会占用 CPU。

下面介绍µC/OS 的使用及其几个主要函数。

1. 任务（线程）创建函数

µC/OS-III 需要通过调用函数 OSTaskCreate() 创建任务，任务创建函数原型如下：

```
OSTaskCreate(
  OS_TCB        *p_tcb,          //&AppTaskObj0TCB,
  OS_CHAR       *p_name,         //"Kernel Objects Task 0",
  OS_TASK_PTR   p_task,          //AppTaskObj0, //应用任务对象
  void          *p_arg,          //0,
  OS_PRIO       prio,            //APP_CFG_TASK_OBJ_PRIO,
  CPU_STK       *p_stk_base,     //&AppTaskObj0Stk[0],
  CPU_STK_SIZE  stk_limit,       //AppTaskObj0Stk[APP_CFG_TASK_OBJ_STK_SIZE/10u],
  CPU_STK_SIZE  stk_size,        //APP_CFG_TASK_OBJ_STK_SIZE,
  OS_MSG_QTY    q_size,          //0u,
  OS_TICK       time_slice,      //0u,
```

```
    void            *p_ext,          //0,
    OS_OPT          opt,             //(OS_OPT_TASK_STK_CHK | OS_OPT_TASK_STK_CLR),
    OS_ERR          *p_err)          //&os_err)
```

2. 应用任务开始函数 AppTaskStart

应用任务开始函数 AppTaskStart 对于所有的应用都是一样的,该程序的 AppObjCreate()函数产生应用对象,如信号量、事件、消息等;AppTaskCreate()函数产生应用任务。应用任务开始函数 AppTaskStart 不返回,程序一直运行,并一直监测任务的运行。该函数如下。

```
/*********************************  STARTUP TASK******************************
* Description : This is an example of a startup task.  As mentioned in the
book's text, you MUST initialize the ticker only once multitasking has started.
** Arguments    : p_arg   is the argument passed to 'AppTaskStart()' by
'OSTaskCreate()'.
** Returns      : none
** Notes        : 1) The first line of code is used to prevent a compiler warning
because 'p_arg' is not used.  The compiler should not generate any code for this
statement.
*********************************/********************************************
    static void AppTaskStart (void *p_arg)
    {
        OS_ERR      err;
        CPU_INT32U  r0;
        CPU_INT32U  r1;
        CPU_INT32U  r2;
        CPU_INT32U  r3;
        CPU_INT32U  r4;
        CPU_INT32U  r5;
        CPU_INT32U  r6;
        CPU_INT32U  r7;
        CPU_INT32U  r8;
        CPU_INT32U  r9;
        CPU_INT32U  r10;
        CPU_INT32U  r11;
        CPU_INT32U  r12;
        (void)p_arg;
        r0 = 0u;                /* Initialize local variables*/
        r1 = 1u;
```

```
    r2  = 2u;
    r3  = 3u;
    r4  = 4u;
    r5  = 5u;
    r6  = 6u;
    r7  = 7u;
    r8  = 8u;
    r9  = 9u;
    r10 = 10u;
    r11 = 11u;
    r12 = 12u;
    BSP_Init();                    /* Initialize BSP functions*/
    CPU_Init();                    /* Initialize the uC/CPU services*/
#if OS_CFG_STAT_TASK_EN > 0u
    OSStatTaskCPUUsageInit(&err);/* Compute CPU capacity with no task running */
#endif
#ifdef CPU_CFG_INT_DIS_MEAS_EN
    CPU_IntDisMeasMaxCurReset();
#endif
    UART_Config();
    BSP_LCD_Config();    /* Initialize LCD Communication for Application */
    APP_TRACE_DBG(("Creating Application kernel objects\r\n"));
    AppObjCreate();              /* Create Applicaiton kernel objects*/
    APP_TRACE_DBG(("Creating Application Tasks\r\n"));
    AppTaskCreate();             /* Create Application tasks*/
    BSP_LED_Off(LED1);
    while (DEF_TRUE) {    /* Task body, always written as an infinite loop. */
    OSTimeDlyHMSM(0u, 0u, 0u, 100u, OS_OPT_TIME_HMSM_STRICT, &err);
    if ((r0 != 0u) ||             /* Check task context*/
        (r1 != 1u) ||
        (r2 != 2u) ||
        (r3 != 3u) ||
        (r4 != 4u) ||
        (r5 != 5u) ||
        (r6 != 6u) ||
        (r7 != 7u) ||
        (r8 != 8u) ||
        (r9 != 9u) ||
        (r10 != 10u) ||
```

```
                (r11 != 11u) ||
                (r12 != 12u)) {
            APP_TRACE_INFO(("Context Error\r\n"));
        }
    }
}
```

3. 实例

例 8-1 任务产生示例，产生两个任务。AppTaskObj0 (void *p_arg)任务提交信号量，延时在串口打印输出 "Object test task 0 running …\r\n"；AppTaskObj1 (void *p_arg)任务等待信号量，延时后在串口输出 "Object test task 1 running …\r\n"。程序如下。

（1）主程序。

```
#include    <stdarg.h>
#include    <stdio.h>
#include    <math.h>
#include    <stm32f7xx_hal.h>
#include    "stm32756g_eval.h"
#include    <cpu.h>
#include    <lib_math.h>
#include    <lib_mem.h>
#include    <os.h>
#include    <os_app_hooks.h>
#include    <app_cfg.h>
#include    <bsp.h>
#if (APP_CFG_SERIAL_EN == DEF_ENABLED)
#include    <app_serial.h>
#endif
/*****************************************************************
*                      LOCAL GLOBAL VARIABLES
*****************************************************************/
/* ---------------------- APPLICATION GLOBALS --------------------- */
static  OS_TCB      AppTaskStartTCB;
static  CPU_STK     AppTaskStartStk[APP_CFG_TASK_START_STK_SIZE];
/* ---------------------- SEMAPHORE TASK TEST --------------------- */
static  OS_TCB      AppTaskObj0TCB;
static  CPU_STK     AppTaskObj0Stk[APP_CFG_TASK_OBJ_STK_SIZE];
```

```c
static OS_TCB          AppTaskObj1TCB;
static CPU_STK         AppTaskObj1Stk[APP_CFG_TASK_OBJ_STK_SIZE];

#if (OS_CFG_SEM_EN > 0u)
static OS_SEM          AppTaskObjSem;
#endif
/*********************************************************************
*                          FUNCTION PROTOTYPES
*********************************************************************/
static void AppTaskStart (void *p_arg);
static void AppTaskCreate(void);
static void AppObjCreate (void);
static void AppTaskObj0 (void *p_arg);
static void AppTaskObj1 (void *p_arg);
/*****************************主程序******************************/
int main(void)
{
    OS_ERR  err;
#if (CPU_CFG_NAME_EN == DEF_ENABLED)
    CPU_ERR cpu_err;
#endif
    HAL_Init();                        /* HAL 初始化*/
    Mem_Init();                        /* Memory 管理模块初始化*/
    Math_Init();                       /* 数学算法模块初始化(生成随机种子)*/
#if (CPU_CFG_NAME_EN == DEF_ENABLED)
    CPU_NameSet((CPU_CHAR *)"STM32F746xx",
                (CPU_ERR *)&cpu_err);
#endif
    BSP_IntDisAll();                   /* 关闭板上所有中断*/
    OSInit(&err);                      /* uC/OS-III 初始化*/
    App_OS_SetAllHooks();              /* 操作系统钩子函数设置*/

    OSTaskCreate(&AppTaskStartTCB,     /* 创建应用任务启动任务控制块  */
                 "App Task Start",
                 AppTaskStart,
                 0u,
                 APP_CFG_TASK_START_PRIO,
                 &AppTaskStartStk[0u],
                 AppTaskStartStk[APP_CFG_TASK_START_STK_SIZE / 10u],
```

```
                APP_CFG_TASK_START_STK_SIZE,
                0u,
                0u,
                0u,
                (OS_OPT_TASK_STK_CHK | OS_OPT_TASK_STK_CLR),
                &err);

    OSStart(&err);              /* uC/OS-III 启动        */
    while (DEF_ON) {            /* Should Never Get Here.  */
        ;
    }
}
```

（2）static void AppTaskStart (void *p_arg)见前面的程序，此处省略。

（3）static void AppTaskCreate (void)程序。

```
static void AppTaskCreate (void)
{
    OS_ERR  os_err;
/* ----------------------------应用任务创建----------------------------*/
    OSTaskCreate(&AppTaskObj0TCB,       /*应用任务0创建*/
                "Kernel Objects Task 0",
                AppTaskObj0,
                0,
                APP_CFG_TASK_OBJ_PRIO,
                &AppTaskObj0Stk[0],
                AppTaskObj0Stk[APP_CFG_TASK_OBJ_STK_SIZE / 10u],
                APP_CFG_TASK_OBJ_STK_SIZE,
                0u,
                0u,
                0,
                (OS_OPT_TASK_STK_CHK | OS_OPT_TASK_STK_CLR),
                &os_err);

    OSTaskCreate(&AppTaskObj1TCB,       /*应用任务1创建*/
                "Kernel Objects Task 0",
                AppTaskObj1,
                0,
                APP_CFG_TASK_OBJ_PRIO,
```

```
                &AppTaskObj1Stk[0],
                AppTaskObj1Stk[APP_CFG_TASK_OBJ_STK_SIZE / 10u],
                APP_CFG_TASK_OBJ_STK_SIZE,
                0u,
                0u,
                0,
                (OS_OPT_TASK_STK_CHK | OS_OPT_TASK_STK_CLR),
                &os_err);
}
```

（4）应用程序中应用对象信号等创建。

```
static void AppObjCreate (void)
{
    OS_ERR os_err;
#if (OS_CFG_SEM_EN > 0u)
    OSSemCreate(&AppTaskObjSem,        //信号量创建
            "Sem Test",
            0u,
            &os_err);
#endif
}
```

（5）应用任务对象。

① 应用对象 static void AppTaskObj0 (void *p_arg)。

```
static void AppTaskObj0 (void *p_arg)
{
 OS_ERR  os_err;
 (void)p_arg;
 while (DEF_TRUE) {
   #if (OS_CFG_SEM_EN > 0u)
      OSSemPost(&AppTaskObjSem,        //提交信号量
              OS_OPT_POST_1,
              &os_err);
   #endif
   OSTimeDlyHMSM( 0u, 0u, 0u, 10u,     //延时
              OS_OPT_TIME_HMSM_STRICT,&os_err);
   APP_TRACE_INFO(("Object test task 0 running ….\r\n")); // 向串口发送信息
 }
```

}

② 应用对象 static void AppTaskObj1 (void *p_arg)。

```
static void AppTaskObj1 (void *p_arg)
{
  OS_ERR        os_err;

  (void)p_arg;

  while (DEF_TRUE) {

    if (OS_CFG_SEM_EN > 0u)
      OSSemPend(&AppTaskObjSem,    //等待信号量
                0,
                OS_OPT_PEND_BLOCKING,
                0,
                &os_err);
    #endif

    OSTimeDlyHMSM( 0u, 0u, 0u, 10u,        //延时
                OS_OPT_TIME_HMSM_STRICT,&os_err);
    APP_TRACE_INFO(("Object test task 1 running ….\r\n"));   // 向串口发送信息
    }
}
```

限于篇幅，本例的其他程序省略。

例 8-2 互斥信号量示例，建立一个互斥信号量两个任务共享一个外设。

（1）主程序。

```
#include <stdarg.h>
#include <stdio.h>
#include <math.h>
#include <stm32f7xx_hal.h>
#include "stm32756g_eval.h"
#include <cpu.h>
#include <lib_math.h>
#include <lib_mem.h>
#include <os.h>
```

```c
#include <os_app_hooks.h>
#include <app_cfg.h>
#include <bsp.h>
#if (APP_CFG_SERIAL_EN == DEF_ENABLED)
#include <app_serial.h>
#endif
/***********************LOCAL DEFINES*****************************/
#define  APP_TASK_EQ_0_ITERATION_NBR            16u
#define  APP_TASK_EQ_1_ITERATION_NBR            18u
/***********************  LOCAL GLOBAL VARIABLES*********************/
/* ---------------------- APPLICATION GLOBALS ------------------------ */
static  OS_TCB       AppTaskStartTCB;
static  CPU_STK      AppTaskStartStk[APP_CFG_TASK_START_STK_SIZE];
/* ---------------------- SEMAPHORE TASK TEST ------------------------ */
static  OS_TCB       Task_ATCB;
static  CPU_STK      Task_AStk[APP_CFG_TASK_OBJ_STK_SIZE];


static  OS_TCB       Task_BTCB;
static  CPU_STK      Task_BStk[APP_CFG_TASK_OBJ_STK_SIZE];


OS_MUTEX SerialMutex;
/***********************FUNCTION PROTOTYPES************************/
static  void  AppTaskStart (void *p_arg);
static  void  AppTaskCreate(void);
static  void  AppObjCreate (void);
static  void  Task_A(void *p_arg);
static  void  Task_B(void *p_arg);
int main(void)
{
    OS_ERR   err;
#if (CPU_CFG_NAME_EN == DEF_ENABLED)
    CPU_ERR  cpu_err;
#endif
    HAL_Init();                          /*初始化 HAL*/

    Mem_Init();                          /*初始化内存管理模块*/
    Math_Init();                         /*初始化数学算法模块*/
#if (CPU_CFG_NAME_EN == DEF_ENABLED)
    CPU_NameSet((CPU_CHAR *)"STM32F746xx",(CPU_ERR *)&cpu_err);
```

```c
#endif
    BSP_IntDisAll();                    /*关闭所有中断*/
    OSInit(&err);                       /*初始化uC/OS-III*/
    App_OS_SetAllHooks();
    OSTaskCreate(&AppTaskStartTCB,      /*创建应用任务开始*/
                "App Task Start",
                AppTaskStart,
                0u,
                APP_CFG_TASK_START_PRIO,
                &AppTaskStartStk[0u],
                AppTaskStartStk[APP_CFG_TASK_START_STK_SIZE / 10u],
                APP_CFG_TASK_START_STK_SIZE,
                0u,
                0u,
                0u,
                (OS_OPT_TASK_STK_CHK | OS_OPT_TASK_STK_CLR),
                &err);
    OSStart(&err);                      /*初始化uC/OS-III*/
    while (DEF_ON) {                    /*Should Never Get Here*/
        ;
    }
}
```

（2）应用任务开始程序 static void AppTaskStart (void *p_arg)，见前面，此处省略。

（3）应用任务产生程序。

```c
static void AppTaskCreate (void)
{
    OS_ERR  os_err;
/* -------------------------------创建应用任务------------------------------- */
    OSTaskCreate(&Task_ATCB,
                "Kernel Objects Task A",
                Task_A,
                0,
                APP_CFG_TASK_OBJ_PRIO,
                &Task_AStk[0],
                Task_AStk[APP_CFG_TASK_OBJ_STK_SIZE / 10u],
                APP_CFG_TASK_OBJ_STK_SIZE,
                0u,
```

```
                    0u,
                    0,
                    (OS_OPT_TASK_STK_CHK | OS_OPT_TASK_STK_CLR),
                    &os_err);
    OSTaskCreate(&Task_BTCB,
                    "Kernel Objects Task B",
                    Task_B,
                    0,
                    APP_CFG_TASK_OBJ_PRIO,
                    &Task_BStk[0],
                    Task_BStk[APP_CFG_TASK_OBJ_STK_SIZE / 10u],
                    APP_CFG_TASK_OBJ_STK_SIZE,
                    0u,
                    0u,
                    0,
                    (OS_OPT_TASK_STK_CHK | OS_OPT_TASK_STK_CLR),
                    &os_err);
}
```

（4）应用对象产生程序，产生一个互斥信号量。

```
static void AppObjCreate (void)
{
    OS_ERR os_err;
//Create a mutex at the beginning
    OSMutexCreate(&SerialMutex, "Serial Mutex", &os_err);
}
```

（5）任务程序。每个任务先等待互斥信号量，持有互斥信号量时使用串口，串口使用完后提交互斥信号量。

```
void Task_A(void *p_arg)            //任务A
{
    OS_ERR err;
    CPU_TS ts;
    while(DEF_TRUE)
      {
        OSMutexPend(&SerialMutex, 0, OS_OPT_PEND_BLOCKING, &ts, &err);
        printf("Task A is runing\n\r");
        OSTimeDly(30, OS_OPT_TIME_DLY, &err);
```

```
                OSMutexPost(&SerialMutex, OS_OPT_POST_NONE, &err);   //提交互斥信号量
    }
}
void Task_B(void *p_arg)            //任务B
{
OS_ERR   err;
CPU_TS   ts;
while(DEF_TRUE)
    {
        OSMutexPend(&SerialMutex, 0, OS_OPT_PEND_BLOCKING, &ts, &err);
        printf("Task B is runing\n\r");
        OSTimeDly(30, OS_OPT_TIME_DLY, &err);
        OSMutexPost(&SerialMutex, OS_OPT_POST_NONE, &err);   //提交互斥信号量
    }
}
```

例 8-3 中断应用示例。在中断服务程序里提交信号量，设置 PA0（对应板上的 S2 按键）为 EXTI0 中断，下降沿触发，在中断里提交信号量给任务 B。建立两个任务：任务 A 检测 PC13（对应板上 S3）是否按下，并释放，给任务 A 提交信号量给任务 B；任务 B 等待信号量，控制 PA8 所接 LED 灯翻转。

（1）与中断有关的程序 stm32f7xx_it.c 文件。

```
void EXTI0_IRQHandler(void)              //PA0 中断按键
{
    HAL_GPIO_EXTI_IRQHandler(WAKEUP_BUTTON_PIN);
}
/***********************stm32f7xx_gpio.c 文件***********************/
void HAL_GPIO_EXTI_IRQHandler(uint16_t GPIO_Pin)
{
  /* EXTI line interrupt detected */
  if(__HAL_GPIO_EXTI_GET_IT(GPIO_Pin) != RESET)         //判按键释放
    __HAL_GPIO_EXTI_CLEAR_IT(GPIO_Pin);                 //清外部挂起
    HAL_GPIO_EXTI_Callback(GPIO_Pin);                   //中断回调函数
  }
}
/********app.c 文件*************/
void HAL_GPIO_EXTI_Callback(uint16_t GPIO_Pin)
{
  OS_ERR   err;
```

```
    if(GPIO_Pin == WAKEUP_BUTTON_PIN)       //判是否是 S2 按键引起的中断
    {
      if(Toggle_En == 1)                     //=1,是判断是否新的一次处理
        {
            OSSemPost(&wait_key_sem, OS_OPT_POST_1, &err); //向任务 B 提交信号量
            Toggle_En = 0;          //=0 是提交信号量后,任务 B 还没有对灯进行处理
        }
    }
}
```

(2) 主程序。

```c
#include <stdarg.h>
#include <stdio.h>
#include <math.h>
#include <stm32f7xx_hal.h>
#include "stm32756g_eval.h"
#include <cpu.h>
#include <lib_math.h>
#include <lib_mem.h>
#include <os.h>
#include <os_app_hooks.h>
#include <app_cfg.h>
#include <bsp.h>
#if (APP_CFG_SERIAL_EN == DEF_ENABLED)
#include <app_serial.h>
#endif
/* ---------------------- APPLICATION GLOBALS ------------------------ */
static  OS_TCB       AppTaskStartTCB;
static  CPU_STK      AppTaskStartStk[APP_CFG_TASK_START_STK_SIZE];

/* ---------------------- SEMAPHORE TASK TEST ------------------------ */
static  OS_TCB       Task_ATCB;
static  CPU_STK      Task_AStk[APP_CFG_TASK_OBJ_STK_SIZE];

static  OS_TCB       Task_BTCB;
static  CPU_STK      Task_BStk[APP_CFG_TASK_OBJ_STK_SIZE];

#if (OS_CFG_SEM_EN > 0u)
```

```
    static  OS_SEM      wait_key_sem;
#endif

unsigned char Toggle_En = 1;
/*********************** FUNCTION PROTOTYPES ************************/

static  void  AppTaskStart (void *p_arg);
static  void  AppTaskCreate(void);
static  void  AppObjCreate (void);

static  void  Task_A(void *p_arg);
static  void  Task_B(void *p_arg);
int main(void)
{
    OS_ERR   err;
#if (CPU_CFG_NAME_EN == DEF_ENABLED)
    CPU_ERR  cpu_err;
#endif
    HAL_Init();                 /*初始化 HAL  含中断设置*/
    Mem_Init();                 /*内存管理模块初始化*/
    Math_Init();                /*数学算法初始化*/
#if (CPU_CFG_NAME_EN == DEF_ENABLED)
    CPU_NameSet((CPU_CHAR *)"STM32F746xx",(CPU_ERR *)&cpu_err);
#endif
    BSP_IntDisAll();            /*板级中断关闭*/
    OSInit(&err);               /*初始化 uC/OS-III*/
    App_OS_SetAllHooks();
    OSTaskCreate(&AppTaskStartTCB,  /*创建启动任务*/
              "App Task Start",
              AppTaskStart,
              0u,
              APP_CFG_TASK_START_PRIO,
              &AppTaskStartStk[0u],
              AppTaskStartStk[APP_CFG_TASK_START_STK_SIZE / 10u],
              APP_CFG_TASK_START_STK_SIZE,
              0u,
              0u,
              0u,
              (OS_OPT_TASK_STK_CHK | OS_OPT_TASK_STK_CLR),
```

```
                        &err);
    OSStart(&err);                      /*启动 uC/OS-III*/
    while (DEF_ON) {                    /*Should Never Get Here*/
        ;
    }
}
```

(3) 应用任务开始程序 static void AppTaskStart (void *p_arg)，见前面，此处省略。

(4) 应用任务产生程序 static void AppTaskCreate (void)，见例 8-2。

(5) 应用对象与应用任务程序。

① 应用对象创建，信号量创建。

```
static void AppObjCreate (void)
{
    OS_ERR os_err;
#if (OS_CFG_SEM_EN > 0u)
    OSSemCreate(&wait_key_sem,          //创建信号量
            "Key Detection",
            0u,
            &os_err);
#endif
}
```

② 任务 A：检测 S3 是否按下并释放，当 S3 释放是向任务 B 提交信号量。

```
void Task_A(void *p_arg)
{
  OS_ERR  err;
  unsigned char key_press = 0;

    while(DEF_TRUE)
      {
       OSTimeDly(30, OS_OPT_TIME_DLY, &err);
       if (BSP_PB_GetState(BUTTON_TAMPER) == RESET)     //判 S3 是否按下
            key_press = 1;
       if (BSP_PB_GetState(BUTTON_TAMPER) == SET)       //判 S3 是否释放
         {
          if(key_press == 1)
            {
```

```
            key_press = 0;
            OSSemPost(&wait_key_sem, OS_OPT_POST_1, &err);    //提交信号量
         }
      }
   }
}
```

③ 任务 B：等待中断程序或任务 A 发送的信号量，当任务 B 接收到信号量时，将 LED1 的状态翻转，并向出口发送信息。

```
void Task_B(void *p_arg)
{
  OS_ERR  err;
  CPU_TS  ts;
  while(DEF_TRUE)
  {
    OSSemPend(&wait_key_sem,              //等待信号量
              0,
              OS_OPT_PEND_BLOCKING,
              &ts,
              &err);
    BSP_LED_Toggle(LED1);                 //Toggle after key release
    APP_TRACE_DBG(("Get a Semaphore from Task A or EXTI0\n\r"));
    OSTimeDly(50, OS_OPT_TIME_DLY, &err);
    Toggle_En = 1;                        //设置处理后的状态
    }
}
```

8.5　LWIP 概述

8.5.1　LWIP 简介

LWIP 是瑞典计算机科学院（SICS）的 Adam Dunkels 开发的一个小型开源的 TCP/IP 协议栈。

LWIP 是 Light Weight（轻型）IP 协议，有无操作系统的支持都可以运行。LWIP 实现的重点是在保持 TCP 协议主要功能的基础上减少对 RAM 的占用，它只需十几 KB 的 RAM 和 40 KB 左右的 ROM 就可以运行，这使 LWIP 协议栈适合在低端的嵌入式系统中使用。

LWIP 协议栈主要关注的是怎么样减少内存的使用和代码的大小，这样就可以让 LWIP 适用于资源有限的小型平台例如嵌入式系统。为了简化处理过程和内存要求，LWIP 对 API 进行了裁减，可以不需要复制一些数据。图 8-10 是 LWIP 的模块函数调用图。

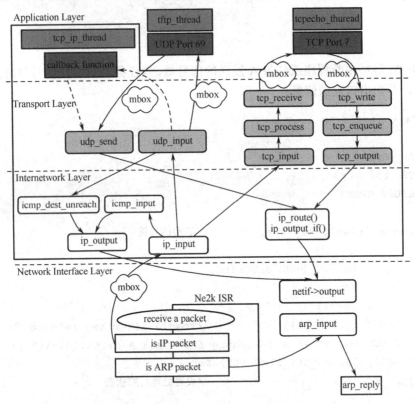

图 8-10　LWIP 模块函数调用图

8.5.2　LWIP 应用模式

LWIP 提供三种 API：RAW API、LWIP API 和 BSD API。

（1）RAW API 把协议栈和应用程序放到一个进程里边，该接口基于函数回调技术，使用该接口的应用程序可以不用进行连续操作，不过这会使应用程序编写难度加大且代码不易被理解。为了接收数据，应用程序会向协议栈注册一个回调函数，该回调函数与特定的连接相关联，当该关联的连接到达一个信息包，该回调函数就会被协议栈调用。这既有优点也有缺点，优点是既然应用程序和 TCP/IP 协议栈驻留在同一个进程中，那么发送和接收数据就不再产生进程切换；主要缺点是应用程序不能使自己陷入长期的连续运算中，这样会导致通信性能下降，原因是 TCP/IP 处理与连续运算是不能并行发生的，这个缺点可以通过把应用程序分为两部分来克服，一部分处理通信，另一部分处理运算。

（2）LWIP API 把接收与处理放在一个线程里面。这样只要处理流程稍微被延迟，接收就会被阻塞，直接造成频繁丢包、响应不及时等严重问题，因此，接收与协议处理必须分开。LWIP 的作者显然已经考虑到了这一点，为我们提供了 tcpip_input()函数来处理这个问题，虽然并没有在 RAW API 一文中说明。讲到这里，读者应该知道 tcpip_input()函数投递的消息从哪里来的了吧，没错，它们来自于由底层网络驱动组成的接收线程。在编写网络驱动时，其接收部分以任务的形式创建。数据包到达后，去掉以太网包头得到 IP 包，然后直接调用 tcpip_input()函数将其投递到 mbox 邮箱。投递结束后接收任务继续下一个数据包的接收，而被投递的 IP 包将由 TCPIP 线程继续处理，这样，即使某个 IP 包的处理时间过长也不会造成频繁丢包现象的发生。这就是 LWIP API。

（3）BSD API 提供了基于 open-read-write-close 模型的 UNIX 标准 API，其最大特点是使应用程序移植到其他系统时比较容易，但用在嵌入式系统中效率比较低，占用资源较多。这对于嵌入式应用而言有时是不能容忍的。

LWIP 的主要特性如下：

- 支持多网络接口下的 IP 转发；
- 支持 ICMP 协议；
- 包括实验性扩展的 UDP（用户数据报协议）；
- 包括阻塞控制、RTT 估算、快速恢复和快速转发的 TCP（传输控制协议）；
- 提供专门的内部回调接口（RAW API），用于提高应用程序性能；
- 可选择的 Berkeley 接口 API（在多线程情况下使用）；
- 在最新的版本中支持 PPP；
- 新版本中增加了的 IP Fragment 的支持；
- 支持 DHCP 协议，动态分配 IP 地址。

思考与习题

（1）Linux 操作系统有什么特点。
（2）嵌入式μC/OS-III 有什么特点？
（3）μC/OS-III 的最大任务数有限制吗？
（4）LWIP 有什么特点？

第 9 章
物联网中的常用嵌入式系统

无线传感器网络（Wireless Sensor Network, WSN）是由部署在监测区域内大量的廉价微型传感器节点组成的，通过无线通信方式形成的一个多跳的自组织网络系统，其目的是协作地感知、采集和处理网络覆盖区域中感知对象的信息，并发送给观察者。无线传感器网络具有应用多样性、硬件功能有限、资源受限、节点微型化、分布式任务协作的特点。单个传感器节点有两个很突出的特点：一是并发性密集，即可能存在多个需要同时执行的逻辑控制；二是传感器节点模块化程度很高，要求系统能够让应用程序方便的对硬件进行控制。因此，必须针对这些特点来设计 WSN 操作系统。

注：物联网应用中的无线技术有多种，可组成局域网或广域网。组成局域网的无线技术主要有 2.4GHz 的 Wi-Fi、蓝牙、Zigbee 等，组成广域网的无线技术主要有 2G、3G、4G 等。这些无线技术，优缺点非常明显。在低功耗广域网（Low Power Wide Area Network，LPWAN）产生之前，似乎远距离和低功耗两者之间只能二选一。当采用 LPWAN 技术之后，设计人员可做到两者都兼顾，最大程度地实现更长距离通信与更低功耗，同时还可节省额外的中继器成本。LoRa 是 LPWAN 通信技术中的一种，是美国 Semtech 公司采用和推广的一种基于扩频技术的超远距离无线传输方案。这一方案改变了以往关于传输距离与功耗的折衷考虑方式，为用户提供一种简单的能实现远距离、长电池寿命、大容量的系统，进而扩展传感网络。目前，LoRa 主要在全球免费频段运行，包括 433、868、915 MHz 等。LoRa 技术具有远距离、低功耗（电池寿命长）、多节点、低成本的特性。

有人认为没有必要设计一个专门的操作系统，可以直接在硬件上设计应用程序，但在实际过程中会碰到许多问题，一是面向传感器网络的应用开发难度会加大，应用开发人员不得不直接面对硬件进行编程，无法得到像操作系统那样提供的丰富的服务；二是软件的重用性差，程序员无法继承已有的软件成果，降低了开发效率。当前已有多个有代表性的开源的无线传感器网络操作系统，典型的如下。

- Tiny OS 2.1：美国加州大学伯克利分校开发。
- Mantis OS 0.9.5（Multimodal Networks of In-situ Sensors）：美国科罗拉多大学开发。

第9章 物联网中的常用嵌入式系统

- SOS 1.7：美国加州大学洛杉矶分校开发。

表 9-1 从设计操作系统必须考虑的几个方面列举了 TinyOS、MOS 和 SOS 这三个系统的区别。

表 9-1　TinyOS、MOS 和 SOS 的比较

系统特征	TinyOS	MOS	SOS
事件驱动	√		√
线程驱动		√	
处理器能量管理	√		√
外设能量管理			
优先级调度		√	√
实时服务		√	
动态重编程服务	√		√
外设管理	√	√	
模拟服务	√	√	√
内存管理	静态	静态	动态
系统执行模型	组件	线程	模块

本章简要地介绍物联网中常用的嵌入式操作系统 TinyOS。TinyOS 是一款开源的嵌入式操作系统，它基于一种组件（Component-Based）的架构方式，能够快速实现各种应用。它的首先出现是作为 UCBerkeley 和 IntelResearch 合作实验室的杰作，用来嵌入智能微尘当中，之后慢慢演变成一个国际合作项目，即现在的 TinyOS 联盟。因为与同样是他们设计的硬件平台珠联璧合而声名鹊起，目前已经成为无线传感器网络领域事实上的标准平台。读者需要深入学了 TinyOS 时，可以参考《无线传感器网络操作系统 TinyOS》。

9.1　TinyOS 概述

9.1.1　TinyOS 简介

TinyOS 操作系统采用了组件的结构，系统本身提供了一系列的组件供用户调用，其中包括主组件、应用组件、执行组件、传感组件、通信组件和硬件抽象组件，如图 9-1 所示，组件由下到上可分为 3 类：硬件抽象组件、综合硬件组件和高层软件组件。

- 硬件抽象组件将物理硬件映射到 TinyOS 的组件模型；
- 综合硬件组件模拟高级的硬件行为，如感知组件、通信组件等；
- 高层软件组件实现控制、路由以及数据传输等应用层的功能。

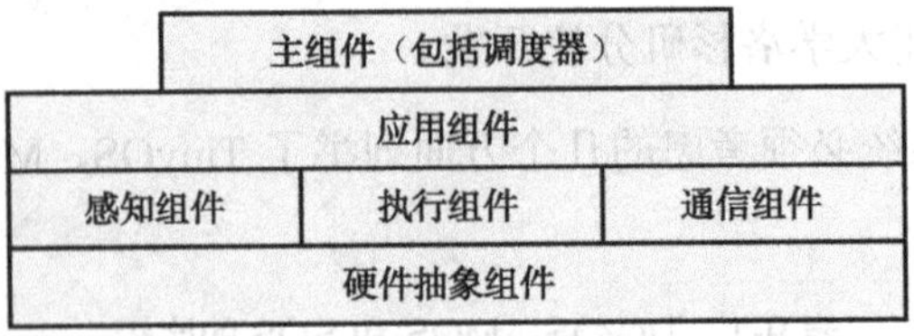

主组件（包括调度器）		
应用组件		
感知组件	执行组件	通信组件
硬件抽象组件		

图 9-1　TinyOS 的组件结构

每个 TinyOS 程序应当具有至少一个应用组件，即用户组件。该应用组件通过接口调用下层组件提供的服务，实现针对特定应用的具体逻辑功能，如数据采集、数据处理、数据收发等。一个完整的应用系统由一个内核调度器（简称调度器）和许多功能独立且相互联系的组件构成，可以把 TinyOS 系统和在其上运行的应用程序看成一个大的"执行程序"。现有的 TinyOS 系统提供了大多数传感网硬件平台和应用领域里都可用到的组件，如定时器组件、传感器组件、消息收发组件、电源管理组件等，从而把用户和底层硬件隔离开来。在此基础上，用户只需开发针对特殊硬件和特殊应用需求的少量组件，可大大提高应用的开发效率。

TinyOS 设计之初的目的是制作一个专属嵌入式无线传感器网络的操作系统。但事实上，由于良好的可扩展性和足够小的代码尺寸，TinyOS 在物联网的应用领域中也占有非常重要的地位。由于无线传感器网络的特殊性，研究人员在设计 TinyOS 系统时就提出以下几个原则。

- 能在有限的资源上运行，要求执行模式允许在单一的协议栈上运行；
- 允许高度的并发性，要求执行模式能对事件做出快速的直接响应；
- 适应硬件升级，要求组件和执行模式能够应对硬件/软件的替换；
- 支持多样化的应用程序，要求能够根据实际需要，裁剪操作系统的服务；
- 鲁棒性强，要求通过组件间有限的交互渠道，就能应对各种复杂情况；
- 支持一系列平台，要求操作系统的服务具有可移植性。

TinyOS 操作系统采用的轻量级线程技术、两层调度方式、事件驱动模式、主动消息通信技术及组件化编程等，有效地提高了传感器节点 CPU 的使用率，有助于省电操作并简化应用的开发。

TinyOS 系统、库和基于 TinyOS 的应用基本上都是用 nesC 语言开发的，在 TinyOS 中采用 nesC 语言进行应用程序开发，应用程序开发人员可以通过 nesC 语言表达组件及组件之间的事件/命令接口。组件分为配置文件和模块，程序的流程是通过配置文件中接口的连接实现而构建起来的，而具体实现的逻辑功能是通过模块完成的。每个模块由一组命令和事件组成，这些命令和事件成为该模块的接口。一般来说，上层组件对下层组件发命令，下层组件发信号通知事件的发生，最底层的组件直接和硬件交互，从而自上到下形成一种树状结构。

TinyOS 的并行处理能力通过任务（Task）和中断处理事件（Interrupt Hander Event）来体现。任务会加入一个 FIFO 队列中，在执行过程中，任务间没有竞争；但中断处理程序可以打断任务执行。TinyOS 采用二级调度机制来满足无线传感网络运行特点，整个程序调度过程如图 9-2 所示，组件中完成任务提交，由操作系统完成调度。一个节点上应用程序的框图如图 9-3 所示，操作系统只是在后台提供队列服务。

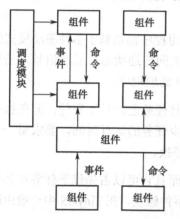

图 9-2 TinyOS 程序调度

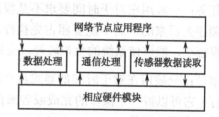

图 9-3 一个节点上应用程序的框图

与 μC/OS-II 相比，TinyOS 基于事件驱动的机制就决定了其实时性不高、编程复杂，但其内核占用空间极小，而 μC/OS-II 是基于线程模式的，编程简单、实时性高，但相对带来的开销也大。表 9-2 比较了 TinyOS 与 μC/OS-II。

表 9-2 TinyOS 与 μC/OS-II 的比较

操作系统	TinyOS	μC/OS-II
运行模式	事件	线程
抢占式内核	否	是
时间可确定性	否	是
支持动态编程	否	是
（最小）内核	RAM 为 47 B，ROM 为 473 B	RAM 为 300 B，ROM 为 2 KB
低功耗	是	否

9.1.2 TinyOS 的特点

TinyOS 作为一个专业性非常强的操作系统，主要存在如下几个特点。

（1）拥有专属的编程语言。TinyOS 应用程序都是用 nesC 编写的，其中 nesC 是标准 C 的扩展，在语法上和标准 C 没有区别，它的应用背景是传感器网络这样的嵌入式系统，这类系统的特点是内存有限且存在任务和中断两类操作，它的编译器一般都是放在 TinyOS 的源码工具路径下。

（2）开放源代码。所有源码都免费公开，可以访问官方网站 http://www.TinyOS.net 去下载相应的源代码，由全世界的 TinyOS 的爱好者共同维护，目前最新的版本是 2.1.1。

（3）组件化编程。TinyOS 提供一系列可重用的组件，一个应用程序可以通过连接配置文件将各种组件连接起来，以完成它所需要的功能。

（4）通过任务和事件来管理并发进程。TinyOS 的应用程序都是基于事件驱动模式的，采用事件触发去唤醒传感器工作。事件相当于不同组件之间传递状态信息的信号，当事件对应的硬件中断发生时，系统能够快速地调用相关的事件处理程序。

任务：一般用在对于时间要求不是很高的应用中，且任务之间是平等的，即在执行时是按顺序先后来的，而不能互相占先执行。一般为了减少任务的运行时间，要求每一个任务都很短小，能够使系统的负担较轻；支持网络协议的替换。

事件：一般用在对于时间的要求很严格的应用中，而且它可以占先优于任务和其他事件执行，它可以被一个操作的完成或者来自外部环境的事件触发，在 TinyOS 中一般由硬件中断处理来驱动事件。

（5）支持网络协议组件的替换。除了默认的协议之外，还提供其他协议供用户替换，并且支持客户自定义协议，这对于通信协议分析，非常适用于通信协议的研究工作。

（6）代码短小精悍。TinyOS 的程序采用的是模块化设计，所以它的程序核心往往都很小，一般来说核心代码和数据在 400 B 左右；能够突破传感器存储资源少的限制，这能够让 TinyOS 很有效地运行在无线传感器网络上，并去执行相应的管理工作等。

9.1.3 TinyOS 开发平台

国内目前可以买到的 TinyOS 开发平台主要有两种，一种是 Crossbow 公司 WSN 开发套件，另一种亿道电子的 XSBase-WSN 开发套件；

Crossbow 本身就是 TinyOS 联盟的成员之一，其所有产品都在 TinyOS 源码的 Platform 目录下可以找到，可以算得上是 TinyOS 技术商用化的代表；在国内有一家代理，开发平台的做工非常不错，产品覆盖面也比较广，主要的缺点就是产品太贵，而且中文的资料较少。

亿道电子的 WSN 套件使用的是较先进 CC2430 芯片，同时支持 TinyOS 和 Z-Stack 两种开发方式，并且包含大量的中文教材和使用手册，硬件移植的也非常稳定，所有的 TinyOS 测试用例都能正常运行，而且还带了大量的中文教材、使用手册和实验用例。其中值得一提的是，该产品搭建了一整套的解决方案框架，实现了异构网络之间的互连互通，可以在任何地方通过 GPRS 手机上网，访问节点上的物理数据，开发者可以迅速地在这个框架下进行二次开发。

9.1.4　TinyOS 开发案例

目前有多个采用 TinyOS 的研究项目，如 UCLA（加州大学洛杉矶分校）的 Shahin Farshchi 以 TinyOS 为基础的无线神经界面研究，这样的系统在 100 Hz/频道的采样频率下可传感、放大、传输神经信号，系统小巧、成本低、重量轻、功率小。系统要求一个接收器接收、解调、显示传输的神经信号。在采样精度为 8 bit 时，系统的速度可达 5600 bps。该速度可保证 8 个 EEG 频道或 1 个速度为 5600 bps 采样频道的可靠传输。研究者目前的奋斗目标是提高该基于 TinyOS 的传感网络的数据传输速度，设计与被测对象连接的前端神经放大电路。

路易斯安娜州立大学和位于 BatonRouge 的南方大学的 Nian-Feng Tzeng 博士正在研究应用于石油/气体开发和管理的 UCOMS（Ubiquitous Computing and Monitoring System，泛计算和监控系统）。该系统适用于传感网络、无线通信和网格计算，主要功能包括帮助钻孔、操作数据记录和处理、在线平台信息发布和显示、设备监控/入侵检测、地震处理、复杂表面设备和管道的管理，也可使用 UCOMS 监控、维护淘汰的平台。

另外，Freescale 在其 ZigBee 开发板上测试了 TinyOS 和 TinyDB，波士顿大学的 WeiLi 将其用于传感网络的控制和优化。

9.1.5　TinyOS 的基本概念

TinyOS 系统、库及应用程序都是用 nesC 语言写的语言写的，nesC 语言是一种新的用于编写结构化的基于组件的应用程序的语言，主要用于诸如传感器网络等嵌入式系统，具有类似于 C 语言的语法，支持 TinyOS 的并发模型，同时具有结构化机制、命名机制，能够与其他软组件链接在一起而形成一个鲁棒的网络嵌入式系统。其主要目标是帮助应用程序设计者建立可易于组合成完整、并发式系统的组件，并能够在编译时执行广泛的检查。TinyOS 定义了许多在 nesC 中所表达的重要概念。首先，nesC 应用程序要建立在定义良好、具有双向接口的组件之上；其次，nesC 定义了并发模型，该模型是基于任务（Task）及硬件事件句柄（Hardware Event Handler）的，在编译时会检测数据争用（Data Race）。

1. 组件

任何一个 nesC 应用程序都是由一个或多个组件链接起来，从而形成一个完整的可执行程序的。组件提供并使用接口，这些接口是组件的唯一访问点并且它们是双向的。接口声明了一组函数，称为命令（Command），接口的提供者必须实现它们；还声明了另外一组函数，称为事件（Event），接口的使用者必须实现它们。对于一个组件而言，如果它要使用某个接口中的命令，它必须实现这个接口的事件。一个组件可以使用或提供多个接口，以及同一个接口的多个实例。

在 nesC 中有两种类型的组件，分别称为模块（Module）和配件（Configuration）。模块提供应用程序代码，实现一个或多个接口；配件则是用来将其他组件装配起来的组件，将各个组件所使用的接口与其他组件提供的接口连接在一起，这种行为称为导通（Wiring）。每个 nesC 应用程序都由一个顶级配置所描述，其内容就是将该应用程序所用到的所有组件导通起来，形成一个有机整体。

2. 并发模型

TinyOS 一次仅执行一个程序。组成程序的组件来自两个方面，一部分是系统提供的组件，另一部分是为特定应用用户自定义的组件。程序运行时，有两个执行线程：一个称为任务（Task），另一个称为硬件事件句柄（Hardware Event Handler）。任务是被延期执行的函数，它们一旦被调度，就会运行直至结束，并且在运行过程中不准相互抢占。硬件事件句柄是用来相应和处理硬件中断的，虽然也要运行完毕，但它们可能会抢占任务或其他硬件事件句柄的执行。命令和事件要作为硬件事件句柄的一部分而执行必须使用关键字 async 来声明。

因为任务和硬件事件句柄可能被其他异步代码所抢占，所以 nesC 程序易于受到特定竞争条件的影响，导致产生不一致或不正确的数据。避免竞争的办法通常是在任务内排他地访问共享数据，或访问所有数据都使用原子语句。nesC 编译器会在编译时向程序员报告潜在的数据争用，这里面可能包含事实上并不可能发生的冲突。如果程序员确实可以担保对某个数据的访问不会导致麻烦，可以将该变量使用关键字 norace 来声明，但使用这个关键字一定要格外小心。

9.2 安装 TinyOS

下面介绍安装 TinyOS 的步骤，共需要六个步骤，下面的内容及下载的地址都可在网站 http://docs.TinyOS.net/tinywiki/index.php/Installing_TinyOS_2.1.1#Manual_installation_on_your_host_OS_with_RPMs 上找到，这里只简单介绍安装步骤。

1. 安装 java jdk 1.5 并配置环境变量

用户需要到 http://java.sun.com/ 下载 JDK 1.5。按照官方网站上是安装 1.6，但是安装后发现 tos-check-env 时会出错，安装 1.5 则不会，推荐安装 1.5。可以将 JDK 安装在任意路径下，如安装在 D:\Program Files\Java。安装完成之后，配置如下变量。

（1）新建系统变量 JAVA_HOME：指向 JDK 的安装路径，在该路径下可以找到 bin、lib 等目录，JAVA_HOME=D:\Program Files\Java\jdk1.6.0_10，如图 9-4 所示。

（2）新建系统变量 CLASSPATH：设置类的路径。

CLASSPATH=.;%JAVA_HOME%\jre\lib\rt.jar;%JAVA_HOME%\lib\tools.jar;%JAVA_HOME%\lib\dt.jar 最前面加上"."和";"，意为首先在当前目录中查找，如图 9-5 所示。

图 9-4 设置 JAVA_HOME 环境变量

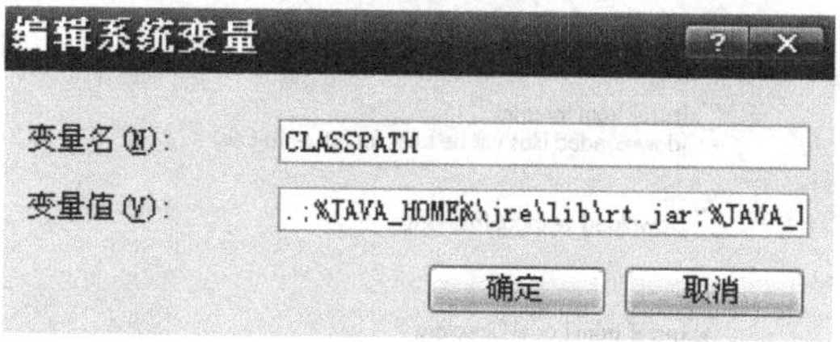

图 9-5 设置 CLASSPATH 环境变量

（3）在系统变量中找到 Path：将"%JAVA_HOME%\bin;%JAVA_HOME%\jre\bin;"添加到最前面即可。

至此 JDK 安装过程结束，可以自行编写一个测试程序。在 D 盘根目录下新建文件夹 javatest，然后创建文本文件，将下面的代码拷入并保存成 Test.java 文件，注意文件名要与类名相一致。

```
public class Test
{
    public static void main(String[] args)
    {
        System.out.println("Hello World!");
    }
}
```

然后使用 cmd 命令进入命令行，并进入该目录下，尝试使用如下命令编译并执行该 java 程序，如果然后屏幕上会打印出"Hello World!"，则表示 JDK 安装成功。

```
javac Test.Java
java Test
```

2. 安装 Windows 下的 Linux 模拟器 cygwin

这一步仅在 Windows 上安装需要，如果是在 Linux 上安装，则可以直接跳过此步。

（1）到 http://cone.informatik.uni-freiburg.de/people/aslam/cygwin-files.zip 下载 cygwin，下载的文件为 cygwin-files.zip，解压到某个目录，如 c:/cygwin-files。

（2）进入解压后的目录，运行 setup 安装 cygwin，在选择的版本时选择为 cygwin-1.2a，根据有关资料显示，该包含本与 TinyOS 兼容性较好，在选择安装类型时，选择"Inatall from Local Directory"，如图 9-6。

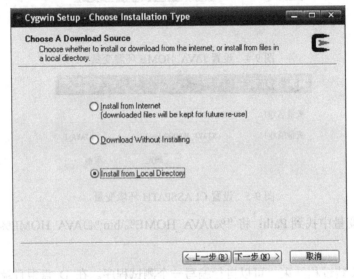

图 9-6 选择安装类型

（3）选择安装目录时，在 Default Text File Type 中要选择"Unix/binary"，如图 9-7 所示。

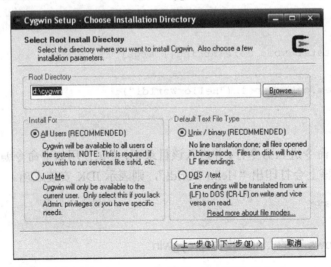

图 9-7 选择安装目录

（4）在选择需要安装的工具时，全部选中，单击"default"变成"install"。

（5）单击"安装"按钮开始安装，整个过程需要较长时间。

3．安装单片机工具

可以选择 AVR 或 MSP430 等，根据自己的需要安装。如果选择 AVR，则需要下面几个包：avr-binutils、avr-gcc、avr-libc、avarice、insight（avr-gdb）、avrdude，这几个包的下载地址在本节开始提到的网站中可以找到，需要注意的是，在 cygwin 和 Linux 下下载的包是不一样的。

4．安装 nesC 和 TinyOS_tool

这一步需要安装 NesC、Deputy、TinyOS-tools 三个包，这几个包的下载地址在本节开始提到的网站中可以找到，这里同样需要需要在 cygwin 和 Linux 下下载的包是不一样的，使用 Linux 的 rpm 命令来安装这些包。

5．安装 TinyOS 源码文件

在 cygwin 和 Linux 下安装的源码包是不一样的，cygwin 下需要安装的是 TinyOS-2.1.1-3.cygwin.noarch.rpm，下载地址为 http://TinyOS.stanford.edu/TinyOS-rpms/TinyOS-2.1.1-3.cygwin.noarch.rpm，Linux 下需要安装的是 TinyOS-2.1.1-3.ubuntu.noarch.rpm，下载地址为 http://TinyOS.stanford.edu/TinyOS-rpms/TinyOS-2.1.1-3.ubuntu.noarch.rpm，下载地址可能会变动，最新的下载地址可在本节开始提到的网站中可以找到，使用 Linux 的 rpm 命令来安装这些包。

安装完 TinyOS 的源码包后需要配置如表 9-3 所示的几个环境变量。

表 9-3 环境变量的配置

环境变量	cygwin 下的配置	Linux 下的配置
TOSROOT	/opt/TinyOS-2.x	同 cygwin 下的配置
TOSDIR	$TOSROOT/tos	同 cygwin 下的配置
CLASSPATH	C:\cygwin\opt\TinyOS-2.x\support\sdk\java\TinyOS.jar;.	$TOSROOT/support/sdk/java/TinyOS.jar:.
MAKERULES	$TOSROOT/support/make/Makerules	同 cygwin 下的配置
PATH	/opt/msp430/bin:/opt/jflashmm:$PATH	同 cygwin 下的配置

6．安装 Graphviz

到 http://www.graphviz.org/Download..php 下载 Graphviz 并安装，请注意这里下载的版本一定要是 graphviz1.10 的版本，否则会提示版本信息不对。

编译 TinyOS 程序使用 make 命令，TinyOS 系统有一个强大的扩展性很强的 make 系统，

位于 TinyOS-2.x/support/make 目录中。make 命令编译 TinyOS 应用程序的方法是"make [platform]",如"make micaz"。若没有硬件节点,可以用 TinyOS 的 TOSSIM 仿真平台进行编译运行,TOSSIM 仿真编译则为"make [platform] sim",如"make micaz sim"。

安装完成后可以使用 tos-check-env 命令来检测是否安装成功,如果成功,则提示"tos-check--env completed without error"。成功后即可以编译一个示例程序,如 Blink 程序,方法是进入/opt/TinyOS-2.x/apps/Blink 目录,运行"make micaz sim"命令,编译成功会提示"Successfully built"。

9.3 nesC 概述

9.3.1 nesC 简介

nesC 语言是一种在 C 基础上扩展的编程语言,由加州大学伯克利分校研发人员开发,主要用于传感器网络的编程开发,这类系统的特点是内存有限,存在任务和中断两类操作。

TinyOS 最初是用汇编语言和 C 语言编写的,后来改用支持组件化编程的 nesC 语言。该语言把组件化/模块化思想和基于事件驱动的执行模型结合起来。nesC 使用 C 作为其基础语言,支持所有的 C 语言词法和语法,其独有的特色如下。

- 增加了组件(Component)和接口(Interface)的关键字定义;
- 定义了接口及如何使用接口表达组件之间关系的方法;
- 目前只支持组件的静态链接,不能实现动态链接和配置。

图 9-8 所示是 nesC 语言的一般程序框架,该系统中的一个组件一般会提供一些接口(假定组件名为 ComA),接口可以被认为是这个软件组件实现的一组函数的声明,是单独定义的一组命令和事件。其他组件通过引用相同接口声明来使用这个组件(ComA)的函数,从而实现组件间功能的相互调用,即组件的接口是实现组件间互连的通道。但若组件中实现的函数并未被它在接口中说明,就不能被其他组件所使用。nesC 语言的定义中存在两种不同功能的组件,其中组件接口中的函数功能专门在模块的组件文件中实现,而不同组件之间的关系则是专门通过称为配件的组件文件来描述的。

为了跨平台使用,变量的类型和标准 C 语言的 int、long 和 char 不一样。TinyOS 代码使用的是更清楚直接的类型,直接声明字节大小。事实上,这些能映射到基本的 C 类型,在不同的平台上是不同的映射,大多数平台支持浮点数运算,double 可能不行。对于整型,nesC 的定义如下。

- 8 位带符号数:int8_t。
- 8 位无符号数:uint8_t。

- 16 位带符号数：int16_t。
- 16 位无符号数：uint16_t。
- 32 位带符号数：int32_t。
- 32 位无符号数：uint32_t。

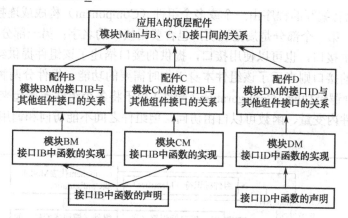

图 9-8　基于 nesC 语言的一般程序框架图

虽然可以给应用程序中的模块和配件取任意的名称，但为了简便，建议在编写代码时使用如表 9-4 所示的统一的命名格式。

表 9-4　nesC 程序的命名

文件名	文件类型
Foo.nc	接口文件
Foo.h	头文件
FooC.nc	公共组件（配件或模块）
FooP.nc	私有组件（配件或模块）

最后简单介绍一下使用 nesC 编程的流程，nesC 语言开发应用程序的一般步骤如图 9-9 所示。

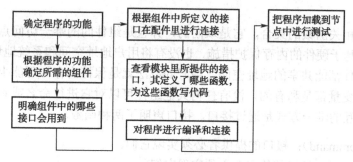

图 9-9　使用 nesC 编程的流程

9.3.2 nesC 基本概念

1. 组件

一个 nesC 语言编写的程序由一个或多个组件（Component）构成或连接而成。一个组件由两部分组成：第一个部分是规范说明，包含要用接口的名字；另一部分是它们的实现。一个组件可以提供接口，也可以使用接口，提供的接口描述了该组件提供给上一层调用者的功能，而使用的接口则表示了该组件本身工作时需要的功能。组件分两种：Module（模块）用于实现某种逻辑功能；Configuration（配件）用于将各个组件连接起来成为一个整体。组件的特征是组件内变量、函数可以自由访问，但组件之间不能访问和调用。nesC 的组件模型如图 9-10 所示。

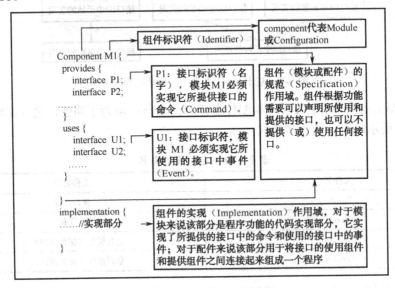

图 9-10 TinyOS 的组件模型

2. 接口

接口是一组相关函数的集合，它是双向的，并且是组件间的唯一访问点。由于大多数的节点平台没有基于硬件的内存保护措施，也没有将用户地址空间和系统地址空间分离开，只有一个所有组件都能共享的地址空间，最好的办法就是保持内存尽可能少的共享。组件声明的任何状态变量都是私有的，没有任何其他组件可以对它进行命名或者直接访问它。两个组件直接交互的唯一方式是通过接口。接口声明了两种函数。

- 命令（Command）：接口的提供者必须实现它们。
- 事件（Event）：接口的使用者必须实现它们。

也就是说，提供了接口的组件必须实现该接口的命令函数；而使用了某接口的组件必须实现该接口的事件函数。函数调用时，命令用 call，事件用 signal，在一个组件中，提供的接口中的 Command 函数必须被实现（在 Implementation 中定义），使用的接口中的 Event 函数必须被实现。async 指出这个 Command 或者 Event 可以在有中断时使用。如果一个组件调用了的一个接口命令，必须实现该接口的事件。一个组件可以使用或提供多个接口或者同一接口的多个实例。接口的特点是：

- 提供未必一定有组件使用，但使用一定要有人提供，否则编译会提示出错。在动态组件配置语言中使用也可以动态配置。
- 接口可以连接多个同样的接口，叫作多扇入/扇出。
- 一个模块可以同时提供一组相同的接口，又称为参数化接口，表明该模块可提供多份同类资源，能够同时给多个组件分享。

可以按照下面的方法定义接口：

- 接口放在一个单独的文件中*.nc。
- 接口的名称应与文件名对应，例如 interface1 的接口必须对应于文件名 interface1.nc。
- 接口定义描述了一系列函数原型（Command 和 Event）

一个简单地接口如下：

```
interface SendMsg {
    command result_t send(uint16_t address, uint8_t length, TOS_MsgPtr msg);
    event result_t sendDone(TOS_MsgPtr msg, result_t success);
}
```

该内容要放在 SendMsg.nc 中，SendMsg 接口类型提供者必须实现 send，而使用者必须实现 sendDone 事件。

nesC 使用箭头 "->" 来绑定一个接口到另一个接口，但一定要是同一类接口。例如，"A -> B" 意为 A 连接到 B，A 是接口的使用者，而 B 是接口的提供者。完整的表达式应该为 "A.a -> B.b"，这意味着，组件 A 的接口 a 连接到组件 B 的接口 b。当一个组件使用或者提供同一个接口的多个不同实例时，设置别名就非常有必要了。当一个组件只含有一个接口时，就可以省略接口的名字了。连接的箭头也可以对称反过来，如 "BlinkC.Timer0 -> Timer0" 同 "Timer0 <- BlinkC.Timer0;" 等价，但为了方便阅读，大多数连接的箭头还是从左到右的。

一个组件使用了一个接口，它可以调用这个接口的命令，但必须实现其事件。调用接口命令需要关键字 "call"，调用接口事件需要关键字 "signal"。

3. 模块

模块（Module）提供一个或多个接口的实现，模块是接口的实现者和使用者，模块名也必须与文件名同名，模块包含两部分内容。

- 模块使用和提供的接口描述。
- 模块内部的实现代码。

下面是一个模块的示例，该模块要放置到 M1.nc 中。

```
module M1 {
    /*声明部分*/
    provides interface A1;
    uses interface B1;
}
implementation {
    /*实现部分,C代码*/
    command void A1.cmd1() {
        call B1.cmd2();
    }
    event void A1.event1() {
        ...
    }
}
```

4. 配件

配件（Configuration）是一个完整的配置列表，配件可以像模块一样使用外部的接口并且对外提供接口。组件名也必须与文件名同名，同模块一样，配件也包含两部分内容。

- 组件使用和提供的接口描述。
- 组件内部的实现代码（配置列表）。

配件把其他的组件装配起来，连接组件使用的接口到其提供者。每个 nesC 应用程序都必须有且只有一个顶层配件（Top-Level Configuration）连接内部组件。之所以区别设计模块与配件，是为了让系统设计者在构建应用程序时可以脱离现有的实现。例如，设计者可以提供配件，只是简单地把一个或多个模块连接起来，而不涉及其中具体的工作。同样地，另一个开发者负责提供一组模块库，这些模块可以普遍使用到众多应用中。

下面是一个组件的示例，该示例要保存到 C1.nc 文件中。

```
configuration C1 {
    provides interface A1;
```

```
}
implementation {
    components M1;
    components M2;
    A1 = M1.A1;
    M1.B1 -> M2.B1;
}
```

5. 命令

命令是在接口中的一种函数,这种函数要求接口的提供者实现,而接口的使用者则会调用这种函数,形象地称为命令,即接口提供的可供调用的命令。语法结构类似于 C 语言,只是在最前面增加 command 关键字。

(1)命令定义。下面给出一个命令的定义。

```
interface A1 {
    command int cmd1(int arg);
    ...
}
```

(2)命令实现。下面给出一个命令的实现。

```
module M1 {
    provides interface A1;
    ...
}
implementation {
    command int A1.cmd1(int arg) {
        ...
        ...
    }
}
```

(3)命令使用。下面给出一个命令的使用,调用命令时一定要用 call 命令,否则编译会出错。

```
module M2 {
    uses interface A1;
}
implementation {
    ...
```

```
    int ret = call A1.cmd1(0x11);
    ...
}
```

6. 事件

事件也是在接口中的一种函数,这种函数要求接口的提供者调用,而接口的使用者则会实现这种函数,形象地称为事件,即为接口使用者所实现的事件处理函数。语法结构类似于 C 语言,只是在最前面增加 event 关键字。

(1) 事件定义。下面给出一个事件的定义,它可以拥有参数和返回值。

```
interface A1 {
    ...
    event void event1(int arg1, int arg2);
}
```

(2) 事件实现。下面给出的是事件实现,接口的提供者在发出事件时,必须使用关键字 post,否则编译会出错。

```
module M1 {
    provides interface A1;
}
implementation {
    ...
    post A1.event1(0x1, 0x2);
    /*发出对应的事件,实际上类同于调用事件处理函数*/
    ...
}
```

(3) 事件使用。下面给出使用事件的方法,接口使用者必须实现事件的具体内容,如同事件处理函数一样。

```
module M2 {
    uses interface A1;
}
implementation {
    event void A1.event1(int arg1, int arg2) {
        ...
    }
}
```

7. 任务

任务是 TinyOS 系统提供的一种特殊的机制，类同于线程。在大多数情况下，因为同步代码是非抢占的，这种编程方式行之有效。但是，这种做法并不适合大规模计算。当一个组件需要做什么且此时还有宽裕的时间，最好给 TinyOS 延迟计算的能力，即处理完之前已在等待的事情后再执行。

任务是一个函数，组件告诉 TinyOS 稍后再运行而不是立即运行。任务一般为一个函数，无参数、无返回值。任务可以在一般的 TinyOS 程序中发出，而任务的执行是由 TinyOS 系统内核来实现的，并且任务的执行是不影响调用者的，将会在发出任务后的某一个时刻被调度运行。任务具有如下特点。

● 无参数、无返回值。
● 系统会按特定的顺序调度这些任务。
● 任务执行期间不能抢占，但是可以被中断所抢占。
● 在任务未执行时，发出多少个任务，都将只运行一次这个任务。

系统执行完一个任务后才会去执行其他任务，所以任务一般要求短小，不至于影响其他任务。

任务的定义一般也是放在模块中的，下面给出一个任务示例。

```
module M1 {
}
implementation {
    ...
    task void task1() {
        ...
    }

    void f1() {
        post task1();
    }
}
```

为了协调任务和中断的执行，nesC 使用 atomic 指出该段代码"不可被打断"。另外定义了 task 封装一些代码来完成一个任务，系统有 FIFO 的任务队列。不同的任务之间没有优先级，但任务可以被 interrupt handler 打断。为防止全局变量等公用数据被非正常修改，nesC 规定只在任务中进入公共的数据部分。

9.3.3 一个简单的 nesC 编程示例

下面是一个最简单的 C 程序，在 Linux 上，使用命令 gcc test.c -o test 就可以编译该程序。

```
int main () {
    return 0;
}
```

在 TinyOS 中，要完成同样的事，需要三个文件。读者可以参考以下步骤来建立这个最简单地程序。

（1）创建一个文件夹，如 simple，来保存这三文件。

（2）为程序创建一个配置文件 SimpleAppC.nc，内容如下。

```
configuration SimpleAppC {
}
implementation{
    components SimpleC, MainC;

    SimpleC.Boot -> MainC.Boot;
}
```

在这个程序中有两个组件：Main 和 SimpleC，其中，Main 组件提供了实际上是程序入口点的 Boot.booted 信号。

（3）创建组件文件 SimpleC.nc，这里包含 SimpleC 的定义（接口），内容如下。

```
module SimpleC{
    uses interface Boot;
}

implementation{
    event void Boot.booted()
    {
        //The entry point of the program
    }
}
```

（4）创建 Makefile 文件，Makefile 文件用来控制该程序的编译，Makefile 文件内容如下。

```
COMPONENT=SimpleAppC
include $(MAKERULES)
```

这里需要将顶层的配置放到 COMPONENT 中。

（5）使用如下命令来编译该程序。

```
$ make micaz
```

如果环境变量等都已经配置好，这里就可以成功编译。

9.3.4 TOSSIM 仿真

TOSSIM 是一个支持基于 TinyOS 的应用在 PC 上运行的模拟器，TOSSIM 将 TinyOS 环境下的 nesC 代码直接编译为可在 PC 环境下运行的可执行文件，提供了不用将程序下载到真实的节点上就可以对程序进行测试的一个平台。TOSSIM 模拟器提供运行时调试输出信息，允许用户从不同角度分析和观察程序的执行过程。

TOSSIM 提供了用于显示仿真情况的用户界面 TINYVIZ，它是一个基于 Java 的 GUI 应用程序，它允许用户以可视化方式控制程序的模拟过程。TINYVIZ 提供了图形调试接口，它能可视化地和 TinyOS 应用程序交互，能使用户方便地跟踪应用的执行，可以设置断点、查看变量，同时可以模拟多个节点的执行，并能够根据一定的模拟设置网络属性。下面介绍利用 TOSSIM 模拟 TINYVIZ 程序的具体方法。

- 进入 cygwin 应用程序，进入应用程序所在目录，其中最后一级的目录为应用程序。
- 运行命令"make pc"，该命令的作用是将应用程序编译为 PC 能执行的二进制文件。
- 然后运行命令"export dbg=usr1"，此处 dbg 模式设置为 usr1。
- 最后运行"build/pc/main.exe -gui 20"，此处，20 为传感器节点数目，可人为设定。

此时打开另外一个 cygwin 应用程序，注意不要关闭原来的 cygwin 应用程序。

- 进入目录"…/TinyOS-1.x/tools/java/net/TinyOS/sim"。
- 运行命令"make"。
- 然后运行命令"java net.TinyOS.sim.tinyviz"。

此时就可以运行仿真了，20 个节点情形的仿真过程如图 9-11 所示，其中被箭头指向的节点为接收到信息的节点。

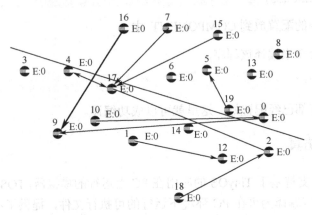

图 9-11　20 个节点的仿真

9.4　TinyOS 内部机制简介

9.4.1　TinyOS 程序运行机制分析

1. TinyOS 2.x 的启动接口

TinyOS 2.x 的启动接口包含如下三个内容。

（1）Init：初始化组件和硬件状态。

```
interface Init {
    command error_t init();
}
```

（2）Scheduler：初始化和运行任务。

```
interface Scheduler {
    command void init();
    command bool runNextTask(bool sleep);
    command void taskLoop();
}
```

（3）Boot：通知系统已经成功地启动。

```
interface Boot {
    event void booted();
}
```

2. TinyOS 的启动顺序

TinyOS 的启动顺序有以下 4 步。

- 调度程序初始化。
- 组件初始化。
- 发送启动 Boot 过程完成的信号。
- 运行调度程序。

3. TinyOS 的程序运行机制

TinyOS 程序通过并口导入到节点之上，节点一旦加电程序就会运行。实际上在 ROM 空间的零地址上是一个跳转指令，加电之后的程序首先运行这个跳转指令，将控制转向程序的真正的代码处，这之后程序才真正开始执行。

TinyOS 的所有组件都需要一个通用的主要组件，即 Main 组件，在程序的配置文件中将该组件进行绑定。Main 组件提供了一个初始化和运行 TinyOS 组件的接口 StdControl，但是真正实现这个接口的组件应当是应用程序组件。下面看看 Main 组件究竟完成哪些功能。

Main 组件本身的实现是另外一个组件 RealMain，它才是真正的 Main，我们先不关心其他的代码，看看 RealMain 做了什么。

```
intmain() attribute ((C,spontaneous))
{
    callhardwareInit () ;
    callPot.init (10) ;
    TOSH sched init () ;
    callStdControl.init () ;
    callStdControl.start () ;
    callInterrupt.enable () ;
    while (1) {
        TOSH run task () ;
    }
}
```

从代码上我们看到 RealMain 完成了硬件初始化、电位器的初始化、调度器的初始化，并且调用了接口 StdControl 中的函数，这些函数完成了应用程序组件的初始化任务，此外还要打开中断。从这里我们也就明白了程序执行后会先进行硬件的初始化。然后初始化组件。至于组件的初始化如何完成则取决于用户编写的组件初始化函数，因为 Main 组件使用的 StdControl 接口需要在用户编写的组件里绑定到其初始化函数中。最后 RealMain 组件开始运行队列中的任务。

TinyOS 的调度队列是个先进先出的循环队列，整个队列中至少有一个空闲位置，应用程序可以调用 Post Task 将一个新的任务加到队列中。当没有中断发生时，调度器会从队列中取出一个任务执行，任务执行过程中可以被打断。如果队列中没有了任务，处理器会进入睡眠状态，等待被其他事件激活。

9.4.2 TinyOS 的调度机制

TinyOS 调度是任务和事件的二级调度。任务是单线程运行至完毕，不可相互抢占，但事件可抢占正在运行的任务或低优先级事件。任务用于实时要求不高的应用中，所有任务只分配单个任务栈，默认是简单的 FIFO 调度。若任务队列为空，CPU 进入休眠状态以降低功耗，其中任务数默认是 8 个，最大任务数是 255。另外，还采用了分段操作来减少任务的运行时间，即分为程序启动硬件操作后迅速返回和硬件完成操作后通知程序两个阶段。

事件用于实时性有要求的应用中，可分为硬件事件和软件事件。硬件事件是由底层硬件发出的中断，随后进入中断处理函数；软件事件则是带有 async 关键字的命令或事件函数，以通知相应组件做出适当的处理。在 TinyOS2.x 中，SchedulerBasicP 是主要的 TinyOS 调度器，提供带参数的 TaskBasic 接口。Tiny-SchedulerC 是默认的调度器配件（Configuration），可连接到 SchedulerBasicP。

```
configuration TinySchedulerC {
    provides interface Scheduler;
    provides interface TaskBasic [uint8_t id] ;
}
implementation {
    components SchedulerBasicP as Sched;
    components McuSleepC as Sleep;
    Scheduler = Sched;
    TaskBasic = Sched;
    Sched.McuSleep -> Sleep;
}
```

9.4.3 TinyOS 的通信模型

TinyOS 的通信模型基于主动消息（Active Message），是一种高性能并行通信方式。在每次发送消息后，接收方需返回一个同步的确认消息。此确认消息是在主动消息层的最底层生成的，其内容是一个特殊立即序列，发送方可迅速确定是否重发消息。

在 TinyOS1.x 中，消息结构是 TOS_Msg，包含消息地址、消息类型、消息所属群号及消息处理函数 ID 等信息。在 TinyOS2.x 中，消息结构是 message_t，相对 TOS_Msg 代表明确的主动消息数据包不同，message_t 兼容性更高，能使 data 域置于固定偏移位置，方便不同链路层间的通信，其结构定义如下：

```
tos/types/message.h
typedef nx_struct message_t {
    nx_uint8_t header[sizeof(message_header_t)];
    nx_uint8_t data[TOSH_DATA_LENGTH]; //有效载荷区
    nx_uint8_t footer[sizeof(message_footer_t)];
    nx_uint8_t metadata[sizeof(message_metadata_t)];
} message_t;
```

需要注意的是 header、footer、metadata 都是不透明的，不能直接访问。要访问 message_t 必须通过 Packet、AMPacket 和其他的一些接口。

每个链路层定义了其 header、footer、metadata，这些结构必须是外部结构体（nx_struct），其所有域必须是外部类型（nx_*）。因为外部类型可保证平台间兼容，可使结构体以字节对齐，从而避免数据包缓冲对齐和域偏移的问题。当数据转发到无线传感器节点时，先存储在缓存中，然后由主动消息分发层交给上层应用组件对应的消息处理函数完成消息的解包操作。计算处理或发送相应消息等工作 TinyOS 要求每个应用程序在消息被释放后，能返回一块未用的消息缓存，以接收下个未到的消息。通信的实现也是通过各层组件通信实现的，其结构如图 9-12 所示。

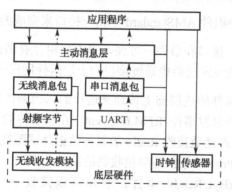

图 9-12 TinyOS 的通信

大致看来，在 TinyOS 的通信经历的组件流程如图 9-13 所示。

应用程序直接使用的组件是 GenericComm，数据将依次经过 AMStandard、RadioCRCPacket 和 SecDedRadioByteSignal 等组件的处理与编码之后通过硬件发送出去。接收的过程恰好与之相反。应用程序组件要发送数据需要引用系统组件 GenericComm。GenericComm 组件是 TinyOS 的最基本的网络通信栈，它是一个配置（Configuration）文件，可以在"tos/system/GenericComm.nc"中找到它的绑定实现。该组件提供的接口中有两个最重要的接口——SendMsg 和 ReceiveMsg，分别供用户调用来发送和接收消息，并且使用了很多底层的接口来实现通信。从这个文件中我们可以看到真正实现这些接口的组件由 AMStandard 来完成 ActiveMessage 的发送和接收、UARTNoCRCPacket 来实现了通过串口进行通信、RadioCRCPacket 来实现了通过无线进行通信等。接口 SendMsg 和 ReceiveMsg 都是参数化接口，参数 ID 就是前面说的 handlerid。接口 SendMsg 中包含 commandssend 和 eventssenddone。通过语句

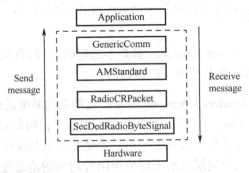

图 9-13　TinyOS 通信组件流程图

```
SendMsg=AMStandard.SendMsg;
ReceiveMsg=AMStandard.ReceiveMsg;
```

来说明它们的真正实现是由组件 AMStandard 中相应接口来完成的。

消息的发送涉及组件、接口和事件三方面，当上层组件有消息发送时通过接口调用下层组件来实现，下层组件完成发送后也通过接口向上层组件回送消息。

消息的接收主要是以事件的逐层向上传递来进行的。当硬件接到一个消息时它会发生中断，在中断的处理程序中触发事件 RFM.bitEvent，在该事件的处理函数中又触发了事件 Radio.rxBit，这个事件的处理函数接收 Radio 的采样数据并试图找到开始标志，一旦找到了消息的开始标志，它就会 Post 一个任务将接收到的编码数据进行解码。数据解码之后该事件发信号给 ByteComm.rxByteReady 事件，表示可以接收下一字节数据。ByteComm.rxByteReady 事件处理字阶级组件传递的解码数据，主要是通过 Post 一个任务进行 CRC 检查。这个任务会发信号给 Receive.receive 事件，Receive.receive 只是简单地将其接到的消息返回。

9.4.4　TinyOS 的能量管理

TinyOS2.x 使用了三种机制来管理和控制能量状态。

(1) MCU 能量控制。该方式包含 dirty 标识位、低功耗状态计算函数 McuSleepC 和能量状态覆盖函数 PowerOverride。dirty 标识位通知 TinyOS 需计算一个新的低功耗模式，只要硬件表示层组件对硬件配置进行了改动，MCU 的低功耗模式也会改变，就会调用 McuPowerState.update()。接着调用 McuSleepC 计算出最佳低功耗模式，最后通过调用 PowerOverride.lowestState()以更新 MCU 功耗模式。

(2) 能量管理接口。每个设备都有个能量管理接口，即 StdControl、SplitControl 或 AsyncStd-Control，调用 stop 命令停止该设备，进入低功耗模式。

(3) 定时器。TinyOS 的定时器服务可以工作在大多数处理器的极低功耗的省电模式下。

TinyOS 功耗低、占用空间少，满足无线传感器网络资源极端有限的条件，但 TinyOS 并不能满足实时性要求相对高的无线传感器网络。TinyOS 在某些场合因实时性比较差，会出现任务过载、任务阻塞、任务队列溢出、通信吞吐量下降等一系列问题，从而导致系统崩溃，在这种情况下，需进一步改进 TinyOS 实时性、并发性及移植性，并通过完善其整体架构来提高其综合性能。

思考与习题

(1) 简述 TinyOS 的特点。
(2) 简述 nesC 程序的特点。
(3) 安装 TinyOS，并编写简单地程序。
(4) 对照 TinyOS 的源程序，理解 TinyOS 的内部机制。

参考文献

[1] 匿名. ARM 体系结构——ARM 简介. 纵横芯际——我的 ARM 我的 Cortex. http://blog.sina.com.cn/s/blog_5f2b5ce90100cmay.html.

[2] ARMv7 的 Cortex 系列微处理器技术特点. http://www.ic37.com/htm_tech/2008-1/8343_468382.htm.

[3] 乱世枭雄. 引爆"核"战——解读 MID 芯片 2011 升级蜕变. http://audio.pconline.com.cn/pingshu/1012/2283764_2.html.

[4] 匿名. 64 位 ARMv8 剑指高端服务器/高性能运算. http://www.eefocus.com/article/11-12/2075521324555301.html?sort=1111_1125_1480_0.

[5] Linux Cross Reference. http://lxr.free-electrons.com/.

[6] 伯乐桥. ARM 微处理器的指令系统. http://www.mcuol.com/edu/264/28313.htm.

[7] 匿名. ARM 中 C 和汇编混合编程及示例. 机电之家. http://www.jdzj.com/datum/showart.asp?art_id=8150.

[8] 季义钦. Thumb 指令集（二）. http://blog.sina.com.cn/s/blog_6a1928130100paxz.html.

[9] 三星公司. S3C2440A RISC 微处理器用户手册. http://download.csdn.net/detail/yaoyaowugui/4289881.

[10] 意法半导体. STM32F74xx 中午参考手册. http://www.st.com.